绿色蔬菜

生产致富小百科

张百俊 等 编著

中国农业出版社

图书在版编目（CIP）数据

绿色蔬菜生产致富小百科 / 张百俊等编著. —北京
：中国农业出版社，2010.6
ISBN 978-7-109-14651-8

Ⅰ.①绿… Ⅱ.①张… Ⅲ.①蔬菜园艺-无污染技术
-问答 Ⅳ.①S63-44

中国版本图书馆 CIP 数据核字（2010）第 108544 号

中国农业出版社出版
（北京市朝阳区农展馆北路 2 号）
（邮政编码 100125）
责任编辑　孟令洋

北京中兴印刷有限公司印刷　　新华书店北京发行所发行
2010 年 7 月第 1 版　　2012 年 5 月北京第 3 次印刷

开本：880mm×1230mm　1/32　　印张：6.125
字数：160 千字　　印数：12 001～20 000 册
定价：13.00 元

主　　编： 张百俊

副 主 编： 孙涌栋　沈　军

编写人员： 张百俊　孙涌栋
沈　军　刘振威
孙　丽　周　建

前　言

本书是以作者所主持的河南省科技厅科技攻关项目的研究内容为主，该项目经过课题组多年的努力，取得一些很有实用价值的研究成果，发表相关论文50多篇，每一篇论文都是作者针对当前绿色蔬菜生产上存在的问题进行立项研究的成果总结，这些研究成果对当今绿色蔬菜生产具有重要的指导意义。同时，所研究的这些技术措施也是针对当前农业生产的经济条件、技术水平提出来的，简单易行，可操作性强，效果好，非常适合生产上应用。因此，为了促进我国绿色蔬菜生产的发展，特把这些研究成果进一步整理汇总成册，以便于在生产上推广应用。

本书内容包括三部分：一是课题组成员近年来通过试验研究出的最新技术；二是课题组成员在深入生产第一线指导生产的过程中，发现和总结农民好的生产经验；三是引用他人有关研究的成果，通过在生产上推广应用而取得较好效果的技术措施，在此特向原作者表示衷心的感谢！

本书的突出特点是：少谈理论、详述技术、文字精练、开门见山；语言通俗、阐述易懂、实用性强、操作简单；条目之间相互独立，一个条目即一项实用技术；学习容易、使用方便，一学就会，拿来即用。特别适合广大农村科技工作者和生产者使用，同时本书还适合农业院校师生阅读，也可供科研单位有关研究人员参考。

由于时间、精力及水平有限，研究内容还不够全面和深入，本书的不妥或错误之处在所难免，敬请读者批评指正。

编　者

2010年2月

目　录

第一章 绿色蔬菜的概念及其生产准则

蔬菜是人们生活中不可缺少的副食品，每个人每一天甚至每一顿饭都离不开蔬菜。因此，蔬菜的质量高低与人体健康关系密切，同时也直接影响着蔬菜价格和生产者的经济效益。如今人们生活水平普遍提高，部分已由温饱型转向保健型，因此对蔬菜质量的要求越来越高，消费者希望能吃到无污染的绿色蔬菜以保健身体，生产者也希望能生产出绿色蔬菜以获得更高的经济效益。那么，究竟什么是绿色蔬菜，它与无公害蔬菜或有机蔬菜又有什么关系，很多人对这些概念比较模糊，甚至把它们混为一谈，其实，它们之间既有区别，又有联系。

一、绿色蔬菜的概念

绿色蔬菜、无公害蔬菜和有机蔬菜分别属于绿色食品、无公害食品和有机食品的一种。

（一）绿色食品

指按照特定的生产方式生产，经专门的机构认定，许可使用绿色食品商标标志的、无污染的安全、优质、营养类食品。分为 A 级和 AA 级绿色食品。

A 级绿色食品是指生产地的环境质量符合绿色食品产地环境

质量标准要求，生产过程中严格按照绿色食品生产资料使用准则和生产操作规程要求，限量使用限定的化学合成生产资料，产品质量符合绿色食品产品标准，经专门机构认定，许可使用A级绿色食品标志的产品。

AA级绿色食品是指生产地的环境质量符合绿色食品产地环境质量标准要求，生产过程中不使用化学合成的肥料、农药、兽药、饲料添加剂、食品添加剂和其他有害于环境和身体健康的物质，按有机生产方式生产，产品质量符合绿色食品产品标准，经专门机构认定，可使用AA级绿色食品标志的食品。

（二）无公害食品

指产地环境、生产过程、最终产品质量符合国家或行业无公害农产品的标准并经过检测机构检测合格，批准使用无公害农产品标志的初级农产品。产品标准、环境标准和生产资料使用标准为强制性国家及行业标准，生产操作规程为推荐性行业标准。要求食品基本安全。

（三）有机食品

指来自于有机农业生产体系，根据有机农业生产要求和相应的标准生产加工的，并通过独立的有机食品认证机构认证的一切农副产品。

二、绿色蔬菜与有机蔬菜、无公害蔬菜的关系

绿色食品与有机食品、无公害食品之间有着密切关系，实际上有机食品相当于AA级绿色食品，无公害食品相当于A级绿色食品。它们之间既有许多共同特点，又有一定的区别。

（一）绿色食品和有机食品、无公害食品的共同特点

绿色食品和有机食品、无公害食品三者最显著的共同特点是：

它们都是以环保、安全、健康为目标的可持续食品。有机食品是这类食品的最高级产品，它是有机农业的产物，有机农业是一种完全不用化肥、农药、生长调节剂、畜禽饲料添加剂等人工合成物质，也不使用基因工程生物及其产物的生产体系，其核心是建立和恢复农业生态系统的生物多样性和良性循环，以维持农业的可持续发展。有机食品是一种纯天然、无污染、高品位的食品，是一种受到国际承认且正流行的环保食品。绿色食品是从中国的国情出发，结合世界先进的农业发展潮流而形成的富有中国特色的可持续农业产品。绿色食品包容着有机食品和可持续农业产品的特征。无公害食品是绿色食品的过渡产品，无公害食品也包容有机食品、绿色食品和可持续农业产品的特征。

（二）绿色食品和有机食品、无公害食品的区别

1. 出发点不同　我国的有机食品最初是应国外贸易商的要求生产的，有机食品的开发都是严格与国外有机食品接轨的，有的是与国外相关机构合作的；而绿色食品最初的发展动机是立足于国内；无公害食品的发展动机是立足于“菜篮子”工程，建立放心基地，扶持放心企业，为消费者提供放心产品，满足大部分市场需求。绿色食品和无公害食品两者都没有考虑与国际接轨的问题，因而符合国际标准的AA级绿色食品少，影响出口。从标准上看，只有AA级绿色食品才相当于国外的有机食品。经过多年的发展与努力，中国的绿色食品获得了国际社会的认可。尽管如此，中国的绿色食品仍不能以有机食品的名义出口，国外贸易商也不以有机食品的价格接受，而是以低于有机食品的价格收购。无公害食品的贸易目前主要是在国内。

2. 标准规范不同　有机食品、绿色食品与无公害食品的显著区别是：有机食品在其生产和加工过程中绝对禁止使用农药、化肥、生长调节剂、饲料添加剂等人工合成物质。而绿色食品、无公害食品则允许限量使用限定的化学合成物质。从这个意义上讲，有机食品比绿色食品、无公害食品的标准要求高，生产难度大。因

此，有机食品被人们称为“纯而又纯”的食品。可持续农业产品按标准规范要求不同，由高到低梯级分布为：有机食品、绿色食品和无公害食品。有机食品为顶级可持续农业产品。目前可持续农业产品的生产种类、生产面积、生产总量、农户接受程度和市场占有率，以无公害食品为最，绿色食品其次，有机食品再次之。

3. 土壤肥力来源不同 在有机农业生产体系中，有机农产品生产的土壤肥力的主要来源包括没有污染的绿肥和作物残体、泥炭、蒿秆、海草和其他类似物质，以及经过堆积处理的食物和林业副产品等经过高温堆肥等方法处理后，没有虫卵、寄生虫及传染病的人粪尿和畜禽粪便可作为有机肥料使用。

AA级绿色食品生产土壤肥力的主要来源包括：堆肥、沤肥、厩肥、沼气肥、绿肥、作物秸秆、泥肥、饼肥等农家肥，AA级绿色食品生产肥料类产品，以及在上述肥料不能满足AA级绿色食品生产需要的情况下，允许使用商品有机肥料、腐殖酸类肥料、微生物肥料、有机复合肥、无机（矿质）肥料、叶面肥料、有机无机肥（半有机肥）等商品肥料。A级绿色食品生产土壤肥力的主要来源包括：AA级绿色食品允许使用的肥料种类、A级绿色食品生产肥料类产品，以及在上述肥料不能满足A级绿色食品生产需要的情况下，允许使用掺和肥（有机氮与无机氮之比不超过1∶1)。这里的掺和肥是指在有机肥、微生物肥料、无机（矿质）肥料、腐殖酸类肥中按一定比例掺入化肥（硝态氮肥除外），并通过机械混合而成的肥料。

无公害食品生产土壤肥力的主要来源包括：上述有机食品、绿色食品（包括AA级、A级）生产允许使用的肥料种类，以及允许使用的其他肥料。禁止使用未经国家或省级农业主管部门登记的化学或生物肥料。必须按照平衡施肥技术，以优质有机肥为主。肥料施用结构中，有机肥所占比例不得低于50%（纯养分比较）。

4. 病、虫、草害防治手段不同 有机农产品生产中病、虫、草害的主要防治手段包括作物轮作以及各种物理、生物和生态措施，如自然天敌平衡、生物防治、促进生物多样性等；绿色食品生产中病、虫、草害防治的主要手段是在生产过程中不使用或限量使用限定的化学合成农药，积极采用物理方法、生物防治技术及栽培技术措施等；无公害食品生产中病、虫、草害的主要防治手段是除有机食品、绿色食品生产中病虫草害的防治措施外，提倡生物防治和使用生物农药防治，使用高效、低毒、低残留农药，每种有机合成农药在一种作物的生长期内避免重复使用。

三、生产绿色蔬菜农药使用准则

（一）允许使用的农药种类

1. 生物源农药　指直接利用生物活体或生物代谢过程中产生的具有生物活性的物质或从生物体提取的物质作为防治病虫草害的农药。

微生物源农药：农用抗生素类，如防治真菌病害可用灭瘟素、春雷霉素、多抗霉素（多氧霉素）、井冈霉素、农抗120；防治螨类可用浏阳霉素等。

活体微生物农药：真菌制剂，如绿僵菌等；细菌制剂，如苏云金杆菌等；拮抗菌制剂，如“5406”等；线虫，如昆虫病原线虫；病虫，如微孢子虫；病毒，如核型多角体病毒、颗粒体病毒。

2. 动物源农药　昆虫信息素（或昆虫外激素），如性信息素；活体制剂，如寄生性、捕食性的天敌动物。

3. 植物源农药　杀虫剂，如除虫菊素、鱼藤根、烟草水等；杀菌剂，如大蒜素；拒避剂，如印楝、苦楝、川楝；增效剂，如芝麻素。

4. 矿物源农药　硫制剂，如硫悬浮剂、石硫合剂；铜制剂，如硫酸铜、氢氧化铜、波尔多液。

5. 有机合成农药　由人工研制合成，并由有机化学工业生产的商品化的一类农药，包括杀虫杀螨剂、杀菌剂、除草剂，只可在A级绿色食品生产上限制性使用，而不允许在AA级绿色食品生产上使用。

(二) 禁止使用的部分农药种类

1. 无机砷杀虫剂 如砷酸钙、砷酸铅。

2. 有机砷杀菌剂 甲基砷酸锌、甲基砷酸铵铁（田安)、福美甲砷、福美砷。

3. 有机锡杀菌剂 薯瘟锡（三苯基醋酸锡)、三苯基氯化锡、毒菌锡。

4. 有机汞杀菌剂 氯化乙基汞（西力生)、醋酸苯汞（赛力散)。

5. 有机氯杀虫剂 DDT、六六六、林丹等。

6. 有机氯杀螨剂 三氯杀螨醇。

7. 有机磷杀虫剂 甲拌磷、乙拌磷、对硫磷、氧化乐果等。

四、生产绿色蔬菜肥料使用准则

(一) 生产AA级绿色食品的肥料使用准则

(1) 必须使用农家肥，施用农家肥料不仅能为农作物提供全面营养，而且肥效长，可以增加和更新土壤有机质，促进微生物繁殖，改善土壤的理化性质和生物活性，是生产绿色食品的主要养分来源。农家肥包括：①堆肥。以各类秸秆、落叶、人畜粪便为原料，与少量泥土混合堆积而成的一种有机肥料，必须经过高温发酵。②沤肥。沤肥所用物料与堆肥基本相同，只是在淹水条件下进行发酵而成。③厩肥。系指猪、牛、马、羊、鸡、鸭等畜禽的粪尿与秸秆垫料堆制成的肥料。④沼气肥。在密封的沼气池中，有机物在嫌气条件下分解产生沼气后的副产物，包括沼气液和残渣。⑤绿肥。利用栽培或野生的绿色植物体作肥料，主要分为豆科和非豆科两大类。豆科主要有绿豆、蚕豆、沙打旺、田菁、紫云英等；非豆科绿肥，最常用的有黑麦草、满江红、水葫芦、水花生等。⑥作物秸秆。农作物的秸秆是重要的有机肥源之一，作物秸秆含有相当数量作物所必需的营养元素（氮、磷、钾、钙、硫等)，在适宜的条件下通过土壤微生物的作用，这些元素又回到土壤中，为作物吸收利用。⑦泥肥。未被污染的河泥、塘泥、沟泥、港泥、湖泥等。⑧饼肥。菜籽饼、棉籽饼、豆饼、芝麻饼、花生饼、蓖麻饼、茶籽饼等。

生产绿色食品的农家肥料无论采用何种原料，都必须达到无害化卫生标准。

（2）在以上肥料不能满足需要的情况下，允许使用商品有机肥料：腐殖酸类肥料；微生物类肥料；有机复合肥；无机（矿质）肥料，包括矿物钾肥、硫酸钾、磷矿粉、钙镁磷肥、石灰、硫黄等。

（3）严禁使用任何化学合成肥料。

（4）严禁使用城市垃圾和污泥、医院的粪便垃圾和含有害物质的工业垃圾。

（二）生产A级绿色食品的肥料使用准则

（1）可使用生产AA级绿色食品的肥料种类。

（2）上述肥料不能满足需要的情况下，允许使用有机、无机复/混合肥。

（3）上述两类肥料不能满足需要的情况下，允许有限制地使用化学肥料，化肥必须同有机肥或复合微生物肥配合使用，无机氮同有机氮的比例不得超过1∶1，最后一次追肥必须在收获前30天。

（4）禁止使用硝态氮肥。

（5）城市生活垃圾一定要经过无害化处理，质量必须达到国家标准（GB8172中的1.1）的要求，每年每667米^{2}农田只能限量使用，黏性土壤3 000千克，沙性土壤2 000千克。

第二章 绿色蔬菜育苗及设施栽培配套技术

一、播种前的种子处理技术

蔬菜种子的播前处理是蔬菜栽培的重要技术环节之一，主要目的和作用是提高种子的利用价值，消灭种子上携带的病原物，促进种子快速萌发和整齐萌发，促进蔬菜的生长发育，提高抗逆性等。

（一）浸种催芽

1. 浸种　将种子浸泡在温水中，使其在适宜的水温和充足的水分条件下，短期内吸足萌芽所需的水分。根据浸种的水温不同可分为以下几种方式。

（1）常温浸种　浸种水温 20～30℃，主要是针对种子皮较薄的蔬菜，该方式没有消毒作用。白菜类、甘蓝类、萝卜浸种 4～5 小时；豆类 1～2 小时。

（2）温汤浸种　浸种水温 50～55℃，浸种 10～15 分钟，浸种期间要不停搅拌。温汤浸种后再用温水继续浸种。番茄、辣椒、黄瓜、西葫芦、南瓜、甜瓜、丝瓜、西瓜 8～12 小时；莴苣 7～8 小时；苦瓜、芹菜、胡萝卜、菠菜 24 小时。浸种时间超过 8 小时的，每隔 5～8 小时换水 1 次。

（3）热水烫种　浸种水温 70～85℃，利用两个容器来回快速倾倒，水温降至 50℃时，再进行温汤浸种，温汤浸种结束后再进行温水浸种。如茄子、冬瓜、蛇瓜，浸种时间可比温汤浸种缩短一半。

2. 催芽　将吸水膨胀的种子，放在适宜的温度、湿度、通气条件下促进迅速发芽、整齐发芽的过程。方法是将浸种过的种子稍稍晾干种皮的水分，在保湿（湿布袋、湿毛巾、干净沙子）的条件下，放在适宜的温度下催芽，在催芽期间要经常检查、翻动、投洗种子。

（二）低温和变温处理

低温处理即将萌动的种子放在 0℃的条件下 1～2 天。变温处理即将萌动的种子放在－5～－1℃（喜温蔬菜高限）条件下 12～18 小时，取出种子凉水解冻，再置于 18～22℃的条件下 6～12 小时，反复 2～10 天。注意种子要保持湿润、变温要缓慢。经过低温和变温处理的种子，胚芽细胞质的黏性增强，糖分增高，对低温的适应性增强，幼苗粗壮，发育期提前，生命力旺盛，抗寒力提高，花芽分化提早，早熟高产。

（三）化学处理

1. 萘乙酸　10～50 毫克/千克萘乙酸，浸泡瓜类、茄果类、豆类，可促进生长和增产。

2. 硫脲　0.1%的硫脲浸种芹菜、菠菜、莴苣，可代替冷凉条件，可促进种子发芽。

3. 赤霉素　5～10 毫克/千克的赤霉素浸种，可打破休眠，促进发芽。

4. 硼酸、硫酸锰、钼酸铵　0.05%～0.07% 的硼酸、硫酸锰、钼酸铵，浸种黄瓜、甜瓜 12～18 小时；0.07%～0.1%浸种茄子 24 小时。可促进根系生长，加快生长发育。

（四）种子消毒

蔬菜种子往往也是病原物的携带者，许多蔬菜的病害可以通过种子传播，种子消毒对于病害防治可以起到事半功倍的效果。其方法主要有以下几种。

1. 温汤浸种、热水烫种、干热处理。

2. 药粉拌种 种子重量的0.2%～0.3%的农药，如70%的敌克松、50%福美双、50%的退菌特、90%敌百虫粉，同干燥的种子充分混匀。

3. 药液浸种 其程序是：种子清水浸泡5～6小时（瓜类2～3小时）—药液浸泡—清水洗净—催芽或播种。所用药剂有：100倍液福尔马林，浸种15～20分钟，捞出种子，放在密闭的容器中熏蒸2～3小时，清水洗净。可预防各种真菌性病害；1%硫酸铜浸种5分钟，可预防细菌性病害；10%的磷酸三钠或2%氢氧化钠浸种15分钟或0.1%高锰酸钾浸种30分钟，可预防病毒病。

二、防止幼苗徒长、老化技术

（一）徒长苗

1. 幼苗徒长的特征 根系少，茎纤细、节间长，叶片薄而色淡绿，组织柔嫩。由于根系不发达，吸收能力弱，而茎、叶表面的角质层薄，水分蒸腾量大，所以，秧苗遇风易失水萎蔫；植株体内含氮量高，碳水化合物含量低，抗逆性差，容易受冻和发生病害；由于徒长苗营养不良，所以花芽分化晚且数量少，或花芽发育不正常，导致畸形花多，易落花；定植后缓苗慢，成活率低，难以获得早熟和丰产。

2. 秧苗徒长的原因 ①主要原因是光照不足、温度过高和水分偏多，特别是夜温高和阴天光线弱，秧苗呼吸作用增强，消耗养分多，使秧苗体内的干物质含量减少，形成弱质秧苗。②氮肥和水分偏多，从而引起幼苗生长过快，如果再加上光照不足、温度过高会加剧秧苗的徒长。

3. 防止秧苗徒长的措施 ①增强光照，保持透明覆盖物清洁，不透明覆盖物应尽量早揭、晚盖，以增加光照强度和时间。②根据各种蔬菜幼苗对温度的要求及时通风，尤其是控制夜温不能过高。③苗生长密集时要及时间苗、分苗。后期囤苗时，可扩大苗距，防止相互遮阴；早春露地蔬菜育苗，露地气温适宜时，可全部揭开覆盖物，使秧苗接受自然光照。④苗床施用氮肥不能过量，应适当增加磷、钾肥用量。⑤如果发生秧苗徒长现象，应控制浇水，降低温度，并叶面喷磷、钾肥；也可以试用喷洒 30～50 毫克/千克的多效唑，抑制秧苗生长效果明显。喷后 10 天秧苗茎、叶变浓绿色，茎粗壮，抗性也明显提高。

（二）老化苗

1. 形成老化苗的原因　秧苗的生长发育受到抑制时，常出现幼苗老化。老化苗的特征是：苗体矮小，根系少；茎细、节间短；叶片小，叶色暗绿，硬脆而无韧性；花芽分化不正常，出现花打顶（黄瓜）等。这类秧苗又称“小老苗”、“僵化苗”。老化苗定植后不易生新根，缓苗慢，不发棵，产量低。形成这种老化苗的主要原因是苗龄过长，秧苗长期处在低温、干旱环境中等。

2. 防止老化苗的措施　①育苗期不宜过长，应适期播种，培育适龄壮苗。②苗期按适宜的温度进行管理，不过分控苗，使秧苗生长有适宜的温度和水分条件，促进秧苗正常生长。冬季或早春育苗时，有条件的尽量改冷床育苗为电热温床育苗。③成苗期的苗床管理，要供给适宜的水分，给水后要通风，适当炼苗，使幼苗生长茁壮；不可使苗床过于干旱。④对已发生老化现象的秧苗，可采取提高床温、适当浇水等措施，促使其恢复生长。

三、灾害天气的苗床管理技术

育苗期间常会遇到阴、雪、雨、风等不利天气，对幼苗生长极为不利，稍有不慎，往往会导致失败。因此，要加强灾害天气的苗床管理。

（一）阴天

遇阴冷天气，在注意提高苗床温度的同时，也要注意尽量使秧苗多见光。苇毛苫等覆盖物可适当晚揭、早盖，但每天一定要选中午前后温度较高时揭开，使秧苗有相当的见光时间，以免天晴揭苫后造成秧苗萎蔫。夜间可增盖苇毛苫或草苫，以利保温。

（二）雪天

白天降雪应及时打扫，夜间降雪时要盖好苇毛苫等覆盖物，其上再加一层塑料薄膜，雪停后立即扫雪，以保持覆盖物干燥，并及时揭开覆盖物使秧苗见光。连续雨雪天气后，揭苫时应注意观察秧苗变化情况，如发现秧苗萎蔫现象，应随即回苫盖成花荫补救。

（三）雨天

下雨天要将苇毛苫、草苫等覆盖物揭开放好，以防雨水淋湿后影响保温效果。如果夜间下雨未能揭苫，白天应及时晾晒。如果降雨前来得及，可在苇毛苫上面加盖一层塑料薄膜防雨，同时还能保温、避免苇毛苫淋湿。此外，应注意盖好塑料薄膜，不要使雨水进入苗床，影响秧苗生长。

（四）大风天

大风天气要注意将覆盖物盖好，不要使风直接吹入畦内，以免损伤秧苗。因此，首先要将塑料薄膜四周压好，不使其被风吹跑；其次，盖苇毛苫时应使苇毛苫顺风压扇，避免苇毛苫被风吹跑。必要时可再拉铁丝固定。

四、定植前的幼苗锻炼技术

（一）秧苗锻炼的目的

定植前对秧苗进行锻炼的目的是，改变幼苗植株体内物质的积累与其生长发育的关系；增强幼苗对不良环境的适应能力，以利于定植后缓苗生长。经锻炼的秧苗表现为茎、叶内碳水化合物的含量提高，含氮量相应减少，植株中干物质和细胞液浓度增加；茎、叶表皮组织增厚，角质和蜡质增多，叶色变浓；秧苗植株的抗性增强，并有利于瓜果类蔬菜的花芽分化；使之适应定植后的环境条件，以保证缓苗快，成活率高，达到早熟、丰产的目的。

（二）锻炼秧苗的方法

1. 低温锻炼　定植田与育苗床内温度差异大，为适应定植后的温度环境，定植前必须进行低温锻炼。白天的床温可降到 20℃左右；夜间的温度，对于茄果类、瓜类秧苗可降到 10℃左右，在秧苗不受寒害的限度内，应尽量降低夜间温度。

2. 囤苗　囤苗是采取人工措施挪动幼苗，使根系受到一定损伤，以控制茎叶生长。用营养钵或其他容器培育的秧苗，在定植前搬动几次，可达到囤苗的目的。如采用切块囤苗，在定植前 7～10 天苗床浇水，水渗完后用刀在秧苗的株、行间把床土切成方块，切土深约 10 厘米。切块后 6～7 天土块变硬，即可起苗定植于大田。囤苗期间注意防雨淋，不使散坨。

3. 控制徒长　当发现幼苗徒长时，可喷 0.2%的矮壮素，对促进幼苗叶色转浓绿、节间短粗有明显效果。

五、棚室蔬菜幼苗喷醋技术

蔬菜幼苗喷醋不仅防病，而且增产。

（一）使用方法

食醋可单独使用，也可与非碱性农药或物质混合使用。使用浓度根据蔬菜种类和食醋质量而定，一般用 100～300 倍液。单独使用，7 天左右喷 1 次。使用时应先在小面积上试用，然后再大面积应用。

（二）作用原理

食醋不仅含有较多醋酸，而且含有少量乳酸、葡萄糖酸、丙酮酸、琥珀酸、糖分、甘油、胶质、无机盐及赖氨酸等多种成分。这些物质很容易被蔬菜吸收，不仅增加营养、促进代谢、提高吸收能力、增加抗逆性，还可加快叶绿素形成，提高光合效能，从而起到防病和增产作用。

（三）作用效果

增产作用：多数蔬菜平均增产10%左右，最高达34%；防病作用：一般的细菌性病害、病毒病和蚜虫，适宜在中性或碱性条件下生活，喷醋之后植株表面呈酸性，可抑制或杀死不喜欢酸性条件的病虫害。据报道，食醋对番茄病毒病防效达55.3%～73.8%，对辣椒病毒病防效达63.14%～89.5%，对甘蓝蚜虫防效达47%。

六、温室张挂反光幕技术

冬春利用温室进行果菜生产和育苗，光照不足是重要的限制因素，因此应设法增加室内光照强度。最简单的方法就是张挂反光幕。反光装置是用镀铝聚酯膜作反光材料，并将其张挂在温室后墙上，利用其反光性把射入温室后部的阳光反射到畦床上。实践证明它有如下好处：增加光照强度，尤以冬季增光率最高；提高地温、气温2℃左右；育苗时间缩短，秧苗质量提高；果菜的着花节位降低，抗性增强；提高经济效益，一般12月到翌年3月每667米^{2}可增值1 000元以上。反光幕张挂方法有两种：

（一）按温室内的长度设计

用透明胶布将50厘米幅宽的三幅聚酯膜粘接为一体。在温室中柱上按东西方向拉铁丝固定，形成自然下垂的幕布。将幕下方折回 3～9 厘米，用撕裂膜作衬绳，固定在衬绳上。将绳的东西两端各绑竹棍一根固定在地表，可随太阳入射角的变化水平北移，使幕布前倾角保持 75°～85°以增加反射光。此外，也可用 150 厘米幅宽的聚酯膜 1 幅张挂，方法同上。

（二）按中柱高度设计

用 50 厘米幅宽的聚酯膜，按中柱高度剪裁，一幅幅紧密排列并固定在中柱的铁丝上。此法管理操作方便，但效果不如前者。对无后坡式温室，幕膜直接挂在北墙上，要把镀铝膜的正面朝阳，否则膜面受潮会造成铝膜脱落。

张挂反光幕的温室，定植初期靠幕膜近处要注意灌水，以免强光高温造成灼苗。使用的有效时间为 11 月到翌年 4 月，5 月以后再用将会造成灼苗现象。每年用过的反光幕，最好晾晒后放于通风干燥处保存。

七、变普通膜为无滴膜技术

普通膜因易附着水滴而严重影响光照，无滴膜价格较贵，因此用简易方法变普通膜为无滴膜非常有意义。

（一）翻膜法

秋季适期在温室扣上普通膜，约经 1 个月的日晒后，选择无风晴天中午，松开压膜线，将棚膜翻转过来，将原来在室外的一面翻转到里面，然后再将膜拉紧固定好。经过 1 个月左右日晒的膜面，就完全无滴化了，而且以后也不再出现反复。经过这样处理的普通膜透光性比某些无滴膜还要好，同时也解决了一般无滴膜的无滴有效期短的问题。

（二）喷或搽粉法

喷 100 倍的精粉或敌克松溶液，或用大豆粉等搽抹棚膜里侧，都有无滴化的效果，但有效期较短。

八、棚室土壤消毒好方法——高温闷棚

日光温室、塑料大棚等设施栽培，由于常年连作或长期生产，使土传病害越来越严重，有些地区甚至无法生产，因此必须对土壤进行消毒。国外常用高温蒸汽和化学药剂处理等方法，其成本较高，化学药剂如溴甲烷对人体毒害严重。下面介绍一种简单有效的土壤消毒方法，即夏季休闲期扣膜闷棚高温消毒法。其具体方法是：①清除棚室内植株残体。②每 667 米^2 用碎稻草、麦秸 500～1 000 千克，均匀撒布地表。③深翻土壤 45～50 厘米，然后起 30 厘米高的垄。④在垄沟内浇大水，使沟中保持明水。⑤地面普遍铺盖地膜，同时密闭棚室 15～20 天，使 20 厘米处地温保持 50℃以上。高温处理后如果结合撒布杀菌剂效果更好。

这种简易高温消毒，不仅可以杀灭大量土传病原菌，也可杀灭线虫，还可杀死棚室骨架、棚膜附着的病菌，同时又节约开支，安全无副作用，因此应大力推广应用。

九、棚室土壤改良技术

在连续进行生产的日光温室里，难免产生诸如土壤次生盐渍化、土传病虫积累等问题，可以利用温室夏季休闲期进行土壤改良，消除土壤连作障碍。

（一）土壤积盐消除

对于土壤积盐严重的温室，休闲期种植玉米，加大密度，长到 30～50 厘米高时掩青。这样，不仅生长期间可大量吸收土壤速效氮、磷，玉米秆腐烂分解中微生物活动又可进一步固定速效氮等，还能增强土壤的缓冲性能，促使团粒结构形成，消除土壤盐渍化。另外，温室休闲期连灌 1～2 次大水，使水渗入下层开沟排除，也

是淋洗带走土壤积盐的一种有效方法。

（二）土传病虫的处理

利用夏季休闲期的高温有利条件，把地面挖成大沟，铺上稻草，灌大水，上覆盖地膜，并四周压严，使膜下温度上升到50℃以上，并持续15～20天，基本可以消除根结线虫、黄瓜枯萎病菌等顽固性土传病虫原。另外，定植前采用高温闷棚、硫黄熏棚及多菌灵、溴甲烷处理土壤等方法，也能有效地消除棚室病菌、虫卵等。

十、棚室二氧化碳施肥技术

二氧化碳是蔬菜进行光合作用必不可少的原料之一，其浓度的大小对蔬菜产量的影响很大。例如黄瓜在二氧化碳浓度达到1 500～2 000毫升/米^{3}时较为适宜，大气中二氧化碳浓度仅为300毫升/米^3，温室中二氧化碳浓度常降低到70～135毫升/米^3，不能满足黄瓜的需要，产量难以提高。气体施肥就是人为增加温室内二氧化碳浓度的一种增产措施。

（一）增施二氧化碳的好处

1. 产量提高　据实验，各种蔬菜每667米^{2}产量提高500～1 000千克，平均增产20%以上。其中黄瓜增产15.4%，茄子增产36%，番茄增产15%，甜椒、辣椒增产12.6%。

2. 改善品质　温室内蔬菜增施二氧化碳，增加了蔬菜光合作用强度，促进蔬菜生长发育，植株健壮，减少打药次数；同时光合作用增强可以使蔬菜制造充足的营养供应果实，使果实形状变好，瓜条顺直，畸形果少。

3. 成本较低　二氧化碳施肥技术主要原料是硫酸和碳酸氢铵，成本每667米^{2}大约80元，单产增收400多元。

（二）增施二氧化碳的方法

燃烧煤炭、煤油或丙烷天然气产生二氧化碳；用二氧化碳液体或干冰提供二氧化碳；重施有机肥，利用微生物分解有机物质产生二氧化碳；化学反应法产生二氧化碳。目前生产上应用较多而且经济有效的方法是用碳酸氢铵与硫酸反应产生二氧化碳。其具体施用方法是：先把浓硫酸与水按体积1∶4稀释，即加4倍水后变成稀硫酸（注意慢慢将硫酸倒入水中，不停搅拌，散去放出的热量），再与碳酸氢铵反应，每天每667米^{2}温室需2.2千克浓硫酸、8.8千克水（变成11千克稀硫酸）和3.48千克碳酸氢铵反应产生二氧化碳。每667米^{2}温室需放10个非金属容器（如塑料桶），挂在1.2米高处。每个容器中放348克碳酸氢铵和1 100克稀硫酸。先将稀硫酸倒入容器中，将碳酸氢铵用纸包好，用木棍挑着放入稀硫酸中。施放时间为晴天太阳升起30分钟后。育苗期，从4～5片叶开始。定植后，果实膨大初期开始连续施用，阴雨天停止施用。注意：硫酸腐蚀性极强，使用和贮运时千万要注意安全。

十一、温室内雾气消除技术

日光温室用无滴膜覆盖，能增加光照，有效地提高室内温度，现已被菜农广泛采用。但在寒冷的冬季，早晨揭开草苫后，室内常会产生大量的雾气，并在短时间内不断加重，甚至形成重雾，使能见度不到2米，不仅影响光照，还容易诱发病害。主要原因是：温室内外温差大，且室内湿度也大，早晨揭开草苫后，室内气温，尤其是上部空间薄膜附近的气温急剧下降，当温度降到“雾点”以下时，上部气体便会雾化。由于无滴膜加入了去雾剂，降低了与水分子的亲和能力，雾不能附着在膜上形成水滴，而以雾状沿温室前坡斜面下沉。到前沿最低处后，又沿地面向后墙方向移动，使温度较高的气体再上升到顶部降温雾化后继续下沉。这样，在温室内雾气形成循环，雾越积越浓，有时可持续2～4小时才逐渐消失。

防止措施是将温室前沿局部改用有滴薄膜。具体做法：首先将温室前沿放风口以下的无滴膜改用有滴膜，膜宽 1.5～2 米，既不影响上部无滴膜整体结构，又对采光影响不大。然后沿前柱挂一条地膜帘，其上部距棚膜留 30 厘米空间，下部落地用土封严，使温室前沿形成一个由有滴膜围成的半封闭的小空间。这样，所产生的雾顺前坡斜面下沉到前沿，由于地膜下部已封严，雾不再继续向后墙方向循环，只能沉积在前沿的小空间里。此处当时是温室内温度较低部位，加上周围都是有滴膜，使雾较快地吸附在膜上，凝结成水滴流入地面，从而减少了温室雾的形成。待过了寒冷季节，不再有重雾产生时，再将地膜帘拆除。

十二、蔬菜配方施肥技术

（一）配方施肥的方法

配方施肥是一种方法，而不是有一种或一些配方等待直接应用。像量体裁衣那样，配方施肥是用某些方法在播种前就能研究出所需肥料的数量，因此又把配方施肥称作计量施肥。实际上自古以来在计量施肥上难度很大，迄今为止也没有一个十全十美的解决办法。因为施肥的对象土壤和作物及影响肥效发挥的一些自然因素如温度、降水、太阳辐射等因素都处于不断变化过程中。尽管年复一年这些因素没有明显的差异，但它们在年度之间毕竟有所不同。尤其是地块的肥力不均匀，不仅一块地与另一块地的肥力不同，就是同一块地的肥力也有“斑驳现象”（即同一块地中肥力局部也有不同，故称斑驳现象）。因而不可能有一个肥料配方适合所有地块使用。更何况种植的作物种类、种植方式、栽培方法及作物的长势还千差万别。因此，配方施肥要具体作物、具体地块具体研究。

尽管有上述种种困难，但随着科学进步，生产发展，还是有一些方法使生产者尽量做到配方施肥。经常用的方法有：测土施肥法、养分平衡法、植物组织分析法、肥料效应函数法等。究竟选用何种方法，应因地因条件、设备而确定。

（二）测土施肥技术

测土施肥法是用分析手段测定土壤营养元素含量并研究土壤营养元素含量与作物产量之间的关系，在此基础上为不同作物在不同肥力的地块上种植时提出施肥的指导意见。

测土施肥主要有两方面工作：一是土壤样品室内分析；二是田间试验了解土壤养分测定值与作物产量之间的关系，又称校验工作。土壤样品室内分析是件复杂、烦琐、细致工作，需要一定的仪器设备和技术力量。各种不同的营养元素含量的分析可按有关规定的分析程序去做。但仅了解了土壤肥力还不能确定在该肥力条件下应施多少肥料，可得多少产量，所以还必须在田间进行种植试验，即所谓的校验工作，由校验结果确定施肥量与施肥方案。土壤室内分析与田间校验工作一般情况下应由有关科研部门完成，然后提出施肥指导意见。

（三）养分平衡法施肥技术

养分平衡法施肥是根据作物的需肥量和土壤供肥量之差值确定施肥数量的方法。据此确定的施肥量可使土壤养分维持平衡状态。

作物需肥量是根据该种作物形成产量时所需要营养数量、各种营养比例及目标产量所确定。目标产量并非随意制定的，而是根据该地块供肥能力、当地自然条件、作物茬次等因素所制定的。通常以该地块该种作物前3年平均产量再提高15％～20％为目标产量。

在用养分平衡法计算施肥数量时，还必须考虑到当地条件下肥料利用率。无论什么条件下，施入土壤的肥料不会全部被作物吸收利用。被作物吸收利用的数量占全部施肥量的比率称作肥料利用率。通常用两种方法测定肥料利用率：同位素法和田间差减法。同位素法是施入带有同位素标记的肥料供植株吸收利用，然后测定植株和产品内同位素含量，可计算出肥料利用率。田间差减法是从施肥地块产量中减去同样地块的空白产量（不施肥产量），其产量差异部分所含的养分与施入肥料养分之比即为肥料利用率。

（四）配方施肥的优点

配方施肥是综合运用现代农业科技成果，根据作物需肥规律、土壤供肥能力和肥料效应，在以有机肥为基础条件下，提出氮、磷、钾和微量元素的适宜用量和比例及相应的施肥技术的施肥方法。

配方施肥的核心是根据作物、土壤的状况，在产前确定肥料的施用品种和数量。根据配方所确定的品种、用量以及作物和土壤的特性，合理安排基肥和追肥的比例及追肥的次数、时期、用量和使用方法；同时要综合运用栽培及植保各项措施，使肥料增产作用得到充分发挥。施肥能够增产，是众所周知的常识，但是要想获得高产、稳产和最好的经济效益，应该施什么肥，施多大量并非人人都清楚。单靠经验施肥往往会出现很多弊端，如不按土壤养分丰缺状况来分配肥料，就会使肥料增产效益受影响甚至下降。盲目施肥，重施化肥，既增加了生产成本，又不利于均衡增产和逐年提高产量，还会造成土壤板结，破坏地力。总之，不讲究施肥方法，就会降低肥料利用率，达不到增产、增收目的。

采用配方施肥，首先以地力相近地块作为配方区，然后利用配方区土壤测定值或近几年的土壤肥力确定值确定该配方区土壤天然供肥数量，再根据所种植作物的需肥量，肥料在该配方区土壤上的利用率确定总施肥量。总施肥量确定后，根据不同种类肥料养分有效含量，确定各个品种肥料的具体用量。因此，可以说配方施肥就是计量施肥。此外，应根据作物生长规律和各个时期需肥量，采用合理施肥技术，将已确定的不同品种肥料的用量分配到不同时期施用，即确定具体施肥次数、时间和数量。

十三、绿肥及其作用

（一）绿肥

凡是用栽培或野生绿色植物的茎叶作肥料的，都称为绿肥。栽培绿肥可以起到“以田养田，以田养猪”，以及活化土壤中养分的作用。绿肥是一种优质肥源，其在提供农作物所需的养分、改良土壤、改善农田生态环境和防止土壤侵蚀及污染等方面，均有良好的作用。大力发展绿肥作物，可为绿色蔬菜生产提供经济活力强、营养丰富、不受污染的土壤条件，对生产安全、优质、高产、高效的蔬菜而言，具有十分重要的作用。现将绿肥在绿色蔬菜生产中的作用、各种绿肥的养分含量、绿肥作物的种类及其特性分述如下。

（二）绿肥在绿色蔬菜生产中的作用

1. 提高土壤中有机质的含量 绿肥一般含有机质15%左右。因此，栽培和施用绿肥，均有提高土壤有机质含量的效果，尤其是采取禾本科与豆科绿肥混播，其效果优于单播豆科绿肥作物。

2. 提高土壤中氮素含量 绿肥中含有氮素，特别是豆科绿肥还能固定空气中的氮。据估计，全世界豆科作物与根瘤菌共生固氮约4 000万吨；而1977年全世界工业氮肥产量总共为4 500万吨，可见豆科绿肥作物的共生固氮的地位有多么重要。

3. 提高土壤有效养分，促进底土熟化 绿肥作物特别是豆科绿肥有强大的根系，吸收利用土壤中难溶性养分的能力较强，能把土壤中不易为其他作物吸收利用的养分集中起来。例如土壤中难溶性的磷，经绿月巴吸收利用后，可变成绿肥作物体内的有机磷；当绿肥耕翻和分解后，磷就容易被作物吸收利用。同时，还因绿肥的耕翻，能使土壤中的微生物大量繁殖和活性增强，并可进一步促使土壤中部分难于吸收的养分发生分解，为后作物利用。

4. 改良土壤，提高肥力 由于绿肥给土壤增加了新鲜的有机质和养分，改善了土壤的物理化学性状，增强了土壤中微生物的活力，提高了土壤肥力，故我国农民素有“一年红花草，三年田脚好”的说法。这表明，有豆科绿肥作物参与的轮作制度，在改良土壤、提高地力上具重要意义。

5. 覆盖地面，防止土肥流失 在坡地和沙荒地种植绿肥作物，由于茂盛的枝叶覆盖地面，减少了雨水对地面的侵蚀和风的吹蚀。

同时，绿肥根系也起了固定土壤及沙丘的作用，提高了土壤保水、蓄水的能力。地面覆盖还可减少土壤水分的散失，抑制盐分上升，减轻耕作层盐分的积累，为后作物创造有利的生长条件。

6. 调剂作物茬口，节省施肥劳力　在轮作中安排一定比例的绿肥，不但有养地与用地相结合的作用，而且便于轮作倒茬。在生产实践中，早晚茬交换以及水旱轮作，往往是通过绿肥地进行的，绿肥地是早茬，有了绿肥可以错开劳力。

此外，发展绿肥作物，在解决远离住宅区地块或高坡上的运肥、施肥，节约人力、物力等方面具有一定意义。发展绿肥作物，还能为畜牧业提供饲料，为养蜂业提供蜜源作物，实是一举多得的好事。

（三）绿肥的养分

各种绿肥养分的含量因其种类、翻压或刈割时期的不同而异。一般情况下，豆科绿肥植株含氮量比非豆科绿肥的高。同种绿肥植物体上，因所处部位不同养分含量也有很大的差别。叶片的养分含量高于茎，地上部分的养分含量高于根部。

绿肥生育期不同，则养分积累情况也不一样。苗期因叶片占的比例大，其养分含量高于成株；花期养分含量虽比苗期低，但因绿色植物体总产量高，故其养分总积累量仍明显高于苗期。所以，一般绿肥在盛花期施用较为适宜。环境条件对绿肥肥料成分也有很大的影响，土壤肥力、气候因素都能影响其养分的积累。在高肥力的土壤中生长的绿肥，其绿色体养分含量相对要高于低肥力土壤上的绿肥；高温条件下，绿肥生长速度快，其养分积累往往低于温度较低条件下生长的植株。

十四、生物肥料及其作用

生物肥料或称微生物肥料，也称微生物接种剂，简称菌肥。它是以微生物生命活动而导致农作物得到特定的肥料效应的一类制品，即通常所说的微生物肥料。微生物肥料与有机肥料、绿肥、化学肥料一样，是农业生产中所使用的肥料制品中的一部分。微生物肥料具有两个方面的作用：其一，通过该制品中微生物的生命活动，增加了植物的营养元素供应量，导致植物营养状况得到改善，从而增加其产量。其二，该制品中微生物的生命活动能提高植物营养元素的水平，它还能产生植物的生长刺激物质，从而促进植物对营养元素的吸收，并能拮抗某些病原微生物，减轻病虫的危害。由此可见，微生物肥料用于无公害蔬菜生产后，能减少化肥及农药的使用量，它不仅能大幅度地提高蔬菜的产量及品质，而且能逐步消除化肥及农药的污染，为生产无公害蔬菜创造良好的环境条件。现将当前生产上行之有效的微生物肥料种类及使用方法分述如下。

（一）根瘤菌肥

根瘤菌肥又称根瘤菌剂，它是从豆科植物根瘤内的根瘤菌中分离出来后，又加以选育繁殖而制成的产品。它是一种效果显著的微生物肥料。施入土壤后，根瘤菌可与相应的豆科作物共生而形成根瘤。菌体在瘤内能将空气中的分子态氮转变为作物可以利用的氮化物。在固定的氮素中，约有75％可供给作物直接利用，其余的25％则用于组成菌体细胞。细菌死亡后，其中的氮素仍残留于土壤中，经分解又可被作物吸收。

根瘤菌与豆科作物共生具有“专一性”和“互接种族”的特点。前者指某一种根瘤菌只能与某一种豆科作物共生形成根瘤，在其他豆科植物上则不能形成根瘤。如紫云英根瘤菌只能在紫云英上着生根瘤。后者指一种根瘤菌能与几种豆科作物共生形成根瘤（表2-1）。

菌剂质量会直接影响菌肥的增产效果。优质菌剂一般要求每克含活菌在2亿～4亿个以上，菌剂水分以20％～30％为宜。菌剂要求新鲜，杂菌含量不得超过10％。菌剂质量的好坏与吸附剂及储存温度有关。草炭中营养丰富，若用草炭作吸附剂，则菌剂中的活菌率较高。优质菌剂必须在2℃以下低温中贮存，因为高温会引起菌肥中的水分蒸发，使活菌大量减少。

表2-1　各种根瘤菌及其相应共生的豆科植物

根瘤菌名称	相应共生的豆科植物
花生根瘤菌	花生、豇豆、绿豆、赤豆、田菁、柽麻等
大豆根瘤菌	大豆、黑豆、青豆
苜蓿根瘤菌	紫花苜蓿、黄花苜蓿、草木樨等
豌豆根瘤菌	豌豆、蚕豆、苕子、箭薯豌豆等
紫云英根瘤菌	紫云英
菜豆根瘤菌	菜豆
三叶草根瘤菌	三叶萍

接种高效根瘤菌剂后，一般都能提高豆科作物与绿肥作物的产量，而且增产效果稳定，增产幅度一般在10%～20%以上。花生与大豆接种菌剂的效果与土壤肥力水平有关。如果土壤中全氮与有机质的含量较低且磷素营养充足时，则接种菌剂后的效果明显。新垦地区用根瘤菌接种后，增产效果更大，尤其对某些专一性强的作物，如紫云英、三叶草等效果明显。在新区引种时，必须接种相应的菌种，否则不能形成根瘤。在多年生豆科作物和施用过根瘤菌剂的土壤上，继续接种菌剂仍可获得增产效果。土壤中根瘤菌的存活率和成活年限是不一样的，因此，在自然结瘤的情况下，往往会降低固氮效果。

根瘤菌剂一般以拌种效果为最好。其500克的菌剂可拌大粒种子如花生、蚕豆、豌豆、大豆等25～50千克，小粒种子紫云英、苜蓿等则为15～25千克。拌种的器皿宜用内壁光滑的瓷盆。拌种时，要加少量的新鲜米汤或清水，先将菌剂调成糊状，再与种子充分拌匀，随后播种覆土。拌种应在阴凉处进行操作，要避免太阳暴晒。拌过菌种的种子，不能再用过磷酸钙拌种。如有必要时，可先将种子外面裹一层泥浆，再用少量草木灰中和过磷酸钙中的游离酸，然后才能拌种，以避免降低菌剂接种的效果。如来不及拌种，则早期追肥也有一定效果。菌剂可作为追肥施用，可在豆科作物出苗后，用500克菌剂加水25～50千克，配成稀溶液，洒在作物根部，也能收到较好的效果。

（二）固氮菌肥

固氮菌也是一种细菌。主要由自生固氮菌和联合固氮菌两大类好气性固氮微生物组成。它们主要生活在各种植物根际处，或寄生在根系表面及根系内部，但其寄生在根系上不会形成根瘤。其功能与根瘤菌相同，但生物固氮能力比根瘤菌要低得多。

利用各种固氮菌，经人工培养制成的各种剂型的固氮菌接种剂，便是固氮菌肥。固氮菌肥虽然在各种作物上都可以用，但通常是用作禾本科作物的拌种剂，一般每667米^{2}面积的使用量为0.5～1千克。

（三）解磷菌肥

目前生产上所用的解磷菌主要是细菌，一类是分解无机磷，另一类则分解有机磷。它们都能分别把土壤有机物中植物难以直接吸收利用的磷元素（无效磷）转化为可利用的有效磷。其主要功能是提高磷的有效性；其次是能产生某些生长活性物质，促进作物生长，提高其产量。解磷菌肥在各种作物上都能用，在豆科作物上的使用效果更好。它既可用作拌种剂，也可与有机肥一起施用。一般宜及早施用，每667米^{2}用量为1千克。

（四）解钾菌肥

解钾菌肥又称硅酸盐菌肥或生物钾肥，生产用菌种为芽孢杆菌，能分解土壤中的难溶性磷、钾等矿物营养元素。其主要功能是提高磷、钾的有效性；其次是能产生一些生长激素，促进作物生长，提高其产量。解钾菌肥在各种作物上都能用，在豆科、薯类、瓜果等作物上使用效果更好。它既可作为拌种剂和蘸根剂，也可与有机肥一起作基肥施用。一般宜早用，每 667 米^2 用量为 1 千克。

（五）其他微生物肥料

（1）VA 菌根真菌肥料　所谓 VA 菌根真菌肥料，就是土壤中某些真菌侵染植物根系后所形成的菌根—根共生体。它能够大大加强植物利用磷和其他微量元素的能力，还能够增强植物的抗逆性。

（2）微生态菌肥　微生态菌肥以有益微生物的种群所组成。它能够改善植物的生长环境，促进植物生长发育，改善农产品品质，增强作物的抗病性，提高作物的产量。

（3）抗生菌类肥料　这类肥料具有提高作物产量的作用，能够防治作物病虫害和刺激植物生长。一般作为复合微生物肥料的添加剂，现在市场上也出现了单独销售的、属于防治土传病害的微生物肥料品种。

（4）复合菌肥类　复合菌肥具有两种情况：一种是由两种以上有益微生物互不拮抗地复合在一起；另一种是用一种或多种微生物与植物营养物质复合在一起。复合菌肥生产的目的，是为了提高接种的效果。但在目前复合或复混的机制仍然不太清楚的情况下，该产品的效果并不十分显著。

（5）活性堆肥　活性堆肥是指植物秸秆添加饼粕和其他调节物质后，在微生物制剂的作用下，发酵制成的产品。它含有大量的活微生物，能起到微生物肥料的作用。

（6）有机、无机和微生物复合肥　即将有机肥、无机化肥和微生物肥复合在一起，一般是制成颗粒状。它可以较好地解决养分速效和缓效的问题，并能够解决大量养分合理利用的问题。

（7）“几丁”（甲壳）有机肥　“几丁”（甲壳）有机肥是用天然的“几丁”（甲壳、虾壳、蟹壳）为主要原料制造的环保型有机肥料。它不含任何激素、抗生素及重金属，不污染土壤、水分及作物，是确保安全生产的环保型产品。甲壳素不溶于水，可调节土壤的酸碱性，能刺激土壤中有益微生物的活性，并能控制及调节土壤中主要元素氮、磷、钾均衡持久地释放。甲壳素中含有钙、铁、镁、锰、硫等微量元素，能保障作物生长的需要。甲壳素还能促使作物分泌“几丁”酶，这种酶可以分解地下害虫的卵、蛹等含有“几丁”质外壳及大部分真菌的细胞壁，从而减轻了地下病虫的危害、减少了农药的施用量。“几丁”酶也是天然的生长刺激素，能促进植物的吸收，加速作物的生长。

（8）微生物有机肥　绿色蔬菜生产上必须以有机肥为主，微生物肥和化肥为辅。为弥补有机肥的不足，各地生产了许多微生物有机肥，它们具有肥效高、用量少、不脏臭的特点，很适于在绿色蔬菜生产上使用。

第三章 绿色瓜类蔬菜栽培关键技术

一、黄瓜掐卷须技术及效果

作者对黄瓜掐卷须这一既不增加投资，又简单易做的田间管理措施的增产效应进行了研究，结果发现掐卷须可使黄瓜前期产量提高16.1%。

（一）方法

在河南科技学院校内实习基地的日光温室内育苗。供试品种新泰密刺，1991年1月19日播种，采用营养钵育苗，3月18日定植于塑料大棚。定植株距25厘米，行距55厘米，每小区40株。处理为自第一卷须出现开始每隔一天掐卷须一次，不掐卷须为对照。于4月13日和4月18日分别调查株高、茎粗，计算其净增加量；5月13日、5月15日、5月17日采收时分别测算瓜长、瓜粗，求其平均数；产量的调查分别为前期产量（即4月22日至5月20日的各小区产量）和盛果期产量（即5月21日至6月20日的各小区产量）。

（二）效果

1. 对黄瓜株高、茎粗的影响 掐卷须株高的生长量略有减少，掐卷须的株高增长量是10.72厘米，对照是12.13厘米；茎粗的生长略有增加，茎粗的增长量掐卷须的是0.108厘米，对照是0.091厘米。

2. 对果实生长的影响 三次采收平均瓜长掐卷须的是30.18厘米，对照是29.40厘米；平均瓜粗掐卷须的是2.97厘米，对照是3.07厘米。说明掐卷须对果实大小影响不明显。

3. 对结瓜数的影响 从4月22日至5月20日的平均小区结瓜数，掐卷须平均小区结瓜153.7条，对照平均小区结瓜131.7条，掐卷须比对照增加16.7%。说明掐卷须可以明显增加黄瓜结瓜数。

4. 对产量及经济效益的影响 掐卷须可以有效地提高黄瓜产量，而且对提高早期产量效果更明显。早期产量比对照提高16.1%，盛果期产量比对照提高9.4%。折合每667米^{2}比对照共增产652.1千克，增产率10.8%。从经济效益来看，掐卷须的平均小区收入49.74元，折合每667米^{2}收入6 029.4元；对照平均小区收入44.18元，折合每667米^{2}收入5 391.8元，掐卷须比对照增收637.6元。

总之，掐卷须使株高生长减少，茎粗生长量增加，可能是由于掐卷须后促发了侧枝，削弱了顶端优势，从而抑制了茎的延长生长，促进了茎的加粗生长；通过掐卷须避免了卷须同幼瓜及侧蔓争夺养分，使主蔓坐果率提高，侧蔓结瓜数增加，从而提高了产量，尤其是前期产量提高16.1%，总产提高10.8%，纯收入增加637.6元，效果显著。可见，掐卷须是一项简单易行且经济有效的增产措施，值得大力推广。

（三）注意事项

掐卷须时卷须基部要留1厘米长，否则易引起幼小的子房化瓜；掐卷须后更应注意及时绑蔓，以免瓜秧下落，不仅影响产量，而且使畸形瓜增多，影响品质。

二、高盛绿叶素在黄瓜幼苗上的使用技术及效果

黄瓜在蔬菜生产中占有重要地位，种植面积大，产量高，经济

效益好，深受生产者的欢迎。但是，在生产中存在着病虫害种类多、危害严重的问题。因此，菜农为了追求高产、高效益，便过量地施用化肥，频繁地施用化学农药，造成产品严重污染。为了探讨无公害黄瓜生产新技术，笔者特做了绿叶素在黄瓜上的应用试验，取得了较好的效果。

（一）方法

供试绿叶素为长沙高盛科技发展有限公司研制的高盛牌绿叶素，是集营养、调节、活化、抗逆于一体的植物营养活力素。其主要成分是微量元素 Zn、Fe、Cu、N、S 及活性物质，对作物及人体无毒副作用，且使用方便、见效快、效果好。

使用方法：经多次试验发现，效果最好的使用浓度是每千克水加 1.5 克绿叶素。在黄瓜幼苗一叶一心时开始叶面喷施，每周喷 1 次，共喷 4 次。

（二）效果

与不使用绿叶素的黄瓜幼苗相比，苗高增加 22.5％，茎粗增加 31.3％，地上部茎叶鲜重增加 55.1％，地下部根系鲜重增加 42.5％，叶面积增加 18.9％。同时叶片厚度明显增加，叶片颜色加深，叶绿素含量提高。可见高盛绿叶素具有促进幼苗生长的作用，同时幼苗的外部形态更趋向于壮苗的形态特征，即根系发达、茎粗壮、叶片大而厚、颜色深绿。除了外部形态的变化以外，幼苗叶片中可溶性糖含量也有所增加，使细胞液浓度提高，从而大大增强了幼苗的抗低温能力。试验证明，与不使用绿叶素的黄瓜幼苗相比，在低温下幼苗受伤害的程度降低 39.7％。

三、维生素 C 在黄瓜幼苗上的使用技术及效果

维生素 C 是一种抗氧化剂，对植物防御活性氧的毒害，维持细胞膜的完整性有重要作用。在低温胁迫下，植物体内维生素 C

含量降低，这是植物因低温引起伤害的一个重要原因。因此，补充外源维生素C可防止这种伤害。有研究表明，维生素C处理橡胶树种子可以提高种子的活力指数，促进脂质降解和核酸合成等代谢活动；外源维生素C有延迟青花菜花蕾衰老的作用，主要与延缓内源维生素C降解、激活SOD活性有关；外源维生素C可以提高黄瓜陈种子的活力，提高组培苗的耐冷力。但有关维生素C对黄瓜生长的影响尚未见报道。为探讨维生素C在黄瓜上的应用效果，特进行该试验。

（一）方法

供试黄瓜为豫黄瓜2号一代杂种（河南农业大学培育）；维生素C（江苏省常州制药厂生产的维生素C注射液），规格为5毫升。试验于2003年和2004年分别在河南科技学院园艺系实习基地进行。

浸种催芽：采用5个不同浓度的维生素C溶液浸种：0毫克/升（对照）；20毫克/升；40毫克/升；80毫克/升；160毫克/升。浸种时间为6小时。每处理100粒种子，重复3次。浸种后在恒温箱内催芽，温度26℃左右，每天检查并补充相应浓度的维生素C溶液1次。

播种育苗：采用穴盘育苗，当50%～60%的种子萌芽时，取萌芽的种子播种，育苗期间，每隔10天补充相应浓度的维生素C溶液1次，共补2次。其他管理同一般育苗。

调查内容包括发芽率、发芽势、发芽指数、活力指数、光合速率、幼苗茎粗、子叶面积、苗鲜重及冷害指数。冷害指数的调查方法是，先将苗放入人工气候室中给予白天15℃、夜间3℃的低温处理2天，观察幼苗在低温下的表现，根据幼苗受低温危害的表现进行分级，然后计算冷害指数。冷害指数越小，说明幼苗受害越轻，幼苗的抗冷性越强。

（二）效果

1. 对黄瓜种子活力的影响 试验表明，不同处理浓度对种子发芽率和发芽势的影响均不明显。对发芽指数和活力指数的影响表现明显，除 160 毫克/升处理外，其他处理与对照相比都有显著提高。以 40 毫克/升处理效果最好，分别比对照提高 45.7%和 41.6%。发芽指数和活力指数是分别反映种子发芽速度和整齐度、幼苗生长速度和整齐度的指标，维生素 C 处理后二者明显提高，说明维生素 C 具有促进黄瓜种子迅速而整齐地萌发、幼苗迅速而整齐生长的作用。

2. 对黄瓜幼苗生长的影响 试验表明，各处理对幼苗下胚轴长的影响不显著，但下胚轴粗均有不同程度的增加，各处理下胚轴粗/长也明显提高。另外，各处理子叶面积也明显增加，其中以 40 毫克/升处理效果最好，与对照的差异均达到极显著水平。

3. 对黄瓜幼苗鲜重的影响 各处理使黄瓜幼苗根鲜重和茎叶鲜重均有明显提高。其中以 40 毫克/升处理提高幅度最大，根鲜重比对照提高 66.7%，茎叶鲜重提高 30.0%，由于根鲜重提高幅度大于茎叶鲜重提高幅度，所以根/冠明显增大。

4. 对黄瓜幼苗光合特性及耐冷性的影响 试验表明，各处理提高了黄瓜光合速率，尤其 40 毫克/升和 80 毫克/升处理使光合速率分别提高 28.3%和 26.2%，同时使幼苗的冷害指数分别比对照降低 20.9%和 18.1%。冷害指数是反映幼苗耐冷性的一个指标，冷害指数越小，说明幼苗耐冷性越强。

总之，采用维生素 C 溶液浸种，对黄瓜种子的发芽率、发芽势没有影响，也可能是试验所用种子是经过严格挑选的大而饱满的种子，本身发芽率和发芽势就很高所致。但发芽指数和活力指数明显提高，说明处理后提高了种子的发芽速度和整齐度以及幼苗的生长速度和整齐度。另外，维生素 C 处理后，改善了黄瓜幼苗的光合特性，使光合速率提高，为幼苗健壮生长提供了充足的物质基础，因而幼苗子叶面积、下胚轴粗、下胚轴粗/长、根鲜重、茎叶鲜重及根/冠都有不同程度的增加。由于幼苗生长健壮，所以抗性增强，使冷害指数大大降低。这对于冬季黄瓜育苗是非常重要的。同时，壮苗为以后开花结果、提高产量奠定了良好的基础。在所有处理中以 40 毫克/升处理对各项指标的影响最显著，随着处理浓度的增加或减小，影响越来越小，高浓度160毫克/升处理对种子发芽和幼苗生长稍有抑制作用。

四、抗逆增产剂在黄瓜幼苗上的使用技术及效果

黄瓜是保护地栽培的主要蔬菜之一，但在生产过程中经常受到寒流、低温、寡照不良环境条件的影响，对黄瓜的生长发育造成很大威胁，轻者减产，重者绝收。目前自然气候条件还不能人为控制，人类抵御自然灾害的能力还很有限，因此，如何提高黄瓜的适应性，增强其抗逆性，已成为生产中亟待解决的问题。据报道，抗逆增产剂具有增强植物的抗寒、抗旱、抗涝、抗病虫害的能力，但在黄瓜上的应用尚未见详细报道，为此特进行了本研究。

（一）方法

试验在河南科技学院校内实习基地进行。土壤为盐碱土；供试黄瓜品种为津研4号；抗逆增产剂由湖南省洞庭科技有限公司提供，是抗逆剂的第二代产品。

试验分两步进行：首先采用不同浓度的抗逆增产剂进行浸种，其次是苗期进行叶面喷洒。浸种浓度分别为50、100、150、200倍液及清水对照，重复3次。浸种后将各个处理的种子分别进行催芽，催芽温度为28℃左右。苗期喷洒浓度分别为200、300、400、600倍液和清水对照。采用阳畦育苗，种子直接播在苗床里，床土为盐碱土，播前没有施基肥，生长期不追肥、不打药，只浇水、除草，夜间不盖草苫。前期曾遇到－3℃低温，在这种生态环境下育苗，抗逆剂的作用能充分表现出来。

（二）效果

1. 抗逆增产剂浸种对黄瓜种子发芽的影响　试验结果表明，采用不同浓度的抗逆增产剂浸种对黄瓜种子发芽率影响不大，对黄瓜种子的发芽势有明显影响。各个处理都比对照的发芽势有不同程

度的提高，其中200倍、150倍处理发芽势较高，分别比对照提高8.9%和8.2%。

2. 抗逆增产剂对黄瓜幼苗生长的影响 试验表明，采用不同浓度的抗逆增产剂对黄瓜幼苗进行叶面喷洒，对其幼苗的生长都有不同程度的促进作用。其中400倍和300倍处理效果最好，分别比对照提高43.3%和37.9%；茎粗是壮苗的一个重要指标，各个处理对幼苗的茎粗也有不同程度的影响，400倍处理、200倍处理分别比对照增加41.8%和25.8%；苗鲜重是衡量壮苗的指标之一，各个处理的苗鲜重与对照相比都有不同程度的增加。其中，400倍处理增加最多，达到108.2%；300倍处理增加82.9%；600倍处理增加64.6%。

总之，采用抗逆增产剂对黄瓜种子进行浸种处理，以200倍和150倍处理效果较好。用抗逆剂对幼苗进行叶面喷洒，400倍处理效果最好，可使幼苗生长健壮，株高、茎粗、苗鲜重明显增加，对不良环境条件的抗逆性增强，在当年春季气候反常，阴冷天气多、温度低、光照差、土壤贫瘠且盐碱较重的情况下，成苗率仍达到81%，而对照成苗率只有42%。可见抗逆剂对提高黄瓜幼苗的抗逆性效果显著。

五、高美施在日光温室黄瓜上的使用技术及效果

高美施有机腐殖酸活性液肥（简称高美施），是美国有机环境工业科技公司（O.E.I公司）研制成的高新科技产品。1991年引入我国，目前全国很多地方已开始在生产上试用，但至今尚未见到国内对高美施应用研究的系统报道。为了进一步验证高美施的施用效果，为生产上推广应用提供依据，笔者进行了高美施在不同蔬菜作物上的应用试验研究，取得了较好效果。

（一）方法

试验在中国农业科学院农田灌溉研究所洪门试验场进行。供试

品种为新泰密刺；供试高美施为广普性的 UA－102 型，河南省高美施示范推广服务中心提供。试验地为黏壤土，偏碱性。温室面积 280 米^2，配有滴灌系统。

黄瓜种子经浸种催芽后于 12 月 5 日播种，在温室内采用塑料营养钵育苗，1 月 25 日定植。高美施设 400 倍、500 倍、600 倍 3 个处理及 1 个清水对照。随机区组排列，重复 3 次。各处理于 2 月 15 日和 30 日分别进行叶面喷施。调查项目有茎粗、结瓜数、单瓜重和产量。每小区各选有代表性的 10 株挂牌，以调查各项指标。茎粗的调查分别在第一次喷施前一天和第二次喷施后 10 天进行。

（二）效果

1. 不同处理对黄瓜茎粗的影响 高美施不同浓度处理对黄瓜茎粗有明显影响，且随着处理浓度的提高，对茎粗的促进作用越来越大。400 倍和 500 倍处理茎粗的生长量分别比对照增加 39.5％和 27.5％，差异极显著。600 倍处理茎粗生长量比对照增加 11.4％。

2. 不同处理对黄瓜结瓜数的影响 瓜数是黄瓜产量构成的重要因素，高美施处理可显著增加黄瓜的结瓜数，且高浓度处理比低浓度处理效果好。400 倍处理结瓜数比对照增加 21.4％，500 倍处理比对照增加 13.9％，600 倍处理只比对照增加 0.26％，差异不显著。

3. 不同处理对黄瓜单瓜重的影响 不同浓度的高美施对黄瓜单瓜重的影响不明显。400 倍、500 倍、600 倍处理分别比对照增加 1.8％、6.8％和 6.6％，与对照的差异均未达到显著水平。

4. 不同处理对黄瓜早期产量和总产量的影响 冬春茬黄瓜随着上市期的延后价格迅速下降，因此提高早期产量对于增加经济效益意义更大。不同浓度高美施处理对提高黄瓜早期产量均有良好效果，尤其是 400 倍处理，比对照增产 63.5％，500 倍、600 倍处理也分别比对照增产 35.3％和 32.0％。

不同处理对黄瓜总产量的影响不如对早期产量影响那样明显。400 倍、500 倍和 600 倍处理分别比对照增产 15.6％、6.2％、

0.2%，其中只有400倍处理与对照差异达显著水平，其他两处理与对照差异均不显著。

总之，冬春茬日光温室黄瓜叶面喷施高美施可有效地促进其营养生长，使茎粗显著增加，叶色明显变绿，植株生长更加健壮，从而为生殖生长奠定了良好的基础，所以使产量大幅度提高，尤其是前期产量更为显著，折合每667米^{2}分别比对照增加550.7千克、306.3千克和277.7千克。

六、棚室黄瓜早结瓜、多结瓜技术

黄瓜是雌雄异花植物，雌花着生节位的高低和雌花数量多少直接关系到结瓜早晚和产量高低。当然这与品种有关，但也受栽培条件的影响。主要通过栽培措施来控制温度、光照，增施磷肥等。

育苗期间低夜温、短日照及充足的磷肥有利于黄瓜雌花形成。因此，配制床土时加入适量磷肥，从幼苗2片真叶以后苗床温度白天控制在气温25℃以上、夜间13～15℃，是提早形成雌花、连续形成雌花的有效措施。如密刺类型的品种可在第三节形成雌花，直到第10节，节节有雌花、无雄花，10节以上雌花也较多。

七、黄瓜生长不适症的诊断与防治

黄瓜在生长发育过程中，由于受不良环境条件或人为因素的影响，常常会出现一些生长不正常的现象，这些情况往往不被生产者重视，但却对产量、品质及经济效益影响很大。因此，时常注意对黄瓜田间生长状况的观察诊断，及时发现不适宜的生长症状，尽快采取有效措施加以解决，对搞好黄瓜生产具有重要意义。

田间生长状况的观察诊断要细致、周到：由整株到根、茎、叶、花、果各个器官，由病株到病区，由病区到全田，注意观察颜色、形状的异常表现，并联系环境因子及相关的农事操作情况，以查找原因，对症下药加以解决。下面介绍田间诊断的部分内容。

1. 看龙头

（1）黄瓜秧歪头、秃顶　此现象以日光温室冬春茬黄瓜最常见，具体症状见图3-1、图3-2。

图3-1　黄瓜秧歪头

图3-2　黄瓜秧秃顶

这是一种由低温、弱光引起的生理病害。寒冬季节黄瓜定植后常遇寒流侵袭，室内温度低，根系活力减弱，加上连续阴、雪天气，叶片光合作用变弱，秧苗生长衰弱，使龙头附近小叶停滞生长，龙头歪扭，或生长点不展新叶，出现秃顶现象，对产量尤其是早期产量影响很大。

防治措施：以预防为主，如设计和建造保温、采光性能好的温室，加强内外保温；当室内最低气温低到8℃时，要临时加温；喷洒含磷和硼元素的叶面肥；有条件的补充光照更好。这些都可有效预防瓜秧歪头和秃顶的发生。一旦发生歪头和秃顶，要及早采收下部成瓜，并摘掉上部一些雌花，有缓解作用。但不要采用喷赤霉素的方法来缓解因乙烯利药害造成的歪头现象，以免造成植株徒长。

（2）黄瓜“花打顶”　花打顶的主要表现是：瓜秧迟迟不拔高，近生长点的几节节间极短，叶片密集在一起，叶色较深，心叶停滞生长，顶端出现几个小瓜纽，有时夹有雄花蕾。小叶、小瓜纽、花将生长点包起来，见图3-3。

花打顶对黄瓜产量和品质影响极大，必须尽快解决。造成花打顶的原因很多，根据这些原因，以预防为主，并适当采取补救

图 3-3　黄瓜花打顶

措施：

①日光温室冬春茬、春茬黄瓜育苗，苗龄过长，秧苗老化，易花打顶。因此，育苗期不能过长，以 40～50 天为宜，生理苗龄不能超过 5 片真叶。

②幼苗长期处于低温、干旱环境，使根系机能受损，营养生长受抑制，花芽发育加快，从而出现花打顶。所以黄瓜育苗应采取控温不控水的措施，尤其育苗中后期更不能缺水。一旦发现有花打顶的苗头，应多喷水，并提高夜温，使达到 17～18℃，形成温暖多湿的环境条件，可促进营养生长，同时摘掉顶部的雌花，几天就可恢复正常生长。

③苗期喷乙烯利浓度过大，或喷量过多，或重复喷洒都会造成花打顶。因此，喷洒浓度要适当，以 100 毫克/千克为宜；配制浓度要准确，千万不能超过 150 毫克/千克。另外，喷药液量以叶片滴水为宜，如果叶片流水就喷多了，只喷 1 遍，不要重复喷洒。

④开花结果期遇到寒流天气，室内温度过低，持续时间较长，再加上不敢浇水，低温加干旱也易出现花打顶。因此，低温天气要加强保温，或临时加温，适时浇水，不使其干旱便可预防之。如已初见花打顶，除采取上述措施外，再结合喷含磷和硼素的叶面肥，可起到缓解作用。

2. 看叶片

（1）降落伞叶　叶片的中央部分凸起，边缘向下翻卷，呈降落伞状。由于冬季遇到低温连阴天，首先生长点附近的新叶叶尖黄化，进而叶缘黄化。叶缘黄化部分的生长停滞，而中央部分的生长继续进行，从而形成降落伞状叶，见图 3－4。这是黄瓜植株缺钙的一种表现形式。冬季温室气温、地温低，根系吸收活动受阻，导致缺钙。定植过深，根系缺氧，也影响对钙的吸收。另外，通风量过大，降温过快，也会在通风口附近出现降落伞形叶。

防治方法：首先是科学通风，冬茬或冬春茬黄瓜栽培后期，温度升高，要及时通风，但通风不能过急、过猛。其次要提高温室保温性能，这是防止降落伞叶的根本方法。如果温室结构不合理，遇低温天气时要采取多种有效的保温措施。

（2）匙形叶　植株生长势弱，上部叶片黄化，顶部叶片不能充分展开，边缘上卷呈匙状，严重时边缘枯死，见图 3－5。

图 3－4　黄瓜降落伞叶

图 3－5　黄瓜匙形叶

植株顶部叶呈匙状，主要是土壤缺铜所致，一般土壤不会发生缺铜现象，但因土壤中的铜较难移动，黏土和有机质对铜有较强的吸附作用。因此在黏土和有机质含量较高的土壤上可能发生缺铜现象。保护地黄瓜由于连年大量施用有机肥，在 pH 大于 6.5 的腐殖质土中，由于腐殖质对铜的螯合作用，降低了铜的有效性，也会出现缺铜现象。

防治方法：酸性土壤可施用石灰进行改良；适量施用农家肥，注意氮、磷、钾肥合理搭配使用。防治病害时尽量使用含铜杀菌剂，防病的同时可起到补铜的作用；植株出现缺铜症状时，及时叶面喷洒 0.1%～0.2%硫酸铜水溶液补铜。

（3）金边叶　叶片边缘呈整齐的镶金边状，组织一般不坏死，植株上部叶片骤然变小，生长点紧缩，在温室黄瓜定植后到采收前容易发生。这是黄瓜植株缺钙的另一种表现形式。引起缺钙的原因很多：

①土壤干旱。蹲苗时间过长，土壤溶液浓度过大，植株对钙的吸收受阻，导致缺钙。

②化肥施用过量。土壤中氮、镁、钾含量过高，会抑制植株对钙的吸收。

③温度过低。冬季的低地温影响根系对钙的正常吸收导致缺钙。

④缺硼。在土壤呈碱性的条件下，植株对硼的吸收受阻，会诱发对钙的吸收受阻导致缺钙。

防治方法：因土壤干旱引发的缺钙，只要浇水，以后长出的新叶就不会出现金边叶了。科学施肥，提高室内温度，尤其是提高地温更重要。对于缺硼引起的金边叶，可叶面喷施硼酸或硼砂。

3. 看花

（1）无雌花或雌花少　黄瓜一般在 4～5 片叶时就有花蕾，7～8 片叶时在第三至第四节处开始出现雌花。但当管理不当时，只开雄花而无雌花，以后雌花也很少，见图 3-6。

雌花数目多少，除了与品种特性有关外，主要受环境条件和植株营养状况的影响。一般低夜温（13～15℃）、短日照（8 小时）条件下，黄瓜幼苗体内氮化合物少而碳水化合物较多时，有利于雌花的形成。反之，雌花较少。另外，苗床过于干旱，氮肥过多有利于雄花的形成。所以温度和肥水管理不当，造成营养生长过旺，茎叶过大，抑制了生殖生长，造成雄花多、无雌花，只开花、不结瓜的现象。

防治方法：苗床土减少氮肥用量，加入适量磷、钾肥；当第一片真叶展开后，及时降低夜温，维持在13～15℃，同时光照缩短在8小时左右；土壤保持湿润，降低空气相对湿度；增施二氧化碳气肥，其浓度可达1 000毫克/千克；喷洒乙烯利50～150毫克/千克2次。

图3-6　黄瓜无雌花

图3-7　黄瓜雌花过多

（2）雌花过多　温室冬茬或冬春茬黄瓜育苗期间，低温短日照，有利于雌花的形成，如果再用乙烯利处理，定植后不久，植株由下而上，每节均会出现大量雌花，密生在一起；秋冬茬黄瓜育苗期间，正值高温季节，不利于雌花形成，采用乙烯利处理，由于温度高，药效明显，如果不相应降低浓度，往往也会形成过量雌花，见图 3-7。

防治方法：严格掌握乙烯利处理浓度，高温季节一般 50～100 毫克/千克。冬春茬结成性好的品种可不进行乙烯利处理；每节选留 1～2 个瓜纽，多余的及早疏掉；对于因喷乙烯利后出现雌花过多的，可通过喷赤霉素和增加肥水供应等措施加以缓解。

（3）雌花的长相　生长势正常的植株，雌花鲜黄而且大，向下开放。生长势衰弱的植株，雌花淡黄、短小、弯曲、横向开放或向上开放，见图 3-8、图 3-9。

图 3-8　雌花横向开放

图 3-9　雌花向上开放

开花节位距植株顶部距离大于 50 厘米，是徒长的表现。其原因可能是氮肥用量过多、日照不良、夜间温度过高等。开花节位距植株顶部距离小于 40 厘米，是生长势衰弱、老化的表现。其原因可能是水、肥供应不足，或温度过高、过低，根系衰弱不能正常吸收等。

防治方法：正确分析发生的原因，采取相应措施加以克服或补救。

4. 看果

黄瓜的果实正常情况下为圆筒形，但在果实生长过程中，由于种种原因，使果实不同部位的膨大、伸长不均匀而形成畸形瓜。

弯瓜：见图3-10。多数由于花芽分化后营养条件差，在蕾期就已经弯曲，膨大后必定是弯瓜。另外，在果实膨大过程中，由于卷须缠绕或蔓、架的机械阻挡而造成的。种植过密、通风不良、水肥不足也容易产生弯瓜。

大肚瓜和尖嘴瓜：见图3-11、图3-12。由于受精不完全或营养不良所致。仅仅果实的顶部受精形成种子，使得顶部膨大而形成大肚瓜；如果顶端没形成种子而膨大受阻，则形成尖嘴瓜。

蜂腰瓜：见图3-13。高温干旱或缺硼、缺钾容易产生蜂腰瓜。

图3-10 弯 瓜

图3-11 大肚瓜

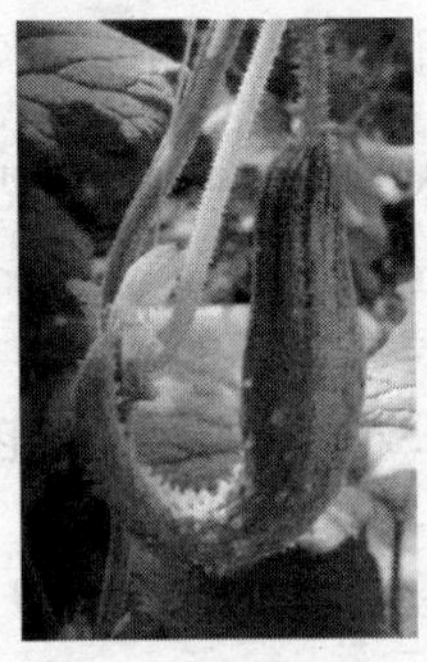

图3-12 尖嘴瓜

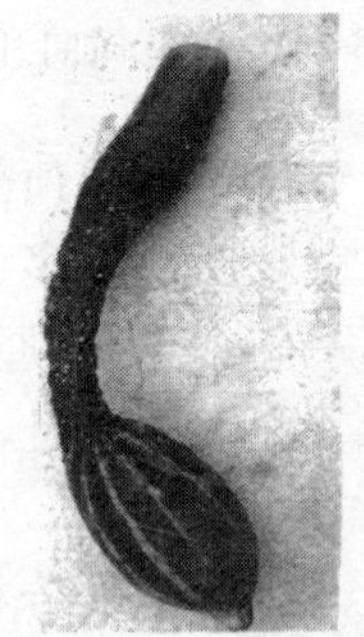

图3-13 蜂腰瓜

防治方法：选用单性结实能力强的品种，如津春 3 号等；增施农家肥、控制化肥用量；避免温度过高过低；要小水勤浇，不要大水漫灌；施肥要少量多次，不要一次施肥过多；及时绑蔓、掐卷须、打老叶、黄叶、病叶；及时采收根瓜，以保持植株旺盛生长。

八、大棚黄瓜绑蔓技术

采用落蔓法绑蔓可使瓜蔓长得快，茎叶生长整齐，蔓长 7.5 米长势仍然不衰，而且由于通风透光好，幼瓜生长迅速，产量高，瓜条挺直，不出现畸形瓜。具体做法：

（一）架式

篱笆架、一行瓜秧一排架，两架之间用横杆连接。一行架扦插在瓜秧左侧，相邻的一行插在瓜秧右侧，这样自然形成宽窄行，管理操作时只走宽行。也可用撕裂膜代替架杆进行吊蔓。

（二）绑蔓

甩蔓后第一次绑蔓要直立上架，对于个别营养生长过旺的瓜蔓也可采用“S”形绑蔓，以抑制营养生长。每隔 3～5 叶绑一次蔓，绑时将叶片理顺，使其分布均匀，同时摘除侧蔓和卷须。绑蔓最好在下午进行。

（三）落蔓

当瓜蔓长到离棚顶 20 厘米时，将下部 25 天以上的老叶摘除，叶柄留下。上部只留 0.7～1.0 米的带叶蔓，一般留 8～10 片叶。摘老叶后松蔓，使其下落，将无叶蔓落地盘放在窄行内，带叶蔓仍然直立绑架（图 3－14）。重新绑蔓后使整个棚内“秧头”都在同一水平高度，做到上齐下不齐，如此重复绑蔓直至拔秧。

图 3-14 黄瓜落蔓盘蔓方法

九、大棚黄瓜变化密植栽培技术

黄瓜变化密植也就是前期密、后期稀的一种栽培方法。即在常规栽培的基础上，前期增栽一行强化矮秧早熟品种，从而使密度增加一倍，前期产量和经济效益也成倍增加。具体方法是：

（一）品种选择

主栽品种选用适合大棚栽培的早熟高产的优良品种，如长春密刺、山东密刺、新泰密刺等。加行品种可用津研 6 号等。育苗方法按常规进行，河南一般 3 月 20 日左右定植塑料大棚中。如采用多层覆盖，可提前 10～15 天定植。

（二）变化密植方法

按垄宽 60 厘米、垄沟宽 40 厘米、垄高 10 厘米做好垄，垄上种两行黄瓜，采取“调埯”栽植，两行相距 40 厘米。加行的定植在垄的向阳一侧，加行黄瓜搭小架栽培，并随时打掉侧枝、侧芽，在长到 10～12 片叶时摘心，只留 4～5 条瓜。主栽行的黄瓜长到

25 片叶时，及时拔除加行（一般在 5 月下旬），使主行恢复到原来的密度，以免影响主行生长。

（三）变化密植管理法

关键是要严格控制加行黄瓜的叶数、高度，并适时拔除瓜秧。否则，叶过多，拔除过晚都会影响主行生长，使后期产量降低，同时会由于通风透光不良而引发病害。

十、大棚黄瓜浅栽、深锄、高培土技术

一般大棚黄瓜定植时已有五六片真叶，大部分秧苗出现雌花。因此，为了促发根、缓苗、壮秧、早结瓜，就应该根据黄瓜的生物学特性采取相应的栽培措施，即浅栽、深锄、高培土。

（一）浅栽

黄瓜根系分布浅，必须浅栽，如果栽得过深，则迟迟不能缓苗，缓苗后也生长不良。栽时按宽窄行开沟、浇水，浇水量为沟深的 2/3。水渗一半后，把带坨的苗子放入沟内，水渗完后，覆土平沟。另外也可先开沟，把苗子放在沟内覆少量土再浇水，水渗后再覆土。不论采用哪种方式栽植，土坨都应高出地面 1 厘米，覆土时外露部分也要盖上一层土，避免晾根。

（二）深锄

黄瓜喜湿又怕涝，喜较高的土壤湿度和良好的通气条件。因此，从定植到成垄，要进行 2～3 次深锄、细锄，深度达土坨以下，以提温保墒，增加土壤透气性。

（三）高培土

黄瓜茎基部可发不定根，因此缓苗后结合深锄，可分次向根部培土，逐渐形成高垄，即使是埋住一部分植株的老叶也无妨。高培

土创造一个疏松、湿润、温暖的土壤条件，促使被埋住的茎节迅速发生不定根，甚至被埋住的叶柄部分也可发生不定根。

浅栽、深锄、高培土是保证由壮苗到壮秧的重要技术措施，即使栽植苗子不壮，甚至是弱苗，也可能很快转变成壮秧。

十一、吊盆黄瓜栽培技术

吊盆黄瓜就是将黄瓜苗定植在花盆里，再把花盆吊在保护地梁架上的一种栽培方式。其具体方法如下：

（一）品种选择

要选用适合保护地栽培的早熟品种，例如长春密刺、新泰密刺等。

（二）提早育苗

一般比正常地面栽培早育苗 20～30 天。因为吊盆黄瓜是见缝插针，利用温室育苗和生产前一段时间的空间进行生产的，所以它的育苗期应是正常育苗的准备期。

（三）吊盆内的营养土

盆土要疏松、肥沃、保水性好，可因地制宜配制，例如：田土 30%、马粪 20%、大粪干 10%、草炭土 30%、油饼肥 10%、硫酸铵 0.1%、磷酸二铵 0.2%。

（四）定植和管理

当苗龄 40～50 天时，定植在直径 20～26 厘米的花盆中，用 2～3 根长 1 米左右的绳（撕裂膜），将花盆吊在温室梁架上。此外，花盆还可用塑料袋代替，比用花盆投资减少 90%，重量减轻 98%。应用塑料袋时下端开一个排水孔，以防沤根。通常 2～3 天浇 1 次水，中期可用多元液体复合肥与清水交替灌施，还可进行

1～2 次叶面喷肥。当瓜秧长到 9～10 片叶时打顶，从定植到拉秧仅 40 多天，基本不影响地面生产。

吊盆黄瓜虽技术简单，但优点很多：一是可早熟，因为吊盆距棚面近，温度高，光照好，瓜秧根部温度比地表下 10 厘米温度平均高 3～5℃。二是充分利用保护地的空间，提高单位面积的经济效益。每 667 米^2 地可吊黄瓜 500 盆左右，每盆产瓜 1～1.5 千克，产值 4～6 元，相当于 1 株地面黄瓜产值的 2～3 倍。

十二、西葫芦化瓜的原因及其防治对策

西葫芦化瓜是生产上比较棘手的一个问题，也是一个普遍的现象。到底西葫芦为什么易化瓜？生产上有何良策？这是菜农最关心的问题。

（一）化瓜的原因

化瓜的原因有内因和外因两个方面。从内因讲，由于授粉不良或没授粉，子房内不能生成植物生长素，导致胚和胚乳不能正常生长，加之营养生长竞争养分，养分向雌花供应不足的时候，子房的植物生长素含量减少，不能结实而化瓜。从外因讲，化瓜的主要原因有以下几个方面：

1. 品种 品种不同，化瓜的多少也不一样。对温光敏感性不高、有一定单性结实能力，苗期内源激素产生多的品种，化瓜就少；相反，化瓜就多。

2. 温度 温度过高，白天超过 35℃，光合作用就会降低；夜间高于 20℃，呼吸消耗增多，茎叶明显徒长，碳水化合物大量向茎叶输送，造成幼瓜营养不良而化瓜；温度过低，白天低于 20℃，晚上低于 10℃，根系吸收能力受到影响，光合作用不能正常进行，造成植株饥饿而引起化瓜。

3. 光照 西葫芦定植后，雌花大量出现，进入开花阶段。这时候如遇到连续阴天或阴雨连绵，昼夜温差小，加之光合作用受到

影响，养分的消耗多于制造，就会造成营养不良而化瓜。西葫芦的雌花对光反应敏感，光照不足，子房发育不良，开花时成为小子房，就会造成竞争养分能力减弱而化瓜。正常的西葫芦生长需要4万～5万勒克斯，如出现3～5天3 000勒克斯的光照就会导致大量化瓜。

4. 定植密度 密度的大小也是影响化瓜的因素之一。密度大，根系竞争土壤中的养分，而地上部茎叶竞争空间，当叶面积指数达到4以上时，透光、透气性降低，光合效率不高，消耗增加。每667米^{2}超过3 000株时，叶子相互“嵌”合，遮阴严重，化瓜率提高。

5. 气体 气体中二氧化碳、二氧化硫、氨气、乙烯等对化瓜的影响较大。

二氧化碳的影响：西葫芦植株周围的二氧化碳浓度低于300毫克/千克或高于1 800毫克/千克，植株的光合作用受到影响，植物体内积累的碳水化合物减少，雌花发育不良，就会引起化瓜。

二氧化硫的影响：城市近郊，有的工厂产生的二氧化硫气体随风飘移，可以飘浮到西葫芦田中；保护地里用煤火加温，含有硫质的煤经过燃烧产生二氧化硫气体；未经腐熟的人、畜禽粪及油饼等有机肥料在分解过程中，也能释放多量的二氧化硫气体。二氧化硫遇水（或空气湿度过大时）生成亚硫酸，能直接破坏叶绿体而使植株受害，同时影响光合作用的进行。有人曾进行测试，当空气中二氧化硫的含量达到0.2毫克/千克左右时，经3～4天西葫芦就表现出受害症状而化瓜；达到1毫克/千克左右时，4～5小时后就会化瓜。当含量达到10～20毫克/千克时并遇上足够的湿度（如阴雨天、大雾天或保护地通风不良时），西葫芦植株受害，甚至死亡。

氨气的影响：在露地或保护地里，氨气主要来源于有机肥料的分解和在高温下氨态氮肥的气化等。在一般情况下，氨气可以被土壤水分所吸收，并被作物吸收利用。但高温使氨气逸散到空气中，当含量达到8毫克/千克时，可使西葫芦受到一定的危害；当含量达50毫克/千克时，西葫芦就会化瓜，甚至死亡。

乙烯的影响：当空气中乙烯浓度达到0.2毫克/千克时，西葫芦的叶片开始下垂、弯曲，乙烯由气孔进入植物体内，而且很快扩散到整个植株，进而引起植株生理失调，导致化瓜。

6. 水肥 光合作用是依靠从空气中吸收的二氧化碳和根从土壤中吸收的水进行的，同化物质的运输也是以水为介质进行的，吸收养分同样也是以水分为载体进行的。如果肥水供应不足，土壤含水量低于20%，根系不能很好发育，植株瘦弱，叶片小而发黄，叶绿素含量减少，光合作用受到影响，光合产物下降，同化物质的积累减少，雌花营养供应不足，就会引起化瓜。如果水肥过多，土壤含水量高于27%，特别是氮肥过多，植株徒长；空气湿度过大，容易引起病害，也会使化瓜增加。

7. 病虫害 西葫芦的病害很多，比如病毒病、霜霉病、炭疽病、黑星病等病害直接危害叶片，造成叶片坏死，使得光合作用无法进行而导致化瓜。根结线虫、蚜虫等害虫通过危害根和叶片，造成西葫芦生长不良而化瓜。

8. 不合理的采收 当商品瓜成熟以后，或有畸形瓜、坠秧瓜，如不及时采收就会吸收大量的同化物质，使刚开放的雌花养分供应不足而造成化瓜；或将植株的半成品瓜全部采收，植株上剩下刚开放或未开的雌花，这时由于顶端优势的原因，营养物质集中供给植株生长所需，造成徒长，导致严重化瓜。

（二）防止化瓜的措施

西葫芦化瓜是一种生理现象，从根本上说要想绝对地避免是不可能的。但人为地协调好环境因子，科学管理，采用化控栽培等，就可以将化瓜减少或将化瓜率降低到最低水平。

(1) 在西葫芦的栽培中除了选化瓜现象较轻的品种（如绿宝）外，调控好良好的生育环境就显得更为重要，西葫芦的生育要有合适的温度，栽培时一定给予满足。露地栽培，春季应在终霜结束后，拉秧应在高温来临之前；保护地栽培，低温时注意加温，高温时及时放风。西葫芦栽培白天温度应在25℃左右，夜温应在15℃

左右。这样有利于碳水化合物的制造；运输和积累，化瓜可大大减少。

（2）为了弥补植株间光照的不足，栽培密度以每667米^2 2 300株左右为宜。在栽培过程中，当遇到连续阴雨天，采取叶面喷施糖氮素（0.2%磷酸二氢钾+1%葡萄糖+0.5%尿素），使植株的营养状况得到一定的改善，可以减少化瓜。

（3）西葫芦在保护地栽培时，容易出现二氧化碳浓度过低，有时低于大气中的浓度（300毫克/千克左右），有时降低到西葫芦难以忍受的浓度100毫克/千克左右。通过通风、空气对流，增加棚内二氧化碳浓度或补充二氧化碳肥，或在棚内增加有机肥施用量，可加强光合作用，减少化瓜，增加产量。所以，保护地放风是很重要的技术环节。同时，在追施二氧化碳气肥时其浓度不要超过2 000毫克/千克。

（4）为了防止二氧化硫的危害，降低化瓜率，保护地加温的烟道必须严密、不漏气。加温火源一定设在栽培室外间或地下，有机肥一定腐熟后再用，管理上要加强通风。

（5）为了克服氨气的危害，降低化瓜率，在施用圈肥、有机肥时，必须掌握好充分腐熟。氮肥的施用采用深施，少用撒施。尤其是碳酸氢铵一定要埋施，如果撒施或随水冲施，不但肥效差，还有可能造成氨气中毒。

（6）在西葫芦的栽培过程中，应采用先进的肥水管理办法。科学浇水，合理施肥，不是肥料越多越好，浇水越勤越好，过去那种“粪大水勤、不用问人”的管理方法是不科学的。在西葫芦的整个生育期，要密切注意病虫害的发生。对病首先是防，其次是治；对虫害是早治，即从小治。采收瓜时，及时采收商品成熟瓜，对畸形瓜和根瓜要早摘。但绝不要抢摘半成品的小商品瓜，以便把化瓜的可能降低到最低水平。

（7）在环境调控的前提下，为了降低化瓜率还可以采用激素处理。在西葫芦的营养生长向生殖生长转变的前期，用1 000毫克/千克比久喷洒植株或用250～500毫克/千克的矮壮素浇根，可以抑制植株徒长，促进结瓜。在开花时，用10～30毫克/千克的防落素或萘乙酸涂花也可以防止西葫芦的化瓜；用25毫克/千克的赤霉素、100毫克/千克的萘乙酸、40毫克/千克的防落素涂于西葫芦的雌花上，均能防止化瓜。

此外，在西葫芦开花后2～3天用100～500毫克/千克的赤霉素、100～200毫克/千克的防落素喷洒，均能使小瓜长得快，不易化瓜；如果用细胞分裂素、赤霉素和防落素同时处理，在刺激果实生长时具有多种作用，而且作用的持续时间长（通常是细胞分裂素先发生作用，赤霉素和防落素随后起作用），效果更为显著。特别是冬春日光温室或塑料大棚栽培时，由于光照不足而导致花粉败育的情况下更为有效。

（三）注意

以上的化学处理均不能代替合理的施肥、浇水、病虫害防治技术中的任何一环，也不能弥补某一环节的失误。相反，这种技术要求将激素和肥水管理、环境控制结合起来，才能达到预期的目的。生产AA级绿色蔬菜不能采用激素处理。

十三、西葫芦简易地面覆盖栽培技术

我国各地菜农为使西葫芦提早上市，因地制宜地创造了很多简易地面覆盖的方式进行生产。

（一）方法

银川市的菜农采用地膜直播西葫芦时，还加设风障，北、东、西三面都设有1.8～2米高的风障。在西葫芦出苗后，于傍晚每棵苗上盖1个直径为30厘米左右的泥碗，以防寒保温，泥碗早揭晚盖。其风障多是以芦苇搭成的。在辽宁的一些地区，还有采用朝阳沟栽培的。其方法是：按1米行距挖1沟，沟宽25～30厘米，东西延长，先挖一锹表土置于沟南侧，再挖的土放于沟北侧，做成北帮，高为 25～30 厘米，将放置在沟南侧的表土掺入粪肥后，回填到沟里，沟底低于地表 10 厘米左右。在此沟上再用短竹竿或树条等按一定距离插成小型支架，上面覆盖地膜，还可再盖草苫。这样，可比露地栽培提早 15～20 天。

大多数地区是使用地膜覆盖来栽种西葫芦的。据北京市的调查，覆盖地膜的采收前期可比露地栽培增产 79%，后期增产 20%，平均总增产 43%左右。黑龙江省高寒地区可增产 60%左右。一般的地膜覆盖可比露地提早 7～10 天上市，增产幅度为 20%～30%，每 667 米^2 产量可达 5 000 千克左右，经济效益较高。

西葫芦地膜覆盖的方法有小高畦地膜覆盖栽培（图 3－15），是在做好的小高畦上覆膜后直接打孔定植，或是采用先栽苗后盖膜的方法；另一种是沟畦种植地膜覆盖栽培（图 3－16），它是在覆膜前沟栽，晚霜后引苗的方法；还有一种是在沟畦栽种地膜覆盖栽培基础上发展起来的小高畦矮拱棚地膜覆盖栽培（图 3－17），群众称之为“先盖天，后盖地”等。这种方式综合了小高畦地膜覆盖栽培和沟畦栽种地膜覆盖栽培两种方式的优点，克服了它们单独使用时的一些缺点，可以早定植、早坐瓜、早上市，更能提高地膜覆盖的效益，因而是一种比较理想的简易覆盖方式。

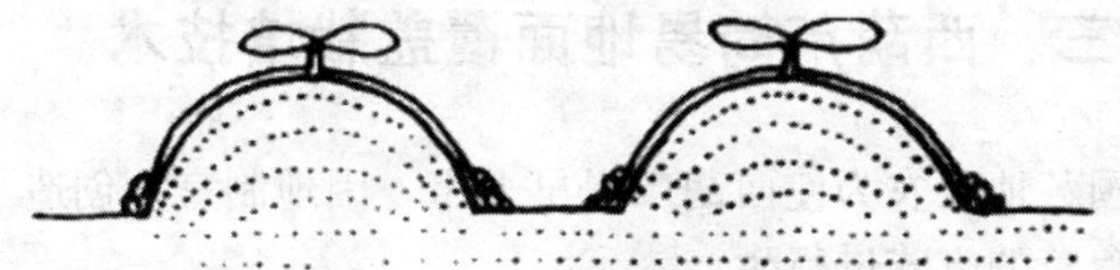

图 3－15　小高畦地膜覆盖

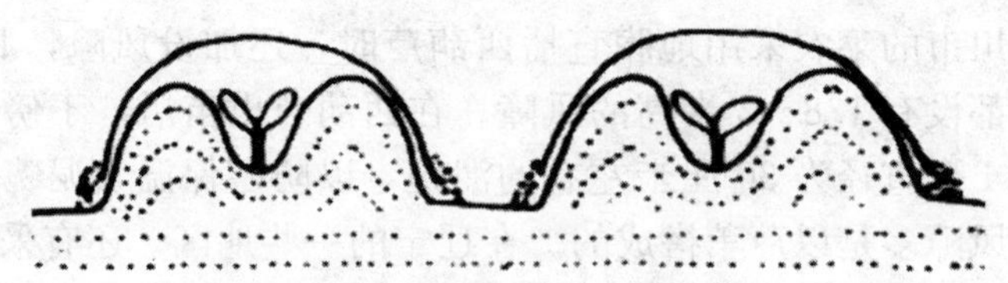

图 3－16　沟畦栽种地膜覆盖

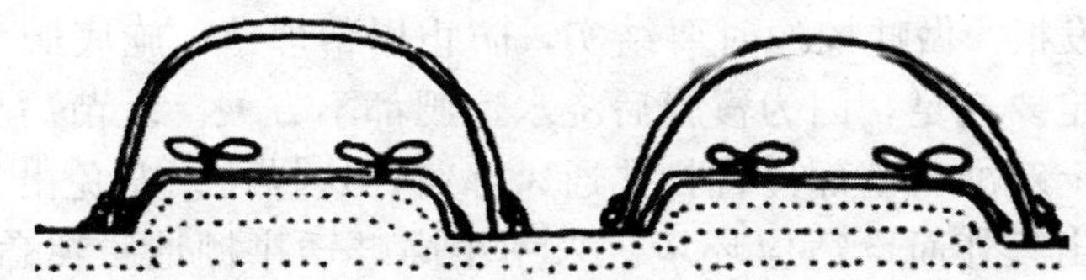

图 3-17　高畦矮拱棚地膜覆盖

地膜覆盖西葫芦，要选择短蔓、站秧、节密、侧枝少、适于密植的早熟丰产品种。播种期可比露地栽培育苗提早 10～15 天，苗龄 25～30 天，每 667 米^2 需种量 0.4～0.5 千克。浸种催芽的方法与露地种植相同，苗期管理也大致相似，但要注意提早锻炼幼苗。因为外界气温低、风大，如果苗期锻炼不好，定植后幼苗的抗逆性差，缓苗期长，成活率低。所以，苗期要注意低温锻炼，特别是在定植前 7～10 天要加大通风量，夜间只要不出现霜冻，也要通风锻炼幼苗。

准备种植西葫芦的地块应在化冻后尽早整地翻耕，并要施足优质农家肥，每 667 米^2 4 000～5 000 千克。地面要深刨细耙，不得有土块和坷垃。定植前，垄沟内每 667 米^2 施 20～25 千克碳酸氢铵或 6～10 千克磷酸二铵做定苗肥，并将其与土掺匀。如果采用小高畦地膜覆盖后直接打孔定植或栽后盖膜的方法，则比较简单，在整平地后，先按 60 厘米距离起垄，垄高 10～12 厘米，然后覆盖宽度为 60～63 厘米的薄膜。要保证覆盖质量，畦面平整，土粒细碎，盖膜时地膜要紧贴畦面，拉紧抻平，将膜侧紧压入土，在栽苗的膜孔及破裂处均需用土盖严，以免跑气、散热。还可以做成宽 100～120 厘米的小高畦，每畦错开掩种植两行，株距 55～60 厘米，每 667 米^2 栽苗 2 000～2 200 株。采用沟畦栽种，地膜覆盖，是做成底宽 25～30 厘米、上口宽 30～40 厘米、深约 20 厘米的马槽形沟，沟要做得整齐，较直，每沟种植 1 行，把苗栽入沟内，将土坨埋没，但幼苗不能露出沟外，然后覆盖地膜。这样，幼苗在地膜保护下，轻霜不会受冻，断霜后剪膜开孔，引苗出土。采用此法种植时，需要注意尽可能地把土地深耕 30 厘米左右，以便加深耕作层，以利于发根。做畦挖沟时要结实，防止塌帮埋苗，施底肥和打底墒水一定要充足，因为覆膜后浇水追肥都不方便。缓苗后要注意在地膜上对准苗基部位置打孔通风炼苗，这样可以避免由于苗被突然引出膜外而不适应环境。采用小高畦矮拱棚地膜覆盖栽培，按行距做成小高畦或开沟，定植后用小竹竿、枝条等材料，在小高畦上扦插成高 30～50 厘米、略大于小高畦宽度的矮拱棚架，然后选择幅宽合适的地膜覆盖在矮拱棚架上面，四周用土将地膜埋严、压实。待晚霜过后，将天膜揭开，撤掉矮拱棚架，尽快进行松土、除草、追肥，再把撤下的天膜变成地膜，直至西葫芦拉秧。这种天膜不必用新薄膜，而采用塑料大中棚撤下来的棚膜，保温防寒的效果也很好。定植不可过早，过早往往易遇到霜冻危害。

（二）定植扣膜后要抓好的几个技术环节

1. 护膜 早春天气风沙多，地膜覆盖时偶有疏忽便会被大风吹跑或刮坏，所以要有人随时看护。如果薄膜有透气、破损的地方，也要及时用土压严，以便发挥地膜的保温、保湿效能。

2. 通风炼苗和撤除天膜 扣膜以后，随着气温的升高，膜内温度上升也较快，幼苗易受烈日高温危害。在定植 7～10 天后就要注意膜内的温度，如果超过 25℃，可在对着苗处割“T”字形口通风降温，或在畦南侧揭起部分薄膜进行通风炼苗。膜孔或通风口都要由小到大，逐渐增加通风量，以增强幼苗的适应性。晚霜后将苗引出膜外，并使膜落地，同时用土封好引苗孔。如果采用小高畦矮棚地膜覆盖方法，可在定植 20～25 天后，把支架从垄的一边撤去，将地膜顺畦摆放在小高畦的一侧，尽快地进行 1 次松土、除草和追肥，并把畦面整好，然后用剪子横向剪开地膜，顺膜缝掏出苗，再把地膜边缘靠畦边埋严、压实。进行以上操作时，要注意尽量减少损伤西葫芦的茎、叶，地膜要铺得平整并贴紧畦面。

3. 人工授粉和生长素处理 由于地膜覆盖较露地栽培定植早、

收获早，所以，更应注意提高前期坐瓜率的问题，及时进行人工授粉和生长调节剂的处理，以防止落花化瓜。其具体方法同露地栽培。

4. 控制水肥　在地膜覆盖条件下，由于地温高，水分足，西葫芦根系发达，吸水、吸肥能力强，所以要控制水肥，一般不再灌水追肥。如果施肥过量，易引起茎叶徒长。若因天气过分干旱或土壤漏水等原因造成瓜秧缺水，可以适当追肥、灌水。追肥时尽量不要破坏地膜，可以采用随水追肥的方法，将粪稀或碳酸氢铵等随水灌入畦间沟里，或者在小高畦两侧开沟埋施，施肥后在畦间沟内浇水 1 次。此外，也可以将尿素和磷酸二氢钾配成 0.5%的浓度，进行叶面追肥。另外，还要注意及时去除部分雄花、侧芽和侧枝，避免消耗营养，影响主瓜的生长。

5. 采收　地膜覆盖可比露地栽培提早 7～10 天上市，要及时采收嫩瓜，以免影响以后瓜的生长。采收时要注意不损坏瓜秧，尽量延长瓜秧寿命。

十四、PEG 在西葫芦上的使用技术及效果

西葫芦是近年来我国保护地栽培面积较大的主要蔬菜之一，特别是日光温室越冬茬和塑料大、中、小棚早春茬栽培面积较大。目前北方大部分地区在生产中常常遇到低温、寒流等灾害性天气的危害，因此，培育壮苗、提高幼苗的耐低温能力是防御灾害性天气危害的根本措施。PEG（聚乙二醇）是一种高压渗透剂，据报道，用 PEG 处理可以提高黄瓜种子活力和耐低温能力，还能提高番茄、辣椒、苦瓜、菠菜、大豆、豇豆、油菜、莴笋、苦苣种子的活力，对白菜种子的春化也有良好影响，但关于 PEG 在西葫芦上的应用尚未见报道。为此，笔者特做了 PEG 在西葫芦上的应用试验，旨在探讨 PEG 对西葫芦幼苗生长及耐冷力的影响，以期为 PEG 在西葫芦生产上的应用提供参考依据。

(一)方法

供试西葫芦品种为新早青一代，PEG是日本进口，天津化工分公司分装的化学纯品。试验设PEG的处理浓度分别为每升水中加150克、250克、350克、0克（清水对照），分别浸种6小时，然后将种子捞出，用自来水冲洗干净后分别进行发芽试验和直接播种育苗试验。

发芽试验在恒温培养箱内进行。育苗试验采用穴盘育苗，每穴播1粒种子，从出苗之日起每天调查出苗数，待第一片真叶展平时分别调查幼苗的子叶大小、茎粗、株高、干重、鲜重、耐冷力等指标。耐冷力测定是将幼苗放于5℃人工气候箱中培养36小时，培养结束后取出置室温下恢复6小时，观察幼苗状态。

(二)效果

1. 不同处理对发芽率、发芽势和活力指数的影响 各处理对发芽率没有影响，但对发芽势和活力指数影响显著，其中以每升水中加250克处理效果最好，其次是350克处理，其种子发芽势分别比对照提高25.3%和15.1%，活力指数比对照提高63.6%和34.2%，150克处理效果不明显，说明该处理浓度过低，不起作用。PEG之所以能提高种子活力，是因为PEG是一种高分子渗压剂，用PEG进行渗透处理，可控制种子的吸水速率，使种子缓慢吸涨，有利于种子吸涨初期膜系统的修复，减少营养物质的外渗，同时还能提高种子SOD和CAT的活性，SOD和CAT活性提高，可加速对自由基的清除，减轻对膜的破坏，有利于膜的修复，同时使呼吸作用及储藏物质水解酶活性提高，为胚的生长提供了大量的物质和能量，从而提高种子的活力。

2. 不同处理对幼苗生长各项指标的影响 不同处理对幼苗生长的多项指标都有明显影响。3个处理的出苗率都比对照高，其中250克处理和350克处理出苗率分别比对照提高36.8%和22.6%；各处理的出苗指数也有不同程度提高，其中250克处理和350克处理分别比对照提高39.1%和17.3%。这说明PEG处理后在不浸种催芽的情况下直接播种，不仅大大提高了出苗率，而且使出苗快而整齐。同时各处理的子叶明显增大，子叶厚度增加，叶色变深。子叶大小对瓜类蔬菜来说至关重要，它是壮苗的重要指标，子叶大而厚是培育壮苗的重要保证。

各处理比对照幼苗的茎粗、株高都有所增加，其中250克和350克处理茎粗比对照分别增加89%和40%，而150克处理与对照间差异不显著。就株高而言，250克处理比对照提高44.6%，350克处理比对照提高12.4%，150克处理与对照间差异不显著。虽然茎粗、株高同时增大，但茎粗增加幅度大于株高，说明幼苗生长更加粗壮，这是壮苗的形态特征。从苗鲜重来看，仍以250克处理最大，比对照增加30.4%，其次是350克处理。从苗干重来看，250克与350克处理分别比对照增加47%和41%。干重与鲜重相比，干重增加幅度更大，这说明PEG处理后，在幼苗生长速率和生长量大幅度提高的情况下，体内干物质积累仍有所增加，这也是壮苗的特征。据报道，活力高的种子，出苗快而整齐，幼苗生长速度快，整齐度高，可持续促进植株生长，提高产量，本试验结果证实了这一点。

3. 不同处理对幼苗耐低温能力的影响　PEG处理可以明显提高幼苗的耐低温能力。经过5℃低温培养后在室温（25±3）℃下恢复6小时后，幼苗的状态见表3-1。由表3-1可以看出，各处理幼苗在低温下的表现差异明显，其中250克处理最好，只是叶片微卷，还能恢复正常生长，而对照表现最差，已倒苗死亡，其余2个处理幼苗伤害较重，但不至于死亡，仍有生产价值。可见，PEG处理能明显提高幼苗的耐低温能力。这对冬春保护地生产非常重要，对工厂化育苗节约能源也有重要意义。

PEG提高幼苗抗冷性的机理可能有以下三个方面：一是PEG促进了幼苗抗冷保护物质的积累。据报道，PEG处理后净光合速率增加，可溶性蛋白质含量提高5.5倍，可溶性糖含量提高1倍。二是SOD、CAT活性提高，膜脂过氧化水平降低，使低温下光合速率下降缓慢，植株生长抑制减轻。三是叶片质膜透性降低，叶片相对电导率降低 15%～53%，这说明 PEG 具有稳定细胞膜结构，减轻叶片细胞伤害的作用，所以幼苗耐冷力大大提高。

表 3－1　幼苗经低温处理后的表现

处理浓度（克/升）	生长点	子叶	真叶	茎	综合表现
350	微伤	叶缘严重卷曲	卷缩	微弯	中
250	正常	叶缘微卷	微缩	正常	好
150	中伤	萎蔫下垂	萎蔫	重弯	差
0（对照）	重伤	严重萎蔫	萎蔫	倒伏	最差

在本试验范围内，综合各项指标，以每升水中加 250 克处理效果最好，可以在生产上应用。

十五、西葫芦种子干热处理技术及效果

种子干热处理用于种子消毒方面的研究报道较多，它不仅可以杀死种子表面附着的病菌，还可以杀死潜伏在种子内部的病菌，起到其他消毒方法（如药剂处理、热水烫种等）达不到的效果。另据报道，黄瓜种子干热处理可以促进其生长发育，提高产量和品质，抗病和耐低温能力增强；番茄种子干热处理可以提高种子活力；水稻种子干热处理可以打破休眠等。但有关西葫芦种子的干热处理研究尚未见报道，为此笔者特做了本试验，研究西葫芦种子干热处理的方法及效果。

（一）方法

供试西葫芦品种为银青一代，先将种子在阳光下晒 2 天，使其充分干燥，然后将种子装入小布袋内，放在恒温干燥箱中进行干热处理。温度设 3 个处理，即 60℃、70℃和 80℃，时间设 3 个处理，即 12 小时、24 小时和 48 小时，共 9 个处理组合和一个对照（不处理）。干热处理结束后分别进行发芽试验和育苗试验。

（二）效果

干热处理对西葫芦种子的最终发芽率没有影响。但种子发芽势明显提高，即发芽速度明显加快，幼苗生长速度也大大提高。其中以 60℃处理 24 小时效果最好，与对照相比，发芽势提高 34.8%，苗茎粗增加 25.8%，主根长增加 28.9%，苗重增加 25.2%。这说明干热处理可以促进幼苗生长，提高幼苗质量。综合各项指标，除了 60℃、24 小时处理效果最好外，其次是 60℃、48 小时。80℃处理温度太高，对种子发芽和幼苗生长有一定的抑制作用。

在处理温度和时间两因子中，温度是主导因子，起决定作用，时间是次要因子，起辅助作用。因此，在应用干热处理措施时，首先要选择适宜的温度，再加上适宜的处理时间。不同的蔬菜种类有不同的生物学特性，因此对种子进行干热处理时，适宜的温度和时间各不相同。在本试验范围内，西葫芦种子以 60℃、24 小时处理表现最好，而笔者在过去试验中发现，番茄种子以 70℃、12 小时效果最好，黄瓜种子以 60℃、4 小时效果最好。

总之，干热处理技术简单，成本低，效果好，可作为绿色蔬菜生产的配套技术措施应用于生产。

十六、西葫芦嫁接技术及效果

早春采用小拱棚覆盖栽培西葫芦，与露地栽培相比，上市早，产量高，经济效益显著；与温室栽培相比，投资小，技术简单易行，便于推广应用。因此，近年来栽培面积不断扩大。为了进一步使小拱棚西葫芦提早上市，提高产量，增加经济效益，笔者连续两年以黑籽南瓜为砧木，进行了西葫芦嫁接试验研究，取得了良好的效果。

（一）方法

供试西葫芦品种为张选 2 号（新乡市地方品种），砧木为云南黑籽南瓜，试验于 1994 和 1995 年分别在河南科技学院校内实习基地和中国农业科学院农田灌溉研究所洪门试验场进行。试验地地势平坦，排灌方便，土壤分别为壤土和黏壤土，中性和偏碱性，肥力中等。

黑籽南瓜种子于 2 月 11 日温汤浸种 12 小时，2 月 12 日 30℃恒温催芽，当 50%种子露白时再浸泡西葫芦种子，温汤浸种 6 小时，28℃恒温催芽。待大部分种子胚根相当种子长度的一半时播种，在日光温室内采用营养钵育苗。当砧木苗的子叶展平，真叶刚露时采用双子叶靠接法进行嫁接。3 月 25 日定植于露地小拱棚内。设不嫁接为对照。

调查内容包括茎长、茎粗、叶片数、叶面积、叶绿素含量、坐瓜率、平均单瓜重、小区产量八项指标。

（二）效果

1. 嫁接对西葫芦茎长、茎粗的影响 嫁接的茎长增长量（4 月 25 日～5 月 15 日）14.13 厘米，对照是 9.74 厘米，嫁接比对照长 4.39 厘米，增加 45.1%；茎粗嫁接的为 1.20 厘米，对照为 0.98 厘米，嫁接比对照粗 0.22 厘米，增加 22.3%。

2. 嫁接对西葫芦叶面积和叶片数的影响 嫁接对于西葫芦叶面积的扩大和叶片数的增加都有明显的促进作用。最大功能叶的面积嫁接的为 365.30 厘米^2，对照为 254.75 厘米^2，嫁接比对照增大 43.4%。叶片数从 4 月 25 日至 5 月 15 日的增加量，嫁接的平均是 16.08 片，对照是 13.43 片，嫁接比对照增加 19.73%。

3. 嫁接对西葫芦叶片叶绿素含量的影响 嫁接使西葫芦叶片的叶绿素含量明显增加，嫁接的每克鲜叶含叶绿素 1.45 毫克，不嫁接的含 1.31 毫克，嫁接比不嫁接叶绿素含量提高 10.88%。

4. 嫁接对西葫芦坐瓜率的影响 坐瓜率低是西葫芦生产上存在的突出问题。尤其是早春，温度低，昆虫活动少，坐瓜率就更低。因此，采取有效栽培措施提高西葫芦坐瓜率，对于提高早春产量，增加经济效益是非常有意义的。试验表明，嫁接后西葫芦的坐瓜率显著提高，嫁接的坐瓜率为 78.13%，不嫁接的为 64.6%，嫁接比不嫁接的提高 20.94%。

5. 嫁接对西葫芦单瓜重和前期产量的影响　嫁接使西葫芦的平均单瓜重和小区产量大幅度提高。嫁接的平均单瓜重 367.9 克，不嫁接的为 289.5 克，嫁接比不嫁接增加 27.1%；前期产量嫁接的为 5.68 千克，不嫁接的为 3.69 千克，嫁接比不嫁接提高 53.9%。

由此可见，嫁接有效地促进了西葫芦的营养生长，使茎长和茎粗增加，叶片数增多，叶面积扩大，叶绿素含量提高。其原因可能是嫁接后根系强大，根系活性和吸收能力提高，为地上部提供了充足的水分、无机盐等营养物质，使地上部生长更加健壮。由于地上部的光合面积扩大，光合能力增强，又为根系提供了充足的光合产物，从而形成了良性循环。这就为其生殖生长奠定了坚实的基础，使第一雌花开花提前 5 天，始收期提早 6 天，坐果率提高 20.94%，平均单瓜重增加 27.1%，前期产量提高 53.9%，净收入增加 58.8%。

在本试验研究的同时，课题组已在日光温室越冬茬西葫芦生产上进行了应用试验。在濮阳市区王助乡一农户 266.7 米^2 的日光温室里，嫁接西葫芦采用吊蔓栽培，单株最多的结 17 个瓜，结瓜期长达 200 天，收瓜 6 400 千克，折合每 667 米^2 产量 1.6 万千克，产值 3.2 万元。

以黑籽南瓜作砧木，采用靠接法进行西葫芦嫁接栽培，亲和性好，成活率高，方法简便易行，经济效益显著，可在生产上大力推广应用。

十七、日光温室西瓜整枝技术

露地西瓜一般是稀植地爬栽培，而日光温室西瓜，为了充分利用设施，提高经济效益，都采用密植搭架栽培。具体方法如下：

在西瓜主蔓长至 50 厘米长时搭架，以单面向阳篱架为好，适于密植，通风透光好，操作管理方便。架间距1米左右，整枝方式有单蔓整枝和双蔓整枝两种。生长势强的中早熟品种采用单蔓式，生长势弱的采用双蔓式。单蔓整枝用“S”形绑蔓法（图3-18），双蔓整枝用“U”形绑蔓法（图3-19）。搭架时先在每行西瓜的两头各插1根竹竿，连接一条直线，然后在每株西瓜一侧插1根，都在一条直线上，竹竿距根部10厘米左右，竹竿长度依棚高而定，以顶不到棚膜为限。竹竿要插牢、插直。立竿插完后，每排立竿再绑两道水平横竿，第一道距地面30厘米处，第二道距顶端20厘米处。最后再用竹竿将各排立架连接成一体，以加固支架。为了使架更加牢固，还可以用尼龙绳将每排上部的横竿吊在温室骨架上。

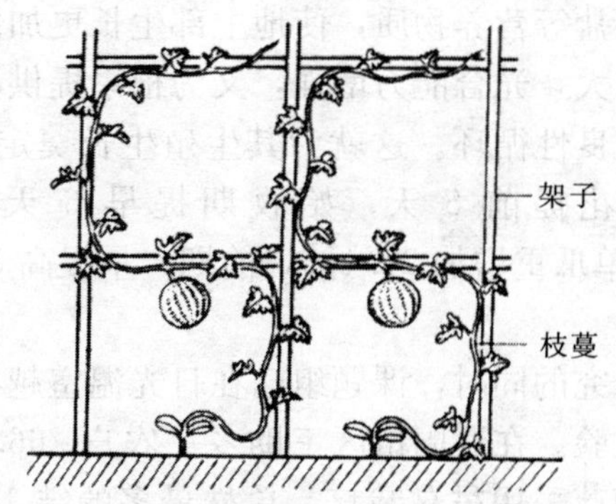

图3-18　大棚西瓜单蔓整枝上架示意图

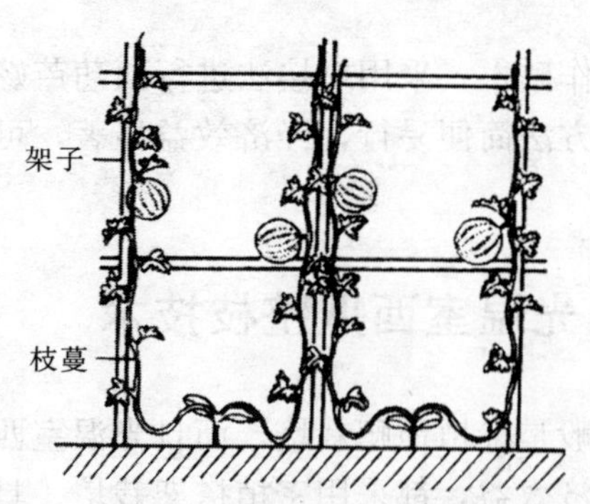

图3-19　大棚西瓜双蔓整枝上架示意图

搭完架后即可引蔓、绑蔓。首先将蔓基部埋好土，然后把瓜蔓引向竹竿，并绑在竹竿上，一般用湿稻草或麻绳绑成“8”字形绳扣较牢固。以后随蔓伸长，使蔓弯曲向上，并使各排的弯曲方向和曲率大体一致。每间隔 4～5 片叶绑一道，瓜坐稳后就不再绑蔓。在主蔓上第二或第三雌花留瓜，瓜坐稳后留 5～7 片叶摘心，同时在下部再选 1～2 条侧蔓各留 1 个瓜，瓜坐稳后同样摘心。主蔓瓜采收后，将主蔓截短，以利通风透光，促进侧蔓生长。当瓜长到拳头大小时，开始吊瓜。先做一个直径20 厘米左右的圆草垫，托在瓜底部，再用绳子（至少 3 根）均匀地将草垫吊挂在支架上。要吊平、吊牢，以防折断瓜秧或碰伤幼瓜。

十八、西瓜二次结瓜技术

第一茬瓜采摘过后，可利用其老蔓或再生新蔓，让其二次结瓜。此法成本低、产量高，对于满足市场排开供应的需求也具有重要意义。

（一）利用老蔓二次结瓜

7 月中旬以前把头茬瓜收完后对植株继续加强管理。一般是在头茬瓜长足个，果实生长速度变慢以后，再出现的瓜胎就可坐住了。二次瓜多在侧蔓上选留，着生部位要求不严，只要坐果牢，果形正就行。二次结瓜必须掌握以下技术要点：①选用早熟抗病品种，育苗移栽，覆盖栽培。②增加底肥施用量，最好瓜沟要深，肥料分层施入，多施磷、钾肥，氮、磷、钾及微肥全面施。③加强田间管理，拟进行二次结瓜栽培的，从春季开始就应及早加强水、肥、植保、整枝等田间管理，保证瓜秧健壮繁茂，延长功能期。特别是第一茬瓜采收后，要及时追肥，结合防治病虫，施用多种叶面肥或植物生长调节剂。④适时早采第一茬瓜，调整植株的养分分配。⑤适时整枝、人工辅助授粉，以提高西瓜的二次坐瓜率。

（二）利用新蔓二次结瓜

即当第一茬瓜采后，从主、侧蔓基部 10 厘米左右的地方剪掉，将瓜秧连同杂草一起清除出田间，立即浇水施肥。3～5 天后基部不定芽即可发出新蔓，选留 2 条新蔓，将其多余侧枝打掉。每株保留 2 蔓 1 瓜，加强田间管理，二次瓜从剪蔓到成熟约需 60 天。

十九、西瓜成熟度的鉴别技术

鉴别西瓜成熟度不论对生产者还是消费者都十分重要，现介绍几种鉴别方法。

（一）计算西瓜发育日期

西瓜发育成熟需要一定的积温，所以在正常情况下，每个品种从雌花开放到果实成熟，需要的天数基本是固定的。早熟品种需 25～30 天，中熟品种需 30～35 天，晚熟品种需 40 天。故可采用计时法鉴别西瓜的成熟度。其方法是用一端涂有不同颜色的木棒、树枝或秸秆做标记，在西瓜开始开花时，每天到地里巡视一遍，把 3 天内开放的雌花旁边都插上同一颜色的棒，3 天后换另一种颜色的棒（每天一换更好，但费工），达到成熟所需天数后，剖开一两个样品，若成熟了，即可把同一色棒的瓜全部采收。这种方法虽然费工，但准确度高。

（二）观察形态特征

西瓜成熟后，果皮坚硬、光滑，并具有光泽，呈现本品种固有的老熟皮色。西瓜脐部（瓜顶）和瓜蒂（瓜柄着生处）部位向里收缩、凹陷，瓜柄茸毛大部分脱落，瓜着生部位的卷须全部或部分枯干。

（三）声音鉴别

用手轻拍或指弹果实，发出“嘭嘭”的浊音为熟瓜。因为瓜成熟时瓜瓤细胞间隙变大，所以声音混浊；若发出“噔噔”清脆声，则是未熟瓜；若发出“噗噗”声则是过熟瓜。

（四）相对密度

利用西瓜成熟后相对密度小于水的原理，把西瓜放在装有水的大盆或缸中，若整瓜有 1/5～1/4 露出水面，其成熟度适中；露出过多，是过熟瓜；露出太少或不露出的是未熟瓜。

二十、西瓜改进地膜覆盖栽培技术

改进地膜覆盖栽培就是在地膜覆盖栽培的基础上，对覆盖方式和方法作适当的改进，给作物生长发育创造更适宜的小环境。是一种经济、省工、高效的栽培方式。其覆盖方法有以下几种。

（一）朝阳洞与朝阳沟

1. 整地与施肥 选择通透性良好的地块，施足基肥，每 667 米^2 用量可根据土壤肥力状况灵活掌握。一般 667 米^2 施厩肥 2 500～4 000 千克，或施饼肥 100～150 千克。由于改进地膜覆盖前期发苗快，因此，需施用一定量的化肥。一般结合土肥施用，每 667 米^2 加入 10 千克尿素、40 千克磷肥。施肥方法，华北地区一般于春季耕地时撒施土肥，之后在播种前整地时，按瓜行条施腐熟饼肥或化肥。土肥混合后起垄作畦。南方多雨地区，土壤肥料易被雨水淋溶流失，故基肥施用量可比北方少，施入深度稍浅。可结合定植或播种穴施。

2. 起垄、挖洞或挖沟 地整好之后，一般按 1.5～1.7 米行距起垄。东西走向，南缓北陡顶稍圆的高畦，底宽 60 厘米左右，高 15 厘米左右，南坡约长 45 厘米，北坡约长 25 厘米。垄起好之后即可挖沟或洞。朝阳洞是按一定的栽植株距，在南坡挖好一定深度的小洞，以备播种之用。朝阳沟是在挖洞部位，做成一条沟，其作用与洞相似。方法是：在南坡中央，按株距挖洞，12～15 厘米见方，10～12厘米深，两洞相距40～50厘米。洞南壁要缓，其他三壁可陡。如果按行向将洞之间挖通，即为朝阳沟（图3-20）。洞或沟挖好后各壁拍实即成，沟中间每隔10米左右可留一段不挖通，当作支撑物。

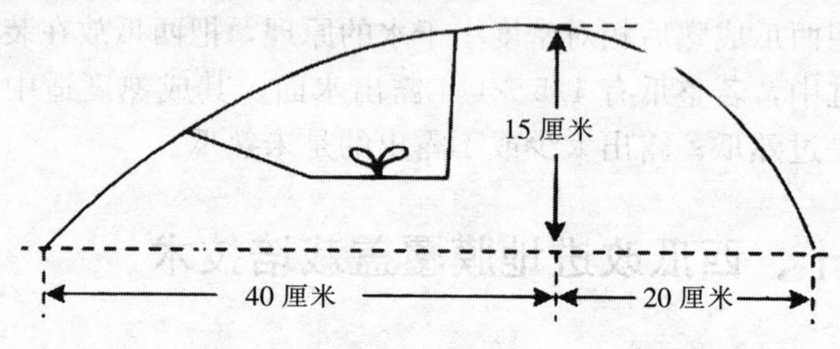

图3-20 朝阳洞或朝阳沟横切面图

3. 催芽、播种、盖膜 在整地的同时进行催芽。西瓜催芽方法是：选种后用40%福尔马林100倍液浸泡消毒30分钟，之后用清水冲洗数次，放入两开一凉约50℃的温水中，并不停搅拌约5分钟后任其自然冷却，浸泡8～12小时。捞出种子，用干净湿粗布擦去种子表面黏物，用清水冲净后，分层包好。于30℃左右温度下催芽，一般24小时后即可萌发。待多数种子萌发后即可播种。在种子量充足，种子质量可靠时，也可浸种后直播。但这种方法出苗不整齐，苗期不好管理。

播种时，在穴内先挖好播种小沟，深约2厘米，长5厘米。在播种沟内浇一碗水，待水渗下后即可播种，每穴2～3粒，种子分开以便后期间苗。之后用潮湿细土盖好种子，约2厘米厚，轻压即可。播种时切忌不能将已萌发的胚根折断，胚根朝下，种子平贴于土壤上。播种完毕，小心整平垄面，选用0.008～0.012毫米厚、80～90厘米宽的地膜覆盖。盖膜时四周拉紧压实，使膜紧贴垄面。

4. 苗期管理 播种后至出土前应保持较高的温度，夜晚注意防寒，以利苗子出土。待幼苗子叶展平刚露出真叶时，选一晴天上午，用手指或细棍在瓜苗上方将地膜捅一小洞，开始小放风。随着天气变暖和苗子长大，风口可逐渐加大。开放风口应掌握宁早勿晚的原则，以防止苗子徒长或高温烧苗，达到炼苗壮苗的目的。在遇到大风或突然大幅度降温时，可用稻草或秸秆适当覆盖，防止风口进风过大或低温伤苗。当瓜苗4片真叶前后，晚霜期已过，外界气温已高时，可将瓜苗放出膜外，膜孔用细土封严，促苗生长。封洞时间宁晚勿早。封洞时，可同时进行补苗，多余的苗及早除去。缺苗或苗生长不良时，及时补苗、换苗以达到全苗、壮苗，保证产量。

5. 田间日常栽培管理 田间日常管理一般注意以下几个方面：①压蔓防风。地膜覆盖后瓜蔓固定比较困难，遇有大风易伤苗。植株倒秧拖蔓后，及时固定。一般用土块压蔓或用枝条、铁丝等对折卡住瓜蔓，插入土中；②整枝打杈。改进地膜覆盖栽培，植株生长旺盛，分枝增多，分枝长度也显著增长，因此应及时整枝。一般留2～3条侧蔓，一条主蔓；③人工授粉，促进坐果。改进地膜覆盖后，开花时间提前，此时昆虫活动较少，不易自然传粉，应及时进行人工授粉，以利坐瓜；④适时追肥和灌溉。由于前期瓜苗生长旺盛，植株易早衰，特别是在沙地或底肥施用较少时，后期往往由于养分供应不足而影响果实正常膨大。因此在瓜坐稳后，视墒情和植株生长状况适当灌溉1次，并结合浇水追肥。追肥以速效化肥为好，常用尿素、磷酸二铵或磷酸二氢钾等。如果不浇水，可用根外追肥，常用0.1%～0.3%磷酸二氢钾加少量尿素叶面喷施。

（二）日光温室形

1. 整地、施肥、作畦 整地施肥同朝阳洞栽培方法。

作畦方法是：将瓜畦整成锯齿形之后，每隔80厘米左右用一枝条平伸支撑，盖膜后形成北高南低的朝阳斜面，受光面增大，整体形状像一个长形日光温室（图3-21）。

此种方法的特点是，整体形状北高南低，北面有较厚的畦埂可以防止北风侵袭；同时受光面积大，热量不易散失，早春具有较好的保温防风性能。与朝阳沟相比，接受阳光面积大大增加，苗子在棚内生长时间更长，在许多特点上更接近于小拱棚。但和小拱棚

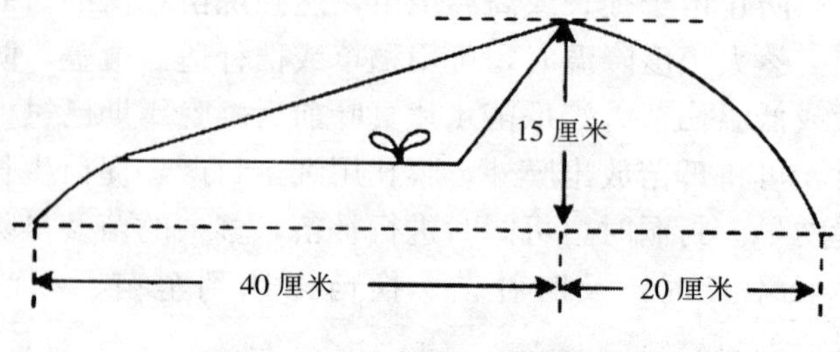

图 3-21　日光温室形横切面图

相比，具有简单、省工、早春防寒防风效果好等优点。

2. 播种、盖膜与日常管理　浸种、催芽、播种方法与朝阳洞相似，可参考执行。但还应注意以下几个问题：①盖膜。盖膜时中间有 40 厘米左右的支撑枝条，安放枝条时两端一定要插入土中 5 厘米左右，不得露出地面。枝条必须光滑无小分枝，以防盖膜后伤膜；②早春防冻。由于幼苗生长空间大，升温快，降温也快，在遇到大风或降温时易伤苗，其抗寒能力不如朝阳沟。因此，在大风或降温时，应及时加盖防寒物。常用 50 厘米宽的薄草苫或其他作物秸秆，在寒流到来时及时覆盖。晴天白天可揭去覆盖物，夜间盖上。这种管理方法尽管费工费时，但可起到较好的防寒增温作用，利于早熟；③苗期放风。由于天膜支撑面积大，苗期应及时放风。在春季多风而且大风频繁地区，放风不宜采用顶部开洞的方法，可在畦背风面每隔一定距离将膜边缘支起放风。风口大小可根据天气状况灵活掌握。前期放小风，少放风；后期气温高时多放风，放大风。放风应掌握逐步放开的原则，不可一下子放开，以防闪苗。春季少风地区，可在苗顶开口放风。

（三）点式或沟式拱棚

1. 整地、施肥、作畦　点式或沟式拱棚即是在瓜畦面中央作成浅的播种穴或播种沟之后，在其上用枝条等支撑物作成拱棚形支架，呈点状或条状，然后盖膜（图 3-22、图 3-23）。

点式或沟式拱棚的整地、施肥方法可参考朝阳洞。畦常做成

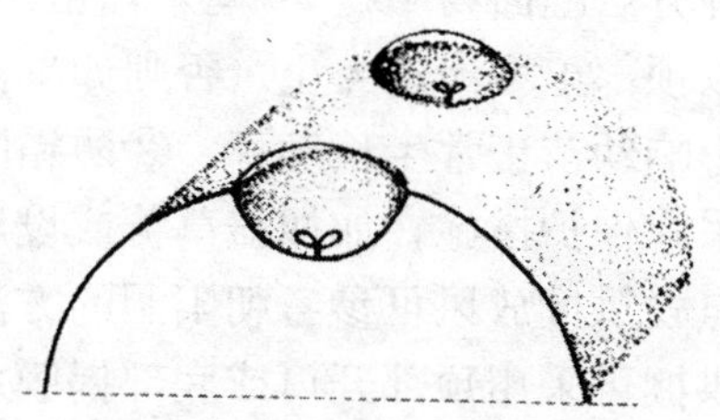

图 3－22　点式拱棚示意图

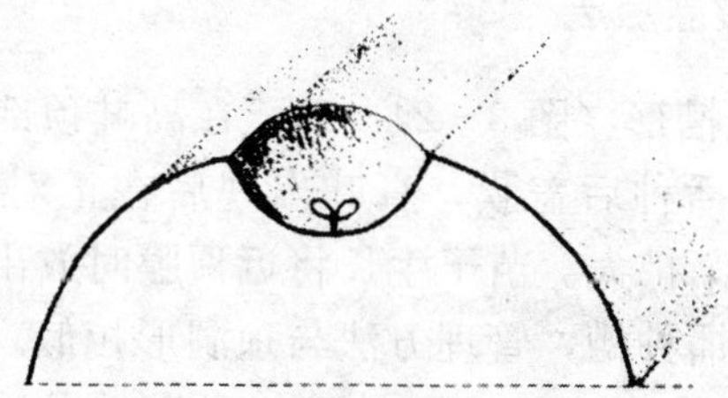

图 3－23　沟式拱棚示意图

龟背形高畦，之后在畦顶部中央按株距挖好播种穴或播种沟。该种方法多适用于排灌频繁地区。各畦之间留 15～20 厘米深的排灌沟，利于排水和灌水。西瓜整枝时，多采用两边拖蔓的整枝方法，即 2 条或多条主侧蔓，分左右向两边伸长，或每畦朝一个方向拖，或两畦对拖，对拖时可采用宽窄行栽培（与其他作物间作时常采用）。

2. 播种与盖膜　地整好后即可播种，方法可参照朝阳洞。搭架时，常用 50 厘米长的枝条作架材，架底宽度约 30 厘米，架高 15 厘米左右。

点式棚架可搭成斜“十”字形，沟式拱棚可搭成“人”字形交叉架，也可每隔 1 米左右搭一支架，支架等距离相互平行。

盖膜可选用 0.008～0.012 毫米厚、宽 1 米左右的地膜。四周拉紧压实，使膜紧贴畦面和支架表面。沟式拱棚架面高低松紧一致，以免被风刮起或刮破。在支架和畦面接触处，可用土块或细土轻压膜面，每隔一定距离压一下，以使膜贴紧地面和支架。

3. 苗期管理　基本上与朝阳洞相同，但应注意以下几个方面：

①浇水。由于该种方法畦面高 15～20 厘米，苗子生长在畦面顶部，因此，浇水时要以顶部土壤渗透为止。否则如果苗期缺水，则可能形成僵苗，严重影响幼苗正常生长发育。②防霜防冻。在遇寒流或低温时，应随时采取保护措施，如加盖草苫或设风障等，防止低温伤苗。③放风。点式拱棚放风可参考朝阳洞的方法，即在苗子顶部开口放风；沟式拱棚可采用顶部开口或底部揭膜放风的方法，或是二者结合使用。

(四) 其他覆盖方法

1. 顶洞或顶槽形（图 3－24－1） 在高畦顶部挖好播种穴，15 厘米左右见方，播种后盖膜，真叶出现后在正对苗子顶部开口放风，风口由小逐渐扩大。苗子生长将近顶膜时放出膜外。顶槽形是在畦顶中央开一播种槽，管理方法与顶洞形相似。

2. 顶棚形（图 3－24－2） 在高畦顶部播种后，用树枝条搭成类似小拱棚的棚架，之后盖上地膜。棚架宽度和高度以及管理方法可参照沟式拱棚。

3. 一膜双拱形（图 3－24－3） 作畦时在畦中间留一高 10～15 厘米、底宽 20 厘米、顶宽 10 厘米的小垄，之后在垄两边分别留出 30 厘米的播种畦。播种后用 100～120 厘米地膜覆盖，便形成一膜双拱形式。整枝时，主侧蔓向同一方向伸展。这种栽培方法两畦间的距离可适当加大，以防止两畦瓜蔓交叉过多，造成田间郁闭。

4. 一膜双洞或双沟形（图 3－24－4） 同一瓜畦（宽畦），左右两边留有两行播种洞或播种沟，苗子长出后可分别向两边伸展。管理方法上可参照朝阳洞或朝阳沟以及一膜双拱形。

5. 平畦前期覆盖法（图 3－24－5） 这种方法不作高畦，直接播于地面瓜行上，植株在地面平畦内生长。在生长前期，地膜用作天膜覆盖，待植株生长至一定高度后，可撤去地膜。施肥时，多采用沿瓜行沟施法。即在瓜行部位挖一宽 30～50 厘米、深约 30 厘米的沟，将肥施入沟中，用量可参照朝阳洞。土肥混合后，将挖出的熟田土再填回沟内，耙平，在沟两边顺播种行作两条高约 20 厘米的土埂，底宽 20 厘米左右，以便支撑薄膜。两埂之间播种行宽度一般为 20～30 厘米。播种后即可盖膜。苗子长出真叶后注意放风，撤膜前一定要加大放风量炼苗，防止突然撤膜闪苗。

6. 平畦前期天膜覆盖（图 3-24-6）　整地施肥方法同平畦前期覆盖法。盖膜时，采用支架支撑。这种方法可用直播，也可利用育苗移栽。待植株生长到一定高度时，可根据天气情况撤去天膜小棚。这种方法类似小拱棚，只是架材简单，用地膜作天膜，经济省工，可在生长前期短时覆盖，有一定的促进早熟作用。

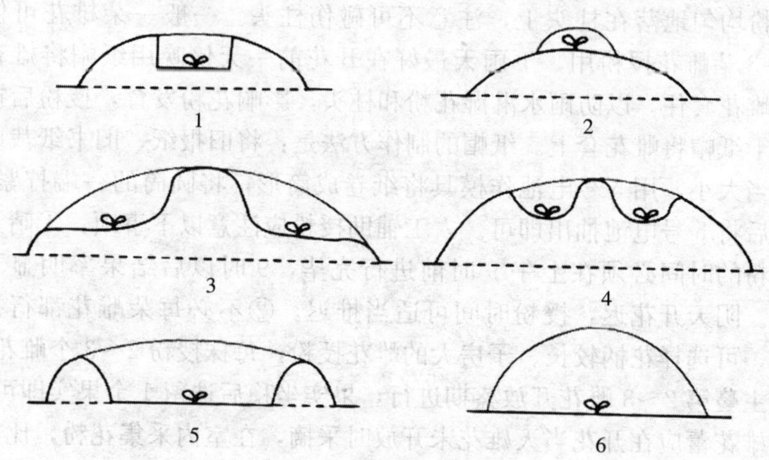

图 3-24　6 种地膜覆盖示意图

1. 顶洞或顶槽形　2. 顶棚形　3. 一膜双拱形　4. 一膜双洞或双沟形　5. 平畦前期覆盖　6. 平畦前期天膜覆盖

二十一、西瓜人工辅助授粉技术

西瓜是雌雄同株异花植物，花开放时间很短，为半日花，一般是清晨开花，午后闭花，次日不再开放。未受精的雌花次日仍能开放，但很少能受精结实。是典型的虫媒花，主要靠昆虫传粉。昆虫的活动受天气的影响很大，昆虫在无风的晴天活动频繁，而在阴雨低温的天气则活动较少。因此，在低温、阴雨天昆虫活动较少或植株徒长以及保护地栽培的情况下，应进行人工辅助授粉，以提高坐果率。刚开放的雌花柱头生活力最为旺盛，此时授粉结实率最高。实验结果表明：在郑州地区早上 8 时授粉结实率为 14.28%，9 时为 14.49%，10 时为 7.14%，11 时为 5.88%，所以清晨雄花散粉后至上午 7～9 时是西瓜授粉或人工杂交授粉的最适宜时间。

首先要采集花粉，一般在晴天早晨采集当天开放的雄花，放置于容器中，在室内让其自然开放。当田间雌花开放时，将开放的雄花去除花瓣，使雄器露出，把雄花花药对准雌花柱头轻轻涂抹，使花粉均匀地落在柱头上，注意不可碰伤柱头。一般一朵雄花可供 2～3 朵雌花授粉用。下雨天最好在开花前一天傍晚用纸帽将雄花和雌花套住，以防雨水淋湿花粉和柱头，影响花粉发育，授粉后换一干纸帽将雌花套上。纸帽的制作方法是：将旧报纸、旧书纸裁成适当大小，用 5 号电池作模具将纸卷成筒形，将圆筒的一端拧紧，然后将 5 号电池抽出即可。人工辅助授粉应注意以下事项：①晴天授粉的时间必须在上午 9 时前进行完毕，9 时以后结果率明显下降。阴天开花迟，授粉时间可适当推迟。②不必每朵雌花都行授粉，可选择花柄较长、子房大的雌花授粉，每株授粉 2～3 个雌花，在主蔓第 2～3 雌花开放盛期进行，果实坐稳后选留 1 个果实即可。③雄花蕾应在开花当天雄花未开放时采摘，在室内采集花粉，比在田间随采随授粉的效果好。④操作时要不伤子房，花粉量要多，涂抹要均匀。

二十二、西瓜留瓜、定瓜技术

（一）留瓜

一棵西瓜植株的留瓜数目应依品种、植株营养状况、整枝方式、采收期的长短而灵活掌握。一般小果型的品种每株可留 2～3 个，大果型品种只留 1 个。但同期留果数不宜多，一般先选留 1

个，待第一个果实采收前1周左右再选留第二个瓜。这是因为，在一定的同化面积下积累的养分同时输送到几个果实中去，几个果实都长不大，而且生长缓慢，如果分批留果就可以解决在养分分配上的矛盾，不仅可提高产量，还可持续供应市场。

（二）定瓜

定瓜的时间不宜过早，也不宜过晚。过早定瓜，幼瓜尚未坐稳，可能造成空秧；定瓜过晚，过多地消耗营养物质，对留下的幼瓜生长不利。一般在幼瓜长到鸡蛋大小、进入退毛期（即果实表面的茸毛脱落，果皮发亮）、果实开始迅速生长时，可以进行选果定瓜工作。选留幼瓜应从以下两方面考虑：

1. 幼瓜在植株上的部位　早熟品种雌花出现早，栽培目的是为了早日供应市场，故留瓜部位可以距根部近些；晚熟品种一般果形较大，所以留瓜部位可以远些。选留第二、第三雌花结的幼瓜最合适。为了保险起见，早熟品种预留第一至第三雌花，晚熟品种预留第二至第四雌花，坐住瓜后，早熟品种按2－1－3的顺序选定一个瓜，即首选第二个瓜，如果第二个瓜没坐住，就选第一个，如果第一个瓜也没坐住，再选第三个；同样，晚熟品种按3－2－4的顺序选定一个瓜。

2. 幼瓜的特征　选留子房肥大、瓜形正常、果柄粗壮而弯曲、色泽新鲜发亮的幼瓜，淘汰那些不合要求的小瓜、劣瓜。

二十三、提高西瓜果实甜度技术

西瓜含糖量高，西瓜甜度就大。提高西瓜果实含糖量可从以下几个方面着手。

（一）品种

各个品种之间不仅其总糖含量不同，糖分组成也有差异。由于各种糖甜度指数不同，故不同糖分的不同比例组合也会导致西瓜甜度不同。因此，在选择品种时，除注意选择总糖含量较高的品种外，还应注意选择果糖、蔗糖所占比例较大的品种。

（二）选昼夜温差大的地区或沙土地种瓜

在昼夜温差大的条件下，白天温度高，制造的光合产物多，夜间温度低，植株呼吸消耗减少，所以有利于光合产物的积累，提高西瓜含糖量。在我国西北地区或沙土地、山地这些昼夜温差大的地区种的西瓜质优味甜。

（三）科学安排播期

合理安排西瓜的播种期，使西瓜的果实膨大期处于昼夜温差大的季节。例如河北的保定、石家庄地区，可以把果实膨大期安排在5～7月。

（四）采用保护设施

可采用各种形式的薄膜覆盖，使西瓜提早种植，避开雨季，防止采收时雨水过多而降低西瓜含糖量。

（五）合理施肥浇水

要重施底肥，注重有机肥使用。追肥时避免单独使用氮肥，增施磷、钾肥，采收前控制浇水。

（六）延缓植株衰老

在栽培管理上，加强植株管理，始终保持植株正常的生长势，尤其应加强中后期的管理，延缓植株衰老，保护好功能叶片，以保证果实生长发育所需的养分供应。

（七）适时采收

成熟适度的果实含糖量高、品质好，欠熟、过熟的果实含糖量低、品质差。应根据市场远近来确定西瓜采收的适宜成熟度。

二十四、提高无籽西瓜种子发芽率技术

无籽西瓜的发芽率低主要是由于种皮厚、种胚不充实，而且多畸形（子叶折叠或缺损），所需的发芽温度比普通西瓜高3～5℃，以及采种方法不当等造成的。要提高发芽率，可采取以下措施。

（一）精选种子

首先要在播种前精选种子，严格按品种的特征对种子的大小、形状、色泽及饱满度进行检查，淘汰非本品种特征的种子和其他杂质，还要去掉秕子、畸形、霉烂变质及被虫蛀鼠咬的种子。

（二）人工破壳

由于无籽西瓜的种子和种胚均比普通西瓜的吸水率高，种子内腔易积水、腐烂，而且种皮坚硬，胚根难于冲破种皮，这样就使发芽率降低。无籽西瓜种子破壳的方法可分为干子破壳和湿子破壳。干子破壳工效高，但易损伤种胚；湿子破壳易打滑，工效低，但浸种时间长短对发芽率影响小，易于掌握，而且发芽率较高，所以目前生产中主要采用湿子破壳。具体方法是：将种子放入55℃的温水中迅速搅拌10～15分钟，当温度降至30℃左右时，停止搅拌，继续浸泡1.5～2小时。若用冷水浸种，可浸泡3～4小时。浸种后捞出，搓洗以去掉种皮表面的黏性物质，直至种子不打滑为止。再用干净的布将种子擦干，稍晾干后即可破壳。破壳时可用老虎钳或用牙嗑。用钳子时要在钳柄交叉处塞一个小皮管，防止夹烂种子。用牙嗑时要缓缓用力，使种子从脐部缝合线裂开，嗑开种子长度的1/3即可，切不可用力过猛，损伤种胚影响发芽。

二十五、西瓜压蔓关键技术

压蔓是西瓜栽培的一项重要技术措施。西瓜蔓伸长以后容易乱

爬，需要按一定方向把它压住。其作用是使瓜蔓在田间分布均匀，防止互相遮光；免遭风害；促压蔓处发生不定根；对蔓的生长有抑强扶弱的作用。必须掌握好以下要点：

（一）压蔓的位置

压蔓时要注意雌花出现的节位，在坐果节位雌花出现前后各两节的位置不宜压蔓，以免损伤幼果，影响坐瓜。不能压住叶片，以免减少同化面积。

（二）瓜蔓要分布均匀

以充分利用空间，当蔓叶多时，只要把生长点引向空处，接近畦沟时应回转，不必翻动茎叶，减少茎叶损伤。

（三）下午压蔓

压蔓时间最好在下午进行，因上午叶蔓含水量较高，脆而易折，压蔓作业易造成叶蔓的损伤。

（四）掌握好压蔓轻重

西瓜压蔓有轻压、重压之分。轻压可使顶端生长加速，但较细弱；重压瓜蔓，顶端生长缓慢，但很粗壮。因此应根据植株和蔓的生长势灵活掌握，生长势较旺的植株可重压，如果植株徒长，可在蔓长到一定长度将生长点埋入土中。

二十六、西瓜茎叶生长与结果的调节技术

西瓜以硕大的果实为产品，而且其生长速度快，生育期短，在生长过程中容易出现营养生长与生殖生长不协调的现象。如果调节不当，就会出现要么长秧不结果或晚结果，产量低；要么出现结果早、果个小、秧早衰、产量不高等现象。因此，科学地调节营养生长与生殖生长的关系，使二者保持均衡的发展，才能达到早熟、丰

产的目的，这是西瓜栽培的重要技术环节。

西瓜营养生长与生殖生长的调节技术就是根据其干物质生产特点和分配规律，采取有效措施人为地促或控干物质的生产与分配，使营养生长与生殖生长自始至终协调发展。其具体调节方法因不同生育期、不同品种及植株生长状况而异。下面按生育期分述其调节技术。

1. 发芽期　由种子萌动到真叶显露这一时期为发芽期。此期子叶是光合作用的主要器官，而光合产物输入的中心是胚轴。所以幼苗出土后要适当降低温度、湿度，控制下胚轴徒长，防止形成高脚苗，以促进子叶肥大。

2. 幼苗期　从第一真叶显露到团棵（5～6 片叶）为幼苗期。真叶展开以后逐步代替子叶的作用，真叶面积及单位叶面积光合强度成为苗期干物质生产的主要决定因素。此时光合产物输入的主要器官是叶片，其次是根系。所以在调节上主要是创造适宜的温、光、水、肥条件，促进叶面积扩展及根系的生长，为花芽分化打下良好的基础。

3. 伸蔓期　从 5～6 片真叶到主蔓上第二、三雌花开放为伸蔓期。此期光合产物输入的主要器官是蔓和叶，在调节上一方面要促进蔓叶健壮生长，使其形成足够的叶面积，另一方面又要防止蔓叶徒长，促使营养生长向生殖生长的过渡。其调节措施主要是根据品种特性和植株生长状况，从水、肥管理及植株调整两方面着手，前期进行追肥、浇水促其生长，使最适叶面积指数尽快到来，后期控制水、肥以保持最适叶面积指数，并采取整枝、压蔓措施促进坐瓜。如果正在开放的雌花离顶端太远，说明植株疯长，可重压、勤压，甚至可捏劈顶梢下部的蔓以抑制营养生长。

4. 坐果期　从留果节位雌花开放到果实鸡蛋大小、果面茸毛变稀，标志着幼果已基本坐稳。此时真叶的光合强度达到最大值，光合产物输入的主要器官仍为蔓叶，但输入果实的数量开始增加。这是坐果的关键时期，调节不好，很容易出现化瓜现象。这一时期的调节主要是控制肥水、及时整枝、合理压蔓等来控制营养生长，促进生长中心向果实转移，人工辅助授粉也可促进坐果。另外，确定适宜的留瓜节位也是一种有效的调节措施，若秧生长过旺，可适当降低留瓜节位，抑制秧的生长。若秧生长较弱，可提高留瓜节位，否则，养分分配中心过早转向果实，易出现果坠秧现象，使秧早衰，果长不大。

5. 果实膨大期 果实膨大期即从果实鸡蛋大小到定个。此期果实迅速膨大，营养器官生长速度减慢，果实与营养器官之间在同化物分配方面的竞争加剧，但生长中心已转向果实。在调节上既要促使果实迅速膨大，又要使蔓叶健壮生长，只有保证40～50片健壮的功能叶，才能使果实正常膨大。主要措施是，首先保证充足的肥水供应，除土壤追肥外，还要叶面喷施尿素和磷酸二氢钾，以改善叶片的营养条件，保证较大的光合面积和较强的光合强度，防止叶片早衰。为了减少营养器官对同化产物的消耗，可进行摘心，摘心后再出现的侧枝即可打去，留下结瓜部位的侧枝，其同化物优先供应果实。对于生长势弱的植株、叶片小的品种可不摘心，以增加同化面积。

总之，西瓜营养生长与生殖生长的调节就是根据干物质生产和分配规律，通过温、光、水、肥的管理及植株调整措施，以获得最高的干物质产量，实现最合理的干物质分配，从而达到早熟、高产、优质的目的。

二十七、康保绿叶素在甜瓜幼苗上的使用技术及效果

白沙蜜是河南省主栽的薄皮甜瓜品种，它以肉质脆甜、适应性强受到广大消费者和种植者的欢迎。因此，种植面积大，在部分地区，种植白沙蜜已成为当地农民经济收入的主要来源。随着人民生活水平的提高，无公害甜瓜生产越来越受到生产者和消费者的青睐，为此笔者特做了康保绿叶素在甜瓜幼苗上的应用试验，以便为无公害甜瓜生产提供新的途径。

（一）方法

康保绿叶素由德国 Compo 公司生产，它是一种全营养制剂，不含激素和有害物质，是绿色蔬菜生产的良好叶面肥。使用方法简单，待甜瓜苗 1 叶 1 心时开始叶面喷施康保绿叶素。苗期共喷 3 次，每次间隔 7 天。

（二）效果

试验发现，每千克水加 1 克康保绿叶素喷施效果最好。与不喷施绿叶素的幼苗相比，幼苗茎粗增加 20.9%，叶面积增加 23.7%，叶片叶绿素含量增加 21.9%。由于幼苗叶绿素含量增加，叶面积扩大，所以提高了光合效率，增加了光合产物，从而促进了幼苗的生长，为以后的开花结果奠定了良好的基础。

由于康保绿叶素在甜瓜幼苗上应用见效快、效果好，且价格便宜，使用方便，无污染，符合无公害蔬菜生产要求，因此，可在生产上推广应用。

第四章 绿色茄果类蔬菜栽培关键技术

一、番茄种子干热处理技术及效果

本试验旨在通过研究干热处理对番茄种子发芽率、发芽势及田间出苗率的影响，探讨提高番茄种子活力的最佳处理温度和时间，以便为生产提供理论依据。

（一）方法

试验在河南科技学院进行。供试品种为郑番 2 号。试验设 3 个温度处理即 60℃、70℃和 80℃，4 个时间处理即 2 小时、12 小时、24 小时和 48 小时，共 12 个处理组合和 1 个对照（不处理）。每处理 5 克种子，将种子充分干燥后装入种子袋，放在恒温干燥箱内进行干热处理。处理结束后，用 30℃温水浸种 6 小时，然后在恒温培养箱内做发芽试验。发芽温度为 29℃。从催芽的第 3 天开始，每天检查记录发芽种子数。1 月 15 日在田间阳畦内播种育苗。1 月 30 日调查田间出苗率。

（二）效果

1. 不同处理组合对种子发芽率的影响 试验结果表明，70℃、2 小时效果最好，其发芽率高于对照 12.5%；其次是 70℃、12 小时，发芽率比对照高 9.9%；60℃各处理组合与对照差异不显著。

而80℃各处理组合均极显著低于对照。

2. 不同处理组合对种子发芽势的影响 发芽势说明种子发芽的快慢与整齐度，是种子活力的重要指标。不同处理组合对发芽势的影响与对发芽率的影响具有相同的趋势。70℃、2小时处理发芽势高于对照19.2%，差异极显著；70℃、12小时比对照高12.4%；60℃各处理组合与对照差异不显著。80℃各处理组合均显著低于对照。

3. 不同处理组合对田间出苗率的影响 播种后15天的调查结果，70℃所有处理组合的出苗率都极显著高于对照，特别是70℃、2小时和70℃、12小时处理效果最好，分别比对照高20.5%和21.2%，60℃所有处理组合与对照差异均不显著。80℃所有处理组合的出苗率均极显著低于对照，并且随着处理时间的延长出苗率越来越低。

4. 处理温度、时间及二者的交互作用对发芽率的影响 当处理温度相同时，随着处理时间的延长，发芽率逐渐降低。当处理时间相同时，70处理发芽率最高，60℃次之，80℃最低。这说明温度和时间两因子对发芽率都有明显的影响，但温度的影响大于时间的影响，温度是主导因子。分析结果还表明，温度和时间对发芽率的影响存在着显著的交互作用。60℃处理以12小时最好，2小时最差；70℃和80℃处理都以2小时最好，时间越长效果越差。

5. 处理温度、时间及二者的交互作用对发芽势的影响 当处理温度相同时，随着处理时间的延长发芽势渐低。当处理时间相同时，处理温度的效果以70℃最好，60℃次之，80℃最差。分析结果还表明，温度和时间两因子对发芽势的影响也有显著的交互作用。60℃处理以12小时效果最好，2小时最差，而70℃、80℃处理则以2小时最好，48小时最差。

综所述上，对番茄种子进行干热处理，以70℃、2小时处理效果最好，其发芽率、发芽势及田间出苗率最高。其次是70℃、12小时和70℃、24小时。这说明番茄种子以70℃处理较短时间为宜。80℃处理各项指标显著或极显著低于对照，且随着处理时间的延长负作用越来越大。这说明 80℃处理温度太高，处理时间越长，对种子活力的破坏作用越大。60℃处理与对照差异不显著，可能是温度太低，效果不明显。

不同蔬菜种子具有不同的发芽特性，所以干热处理的最适温度和时间也不一样，根据笔者对黄瓜种子试验结果，以 60℃、4 小时效果最好，这与蒋先明教授的研究结果一致。因此生产上应用这一措施时应当注意。

二、云大-120 在日光温室番茄上的使用技术及效果

云大-120 是云南大学研制的一种高效植物生长调节剂，具有促进细胞分裂和伸长、提高叶绿素含量和坐果率，增强抗逆性等功能，在黄瓜、辣椒、莴苣、甘蓝、萝卜等蔬菜作物上应用效果显著，但在番茄上的应用报道较少。为此，笔者对云大-120 在番茄上的应用技术及效果进行了研究，以期为生产提供依据。

(一) 方法

供试番茄品种为中杂 9 号，是中国农业科学院蔬菜花卉研究所选育的中熟一代杂种，保护地、露地兼用型。云大-120 是昆明云大科技产业股份有限公司生产。试验在河南科技学院校外实习基地日光温室内进行。土壤肥力中等，土质偏黏，pH7.8。番茄于 2002 年 1 月 27 日定植，行距 70 厘米，株距 25 厘米。

试验设 4 个处理浓度，即 2 000 倍、1 500 倍、1 000 倍和 0 倍(清水对照)。在番茄生长期间进行叶面喷施，共 3 次，分别于 4 月 4 日、13 日、22 日。

每小区随机取 20 株作为样本，分别调查株高、茎粗、光合速率、坐果率、单果重、前期产量等指标。以第一次喷施前株高、主茎第 3 节位的直径为基数，计算其净增长量；坐果率是统计第一、二层花序的坐果率；前期产量只包括前 3 次采收的产量；光合速率

用美国产的光合作用测定仪进行测定。

（二）效果

试验结果发现，叶面喷施云大-120对番茄的生长发育有明显的影响。其中以1 500倍液处理效果最好，株高、茎粗的增长量分别比对照增加17.0%和35.0%，叶片光合速率比对照提高15.8%，坐果率、单果重、前期产量分别比对照增加14.7%、23.2%、24.6%。1 000倍和2 000倍液虽然对番茄生长发育都有一定的影响，但效果没有1 500倍液明显。可能是浓度过高或过低的缘故。

总之，在本试验范围内，叶面喷施云大-120以1 500倍液效果最好，植株生长健壮，增产增收，且使用方法简便、成本低，可以在生产上推广应用。但由于试验具有一定的局限性，该处理还不一定是最佳处理。至于最佳处理浓度、处理次数、处理时期以及对其他蔬菜的作用效果还有待进一步研究。

三、棚室春番茄多次换头整枝技术

番茄换头栽培法又叫老干新枝法，是利用新枝生命力强，能延迟植株衰老的特性，让新生侧枝代替老枝结果，配合高架，能大幅度延长一茬栽培的生长结果期。这是一种高产高效栽培法。具体方法如下：

（1）在主茎上，留下第一花序下的第一侧枝，去掉其他侧枝（图4-1）。当主茎第二花序现蕾时，在其花序以上留2～3片叶摘心，让主茎结两穗果。

（2）当留下的一级侧枝着生两个花序后，上部留2～3片叶摘心，让该侧枝结两穗果，并促发二级侧枝，留下第一花序下的第一个二级侧枝，去掉其他二级侧枝。

（3）当留下的二级侧枝着生两个花序后，在其上部留2～3片叶摘心，让其结两穗果，并促发三级侧枝，留下第一花序下的第一

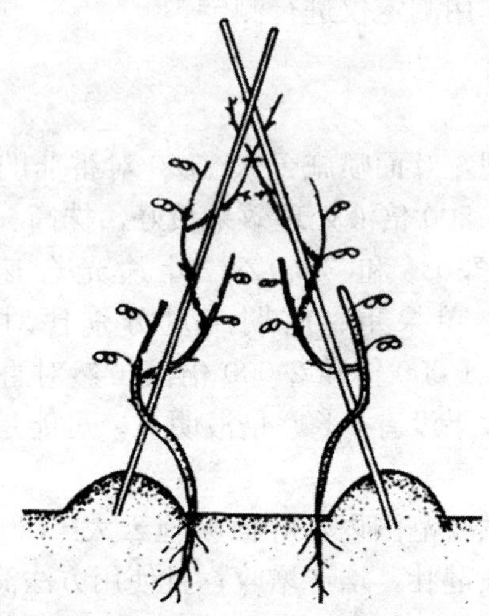

图 4－1　番茄多次换头整枝示意图

个三级侧枝，去掉其他三级侧枝。

（4）如此类推下去，共经过 4～5 次摘心，每株可结 8～10 穗果。每次换头相当于用一段新茎，新茎生理功能好，果实长得快而周正，因而产量高、品质好。

四、利用早熟番茄侧枝育晚熟番茄苗技术

利用早熟番茄的侧枝育苗栽培晚熟番茄，与直接用种子播种育苗相比，不仅可降低成本，而且植株生长势和抗逆性强，同时还能提早开花结果，缩短生产周期，提高产量和商品率，是快速生产晚熟番茄的理想途径。

（一）侧枝的选择与处理

选择生长健壮植株所生侧枝，长度以 15 厘米左右为宜，用不锈钢刀片从基部轻轻切下，切口要平滑呈马蹄形，以利伤口愈合。摘除该枝下部叶片，留上部 3～4 片叶。为使侧枝早发根，若用

2 000倍液的多效生长素浸枝基部4～5小时，发根率可达99%，成活率达100%；若用1%的蔗糖液处理，发根率可达93%，成活率可达97.5%。

（二）育苗

可采用露地扦插育苗，也可采用营养液育苗。

1. 露地扦插育苗　床土以腐熟的有机肥、田土、沙混合而成，其比例为2∶2∶1。用200毫克/千克的高锰酸钾液喷洒消毒。苗床土厚20厘米。浇足底水，用木棍按10厘米见方打一个穴。已处理的侧枝切口表面水分消失后及时插入苗床，深度为枝长的1/3，并适当挤压侧枝基部土壤。扦插后要喷洒1次透水，然后用薄膜覆盖保湿。扦插后前10天要进行适当遮阴，以防萎蔫。遮光可用遮阳网、草帘等。一般早上7点至下午5点遮阴，日落后揭开，通风夜露。床面发干时适当喷水，温度白天控制在25～30℃，夜间12～18℃。7天左右可生根。扦插枝生根后，有新叶长出，要逐渐增加光照，促进植株光合作用。20天后揭膜炼苗，扦插育苗茎叶恢复生长，根系比较发达后即可定植。从生根到定植一般15～20天。

2. 营养液育苗　该方法除具有露地育苗的优点外，其育苗方法更趋简化，发根快而多，苗期仅10～15天，定植到采收仅45天，从而可实行一年三作。育苗容器可采用500毫升玻璃罐头瓶，用水洗净，外面涂黑再粘一层牛皮纸作为暗室，以促发根。营养液可选用下列两种配方之一：10千克水中加硝酸铵7克，磷酸二氢钾6克；或10千克水中加尿素5克，磷酸二氢钾7克。将处理过的番茄侧枝插入盛有400毫升营养液的罐头瓶中，每瓶插15枝左右。插后放在散射光处，以利发根和防止叶片萎蔫。经5～7天发根后再置于直射光条件下，以形成壮苗和增强适应性。发根前不需要再补加营养液，每天仅补水1次，以保证营养液体积基本稳定即可。当插条发根后，再把培养瓶中的原液倒出，重新加入营养液400毫升，以后每天仍加水1次，培养5～7天，根系发达后即可定植。

五、番茄早、晚熟品种套种技术

为了充分利用地力、空间，可以利用品种熟性不同和秧高矮不同的特性，进行早、晚熟品种搭配种植。早熟品种采用早丰、早魁、西粉 3 号、河南 5 号、意大利 18 号等矮秧品种，河南气候条件下可于 12 月份采用温床或温室育苗，3 月上旬定植，采用塑料小拱棚覆盖。晚熟品种采用毛粉 802、强丰、中蔬 4 号、历红 2 号、台湾大红、美国 4 号等品种，于 2 月上旬阳畦育苗，4 月上中旬定植。栽植畦宽共计 1.6 米，隔成各 80 厘米的两个小畦，每畦内各栽 2 行。早熟品种株距 25 厘米左右，晚熟品种株距 35 厘米左右。早熟品种 4 月中旬去膜后搭小“人”字架，晚熟品种于 5 月上旬搭大“人”字架。早熟品种采用 2 穗果打顶，于 5 月上旬始收，5 月下旬拉秧，667 米^2 产量 3 000～3 500 千克。晚熟品种于 6 月上旬始收，667 米^2 产量 5 000 千克左右。这种栽培方式上市早，供应期长，产量高，效益好。

六、防止番茄苗徒长、老化技术

（一）防止幼苗徒长

番茄育苗期间易出现秧苗徒长现象，尤其在夏季育苗中是常出现的问题。秧苗徒长，不仅会降低产量、延迟成熟，而且由于秧苗的素质较差，抗逆性下降，容易诱发病害。所以，在育苗期间应采取一切措施防止幼苗徒长。

1. 徒长苗的特征 茎细、节间长、叶片薄而大、叶色淡绿、组织柔嫩、根系不发达。由于根系小，吸收能力弱，茎表面的角质层又不发达，水分蒸腾量大时，秧苗易失水萎蔫。植株体内含氮量较高，碳水化合物含量较低，因此，其抗性差，容易受冻和发生病害。由于营养不良，徒长苗的花芽分化晚而且不正常，花芽数量少，畸形花和弱小花较多，易落花。定植后缓苗慢，成活率低，难以获得早熟和丰产。

2. 防止秧苗徒长的措施　秧苗发生徒长的主要原因是光照不足、温度过高、水分过大等。防止秧苗徒长的措施主要是增强光照和降低温度，并适当控制水分。当秧苗生长密集时要及时分苗，育苗后期可扩大株行距，防止过分遮阴。阴冷天气要适当掀开覆盖物使秧苗见光。当外界温度适宜时，要全部去掉覆盖物，使秧苗充分接受光照。对温度条件，要严格按秧苗各个阶段所需的温度进行管理，及时通风降温。

（二）防止幼苗老化

秧苗的生长发育受到抑制时，常出现老化现象，即僵苗。

1. 老化苗的特征　苗矮小、茎细、叶小、根少、不易发新根、花芽分化不正常、容易落花落果、定植后缓苗慢。在冷床中育苗常出现秧苗僵化现象。

2. 防止秧苗僵化的措施　秧苗僵化的主要原因是苗龄过长，秧苗长期处于低温、干旱条件等。因此，防止秧苗僵化的措施，首先要改控苗为促苗，给秧苗以适宜的温度和水分条件，促进秧苗迅速生长。实践证明，利用工厂化育苗、电热温床育苗等措施育苗，很少有秧苗僵化现象发生。其次是利用冷床育苗时，尽量提高苗床的气温和地温，并适当浇水，不要过分控肥控水。对于已有僵化现象发生的秧苗，可以采取提高床温、适当浇水等措施促进其生长。

七、番茄生理病害防治技术

生理病害是指由于温度、光照、水分、肥料或土壤等栽培环境条件不适，导致作物发生的一些病变，这些病变对产量、质量均有一定的影响。生理性病害不同于传染性病害，它没有病原菌，也不会传染，只要及时找出原因，采取相应的对策，即可预防或减轻发病。

（一）脐腐病

脐腐病又叫尻腐病、顶腐病，俗称黑膏药、贴膏药。

1. 危害症状 脐腐病多发生在结果盛期较大的果实上。初期在果脐（凋落花瓣的部位）附近出现黄褐色小斑点，随症状发展，果实内部从油浸状变为暗褐色，向内凹陷变硬。病情不重的果尚可成熟，严重时病斑扩展到半个果面，果实停止膨大并提早变红，果形变扁，果面缺少光泽，失去食用价值。

2. 发生原因 番茄脐腐病主要是由于缺钙引起的。虽然华北地区土壤一般不缺钙，但土壤中氮素、钾素等含量高时，会抑制钙的吸收。土壤干旱会使根对钙的吸收减少，还会使植株体内大量产生草酸，将活性钙结合成不可溶的草酸钙。土壤耕层浅、沙性大，土壤干旱不均，极易出现脐腐病。秋冬茬番茄由于前期高温，植株生长发育快或用生长调节剂处理，也容易出现脐腐病。

3. 防治方法 ①确属土壤缺钙引起的，每667米^{2}用消石灰或碳酸钙50千克，均匀撒施地面并翻入耕层中。②避免施用氮肥过多，特别是速效氮肥不要一次施用过多。③适时灌水，防止土壤忽干忽湿，尤其不要使土壤过分干旱。④喷施氯化钙200倍液可预防发病，重点喷洒果穗、上部叶和新叶，每5天1次，连喷3～5次。也可使用硝酸钙、过磷酸钙等水溶液喷施。

（二）筋腐病

番茄筋腐病也叫条腐病、条斑病等，是近几年发生比较普遍且严重的一种生理病害。

1. 危害症状 有两种类型：一是褐色筋腐。果面上出现局部褐变，甚至坏死斑，凹凸不平，果肉僵硬，切开果实可见果内维管束（外侧）变褐坏死，有时果肉也出现褐色坏死症状。发病轻时果面可能不显凹凸不平斑块，但发病处着色不良，红熟果表面有明显的绿色或淡绿色斑，果肉变硬，果实成空腔。褐色筋腐病常发生在果实背光面，下位花序的果实比上位的多。二是白变型筋腐病，多发生在果皮部的组织上。病部具有蜡样光泽，质硬，果肉似“糠心状”，病部着色不良。

2. 发病原因　褐色筋腐病是由多种不良环境条件造成的，如光照不足、低温多湿、空气不流通、二氧化碳不足、高夜温、缺钾、氮素过剩以及病毒侵染等。单独一种因素很难导致发病。白变型筋腐病通常认为与烟草花叶病毒感染有关。

3. 防治方法　①褐色筋腐病多发生在低温弱光条件下，植株茂密、通透不良更易于本病发生。因此温室越冬茬栽培密度一定要合理，适当稀植。同时要合理整枝，改善株间透光性。②土壤水分过多、土壤氧气供应不足时，有利于该病发生。属于此种原因的应实行垄作，适量灌水，防止一次灌水量过大。③施肥量过大，特别是铵态氮施用过多，钾肥不足或钾的吸收受阻时，本病发生也多。应控制氮肥特别是铵态氮用量。④品种特性，有些品种容易发生此病，如强力米寿发病就多。故应选用不易发病的品种。⑤施用未经腐熟的农家肥、密植、小苗定植、强摘心都可能诱发本病，故要避免之。⑥白变型筋腐病和烟草花叶病毒感染有关，应选用抗烟草花叶病毒的品种，谨防病毒侵染。

（三）裂果

指果实肩部（近果柄部位）出现裂缝的果实。

1. 危害症状　果面发生条纹状裂纹。一般纹裂主要表现在近果柄处，果面发生同心状断续的纹裂，或由果柄向果肩处纵向放射状裂纹。纹裂多发生在果实的成熟期，但也有在小果侧面发生的。纹裂与品种有关，果皮薄的易发生裂纹，同时也受栽培条件影响，秋冬茬番茄发生裂纹的较多。果实发生纹裂后易感染疫病，或被细菌侵染而腐烂。纹裂还直接影响到果实的商品价值。

2. 发病原因　纹裂除和品种有关外，放射状纹裂主要与高温、强光、干旱等条件，特别是久旱突然遇雨或浇水有关。因久旱遇水，会使果肉与已经老化的果皮不能同步膨大而产生纹裂。同心圆状纹裂和果实侧面纹裂，多发生在果面有水滴，在高温、强光、干旱等不良因素下，果面产生的木栓层吸水后易纹裂。

3. 防治方法 ①选择不易裂果的品种。一般大型果、圆形果和木栓层厚的品种比中小型果、高圆形果及木栓层薄的品种更易裂果；②深耕土壤，多施有机肥，促进根系深扎，以缓冲土壤水分的剧烈变化；③合理灌水，避免忽干忽湿；④摘心不宜过早，摘心时应在花穗上部保留 2 片叶，打底叶不宜过狠，以防果实受强光照射；⑤温室大棚避免水滴直接滴溅到果实上。

（四）空洞果

番茄空洞果是温室栽培中，特别是秋冬春一大茬和冬春茬中比较普遍的一种生理病害。

1. 危害症状 果实外观棱状鼓起，横剖面呈多角形。果实剖开可见明显的空腔，有些果虽无棱状，但果内也有空腔。

2. 发生原因 ①受精不良。花粉形成时遇高温、低温或光照不足，致使花粉不足，不能正常受精，使果实内部发育不完全而造成空腔；②激素蘸花用药浓度过大或重复蘸花，或蘸花时花蕾较小，都易产生空洞果；③果实生长发育时，温度偏高，或氮肥施用过多。

3. 防治方法 ①正确蘸花用药。药液浓度不宜过高，避免重复蘸花；蘸花不能过早，等花瓣已伸长到喇叭状才蘸花；避免高温下蘸花；②结果期防止高温和光照不足；③采用蜜蜂授粉，保证授粉受精正常进行。

（五）畸形果

1. 危害症状 温室番茄和早春番茄易发生畸形果。如椭圆形果、大脐果、尖顶果、开窗果、指突果和翻心果（顶裂果）等。这些畸形果病症轻者降低商品等级，重者失去商品价值。

2. 发生原因 畸形果的发生源于花芽分化不正常，导致花芽分化不正常的原因是花芽分化期间低温和氮素营养过多。花芽分化期间连续遇到 5～6℃以下的低夜温，极易出现畸形花和畸形果。

夜温 8℃左右，白天温度低于 20℃时发生率也较高。因此冬季温室栽培期间或早春育苗期间温度过低，很易分化出畸形花。温室越冬栽培 3 月份出现的畸形花、畸形果，就是因为 1 个多月前花芽分化时正逢低温期所致。

3. 防治方法　①避免花芽分化期间低温，夜温要在 8℃以上，至少避免有连续多天 5℃以下的低温。②避免花芽分化期肥水过多，尤其防止氮肥过多。③发现畸形花尽早摘除，各花序的第一朵花容易产生畸形花，可在蘸花前疏掉。④采用防落素涂抹的方法处理花，用药量要适当。

（六）卷叶病

番茄卷叶分生理性卷叶和病毒性卷叶。

1. 危害原因及症状

（1）生理性卷叶原因及症状　引起生理性卷叶的原因不同，其表现症状不同。整枝、摘心过重，植株上留叶片过少时，有些品种的叶片会上卷；土壤中缺铁、锰等微量元素，叶片上卷，同时变紫、变黄；土壤中严重缺水，植株呈现干旱时，下叶卷曲，这属于为减少水分蒸发的生理适应性反应；氮肥过量、铵态氮过多时，成熟复叶上的小叶中肋隆起，小叶呈翻转的船底形；硝态氮多时，小叶片卷曲；喷用防落素浓度、时间不适时，也会使叶片蜷缩。卷叶后，叶片变厚、坚韧，对前期结果影响一般不大，但对后期产量有一定的影响。

（2）病毒性卷叶症状　番茄感染甜菜曲顶病毒后，从下部叶开始卷曲，而且卷叶多，卷叶重，病株常矮化，初期叶片向上卷，叶脉往往呈紫色，叶面呈灰色，叶片变脆而下垂，植株随之变黄；果实不正常，提早成熟；须根变褐腐烂，造成减产。

2. 防治方法　对生理性卷叶病应选地势高燥、排水良好的地块栽植，雨后及时排水；整枝打杈不能太重；施肥要适当。对病毒性卷叶病要注意用药剂防治叶蝉。生产中可采用抗毒性卷叶病的品种。

(七)异常茎

番茄异常茎多发生在植株生长繁茂的地块，而且高温时期尤多。发病多在定植后的20～30天，病部多在第三穗果着生的茎部。

1. 危害症状 病部茎节很短，严重时产生对生叶，茎较粗，茎心部分组织坏死，褐变，随后经7～14天，茎上出现纵沟。严重时中空且出现孔洞，可看穿对侧，故又称“窗缝”。异常部位所着生的花序相对较小，相比之下又显得花梗较细。因此，易造成坐果不良，即使能坐果也不发育。

2. 发生原因 直接原因是植株营养生长过旺。一般定植苗过小、氮肥过多、高温、多水、第一花序坐果或发育不良及生长势强的品种，均可能造成茎叶生长过旺。另外，当高温、干燥、多肥、多钾、多氮及土壤偏酸或偏碱，导致对硼的吸收不协调时，也会发生异常茎。

3. 防止对策 重点是防止营养生长过旺，通过各种手段使长茎叶和结果能协调发展。定植宜用适龄大苗，高肥水地宜选用生长势中庸的品种；严格控制第一穗果膨大前的施肥浇水。生长期水分不宜过大，搞好蘸花，保证第一花序不发生落花落果。缺硼时，叶面喷用200～300倍的硼砂或硼酸液。

发生异常茎时，还可改用侧枝代替主干结果，去掉主茎。

(八)日灼果

番茄日灼果又称日烧果，是果实成熟期常见的一种生理病害。

1. 危害症状 果实向阳面发生大块脱色变白的病斑，明显有别于周围健部组织。病部变干后呈白纸状，变薄，组织坏死，以致引起炭疽病菌及其他腐生菌侵染，出现黑色霉层。湿度大时又会引起细菌侵染而腐烂。

2. 发生原因 果实上面无枝叶遮挡，受强光暴晒而引起。特别是在果面有水珠时更易发生。土壤缺水、连阴骤晴、遭受蚜虫或病毒病危害、定植过稀时易发生此病。

3. 防止对策　露地夏秋密度不宜过小，应合理密植；摘顶时最上部果穗之上要留 2～3 片叶；加强肥水管理和防治病虫害；防止落叶，促使茎叶健壮生长。

八、番茄绑蔓技术

番茄绑蔓是一项经常性细致的田间作业，要求随着植株的向上伸长及时地进行。质量要求高，速度要快，松紧适度，既不能勒伤或限制茎秆的加粗生长，也不能影响果实的生长或把叶片绑在架材上。绑蔓多用稻草、塑料绳等材料，一般绑扎在每穗果实的下面，绑绳与茎蔓和架杆呈“∞”字形（图 4－2）。这样既可避免蔓与架杆摩擦或下滑，又不会把蔓绑得太紧而影响加粗生长。

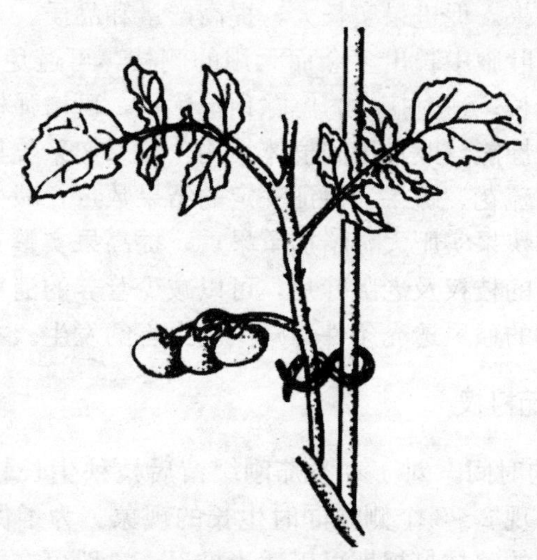

图 4－2　番茄“∞”字形绑蔓

因为架杆插在番茄植株外侧，第一次绑蔓时，茎处在架材内侧，以后再绑时，就应把蔓引向架材外侧，使叶片，特别是果穗能转向架外，均匀地展开，以便能充分接受光照，保证群体内通风，促使果实提早肥大、着色和成熟，加大植株上部行间距离，有效地利用空间。

九、番茄植株调整技术

番茄的植株调整包括打杈、打顶、整枝、打老叶、疏花、疏果等。由于番茄具有较强的分枝能力，主干上每片叶的叶腋处均可发生侧枝，发出的侧枝的叶腋处又能再发二级侧枝。如果放任不理，在条件允许的情况下，可以无限生长，形成一个枝秧丛生、杂乱无章的株体，不仅消耗大量养分，造成结果少、成熟晚、品质下降、产量很低，还会使枝条相互遮蔽、通风透光差、病虫严重。因此，在栽培上必须对番茄植株进行整理，保证有一定的结果枝条和花、果数量，多余部分及时除去，使养分能及时大量供给植株旺盛生长和正常开花结果，促进果实长大，提高产量和品质。

通过除去叶腋中长出多余而无用的侧枝，可避免养分的消耗，保证主干的生长；适时摘心，解除顶端优势，可增强植株中位和下位叶片的光合性能，改良田间群体结构，使果实采收集中，适时结束生长；适度疏花、疏果，保证一定的结果数量，减少果实间的养分竞争，可加快果实肥大，增加单果重，提高果实整齐度和改善品质；去掉多余的枝杈及老龄叶片，可以减少营养的消耗，并可改善番茄植株下部的通风透光条件，减少病虫害的发生。

（一）番茄打杈

1. 打杈的时间　对于春番茄刚缓苗后枝秧生长较慢，除主干外，往往会出现2～3个侧枝同时生长的现象。为了促进根系生长和发棵，最初的整枝打杈期可以适当推迟，一般可在杈枝长到3厘米以上时进行。但也不能使杈枝过长过大，导致几股杈同时生长。一旦打杈后植株受伤太大，对根系生长不利。在植株长旺以后，杈枝应在1～2厘米长时及时打去，不能使之长得过长。

2. 打杈的方法　为了避免传染病毒病，打杈要采用“推杈”和“抹杈”法。要从下向上用手指在不接触株茎情况下把杈抹掉，不要用手指掐和刀剪。因为接触过带病植株的刀剪、手指造成的伤口，可把多种病毒和病菌再次传播，引起多种病害。接触 1 个病株，可传给 20 多株。打杈时要先打健壮株，遇到病株，特别是病毒病株，不要接触，待健株操作结束后，再操作病株或彻底拔除。

生产中的整枝打杈往往与绑蔓相结合，为防止传病，在一块田操作完转入另一块或更换另一品种时，要用肥皂水或 20%磷酸三钠洗手消毒。衣服也要经常换洗，并以穿紧身衣裤为好，以防止摩擦传毒。晴天打杈伤口愈合快，要尽量避免在雨天或露水未干时打杈，以免引起伤口腐烂，传染病害。

番茄植株地上部与地下部根系具有相关生长的特点，为了防止最初打杈过重影响根系生长，除采取适当推迟打杈时间外，还可在侧枝上留叶弥补，即在第一花穗上面的 2 个侧枝不完全抹掉，而是留 2 片叶打尖。这样可以多保留 4 片叶子，以弥补地上部因打杈、受伤过大引起的地下部根系生长减弱现象。据试验，留叶的可比不留的增加坐果 15%～20%，提高产量 10%～15%。

（二）番茄整枝

整枝就是对番茄枝条的整理。不同品种、不同栽培方式，采用不同的整枝方式。其整枝方式主要有以下几种。

1. 单干整枝法 在整个生长期中始终只保留主干不断向上生长，侧枝在萌发出来后及时打掉（图 4－3）。单干整枝法枝叶较少，适于密植。对于长势弱、生育期短或进行提早成熟栽培的情况比较适宜。如采用早熟自封顶品种、高密度早春小拱棚栽培、露地秋番茄栽培等。这种方法的缺点是，为了保证单位面积上有一定的结果穗数和产量，就必须实行密植，从而增加了育苗数量和田间定植的作业量。另外，单干整枝根系发育较差，对于叶片较稀疏的品种容易引起果实的灼伤。但近年来由于育苗技术的改进，对大多数晚熟品种也推行单干整枝，以提高前期产量和总产量。

2. 双干整枝法 双干整枝的植株，除了原有的主干外，又选留 1 个侧枝作为主干，将其他侧枝全部除去。这个侧枝一般都是选

留在第一花序下的侧枝（图 4－3）。该侧枝顶端优势明显，伸长能

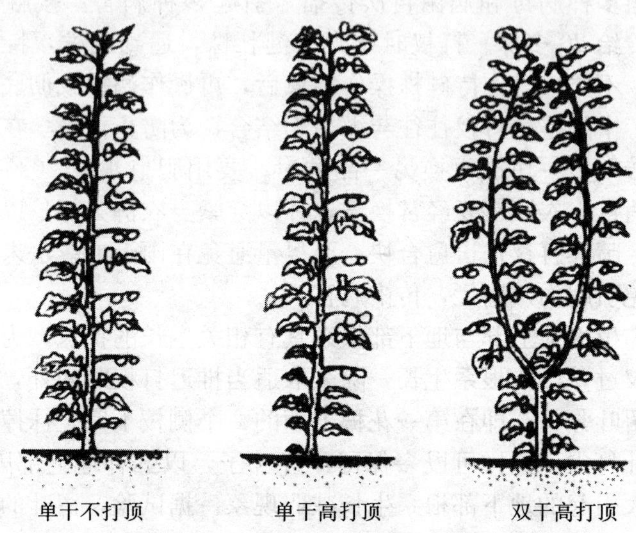

图 4－3　单干整枝和双干整枝

力强，比较健壮，很快可以和原来的主茎平行地生长、结果。双干整枝适宜于生长势强的中晚熟品种，定植时要相应地降低密度，对于潮湿多雨、劳动力较少的地区较为适宜。另外，双干整枝因定植密度小，可以节省育苗和定植所需设备和劳力。

3. 辅助单干整枝法（一干半整枝法）　这种整枝方式兼有以上两种整枝方式的优点，生产上采用较多。近年北方的大棚、温室春季栽培和秋延后栽培以及露地春早熟番茄均采用此法。具体做法是：除保留主干生长外，再保留第一花穗下面的一个侧枝，待结1～2穗果后，截去顶端。采用这种方法既可增强根系发育，又可获得较高的前期产量，还能保证有较长的上市供应期和较高的总产量。因为第一穗花下的侧枝上结第一穗果的时间早于主干上第三穗果（图 4－4、图 4－5）。

4. 分枝促控，留叶等果整枝法　对中晚熟番茄品种第三花序第一花开放时，在其上留 2 片叶摘心，同时保留第二和第三花序下 2 个侧枝，其余侧枝都去掉。按此处理后番茄进入开花结果期，同

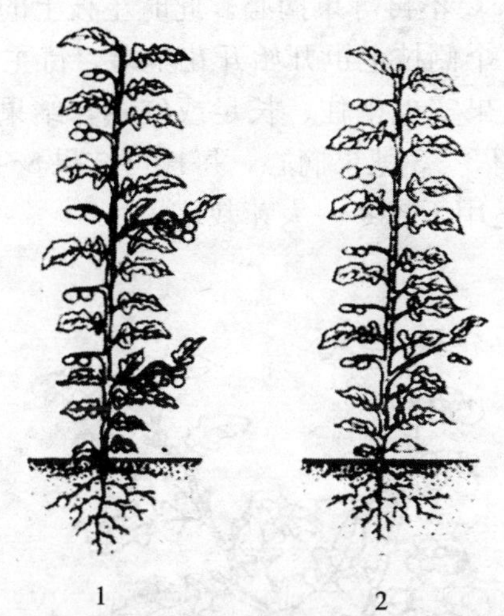

图 4-4　晚熟品种辅助单干整枝法

1. 留 2 个侧枝 2 穗果　2. 留 1 个侧枝 1 穗果

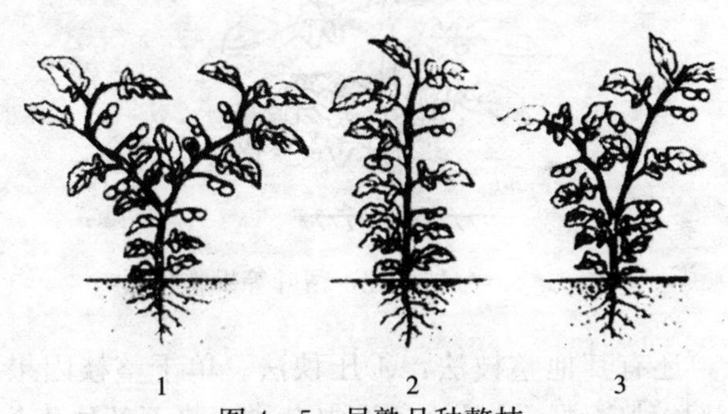

图 4-5　早熟品种整枝

1. 双干疏果整枝　2. 单干留叶整枝　3. 一干半整枝

时留下的 2 个侧枝也开始生长。为防止侧枝上再开花结果与主枝的 3 穗果争夺养分，影响主枝果实生长，在主枝 3 穗果实没有坐住时，2 个侧枝各留 1 片叶摘心，摘心后叶片下又抽出 3 次枝，如主枝上果枝还未坐住长足，再留 1 片叶摘心，摘心后又抽出 4 次枝。

一般如此反复摘心 2～3 次，待主枝上 3 穗果都坐住长大，可放开 2 个侧枝生长，不再等果摘心。此时主枝上的果实开始红熟采收，逐渐减少，2 个侧枝上也开始开花坐果。待主枝上果实将要收完后，2 个侧枝上果实也坐住、长足或红熟，结果重心上移，2 个侧枝也根据情况留 2～3 穗果摘心，每株可结果 8～9 穗（图 4－6）。这种整枝方法多适用于越冬一大茬栽培。

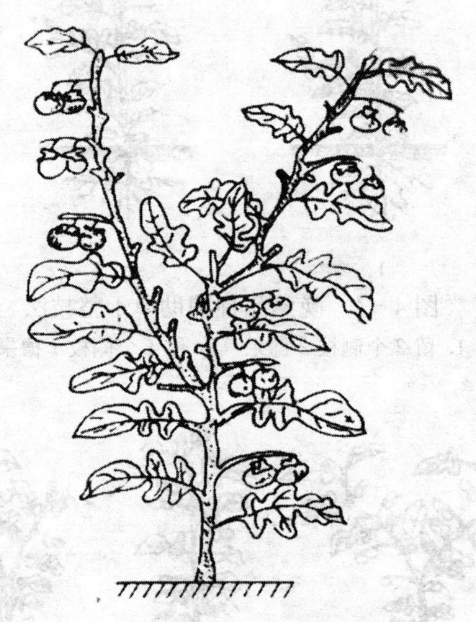

图 4－6　分枝促控，留叶等果整枝法

另外，还有其他整枝法：①压秧法。单干整枝因果实陆续采收后，下部枝秧空缺，叶片也逐渐老黄，可将下部秧蔓落架后盘埋入土中。这样一方面可将秧蔓缩短、落架，另一方面埋入土中的秧蔓可长出不定根，增大根系吸收面积，达到增产目的。②落秧法。即下部枝秧空缺的植株盘旋根部，或落架缩短秧蔓，这样利于植株恢复生长。

（三）摘心

对于无限生长类型的番茄，根据栽培目的，番茄果枝上的果穗长到一定数目时，在最上果穗前 2 片真叶处打顶称为摘心。摘心后生长点停止分化生长，能将叶片制造的养分集中运送到果实，使果实生长加速，品质提高，成熟期提前。摘心后在果穗上面留的 2 片叶叫保护叶，也叫营养叶，能使顶部果穗免受太阳暴晒，防止日灼病，还能供应果实营养，促进果实生长。

具体留几穗果摘心，应根据栽培目的而定。由于番茄从开花到成熟冬春季节需 50～60 天，夏秋季需 40 天以上，所以，一般在预定拔秧期前 40 天左右摘心。摘心时最上一花穗要基本长成。若摘心过早，花穗小，花穗前叶片幼小，不易操作；若摘心过晚，花穗过大，甚至已经开花，要摘去的部分过多，株体损伤过大。

（四）疏花、疏果、疏叶

为了获得高产优质和整齐一致的果实，要采取疏花、疏果的措施。特别是对于早熟栽培、保护地促成栽培以及杂交制种，必须进行疏花、疏果。

番茄每个花序上花果数目很多，小果型品种可达十几朵到几十朵，条件适宜、管理得当时，则坐果很多。如果让坐住的果都长成，则大小不均，并且果实都小，单果重降低，小果率增加，畸形果增多，势必影响番茄的质量及经济效益。所以，要在果实刚刚坐住时进行疏果。一般大果型品种每穗留果 2～3 个，中果型品种每穗留果 3～5 个，小果型品种每穗留果 8～10 个。对于樱桃番茄、醋栗番茄等半野生种，由于果实特别小，一般不进行疏果。

疏花的措施在露地生产中一般不采用，因为栽培环境多变，疏花后一旦所留的花朵脱落，就会影响坐果数量。而在保护栽培中由于环境条件稳定，并且一般采用激素处理，坐果条件比较稳定，所以常在出现大蕾时将花穗前部的小蕾疏去数个，所留花蕾数为应留果数的 2 倍左右。而对于一些大果型的像毛粉 802、历红 2 号、满丝等晚熟品种，早春栽培第一花穗的前几朵花由于低温原因，往往导致畸形，萼片和花瓣增多，花柱加粗、宽扁，子房畸形，容易发育成大脐果或畸形果，有的花穗还会出现花前枝，所以要及时把这样的花朵和花前枝摘去。

在番茄生长的中后期，下部叶片出现干枯黄化，失去光合能力，影响通风透光，应及时将下部黄叶、病叶、个别内膛密生叶打去。田间疏叶必须合理，主要打去失去功能的叶片，而在生产中常常看到有些田块在下部果实尚未采收时就打去基部叶片（老叶和绿叶），露出一层白白的果实。这样不仅易使这些果实失去叶片遮挡发生日烧病，影响果实正常着色成熟，而且还因果实周围失去制造养分供其生长的叶片而降低品质和产量。摘叶与否的标准是，只要叶片大部呈绿色，能进行光合作用，又不过度密蔽就不要摘去。

十、防止番茄落花落果技术

（一）落花、落果的原因

番茄落花、落果是开花结果过程中各种因素综合影响的结果。表现为无蕾花穗（即花蕾全部脱落）、落花、落果、不果花（虽然没有落蕾，但花朵萎缩，不形成果实）、僵果等。落花大多数是在开花后 2～7 天脱落。而落果的情况很少，少量的落果往往在刚谢花后果实很小时发生。但近年日光温室生产中，遇到低温寡照天气时，也会导致大量半成果脱落。

一般番茄落花、落果都在离层处脱离。过去认为离层是导致落花、落果的原因，但番茄果实在充分长大以后，很难在离层处脱落。这说明离层与落花、落果没有直接关系。后来有人用植物生长素作对照，在番茄开花时将花朵从花梗基部剪去，24 小时以后，几乎花梗都从离层处脱落。但剪掉花后在切口处沾上植物生长刺激素，则和未剪去花朵一样，花梗保持不落。这说明落花与花朵中离层处的生长刺激素有很大关系。而植物花部生长刺激素与花朵的形成、开放、授粉、受精关系很大，授粉、受精过程与形成生长激素同时并进才不产生落花。通过花、果、种子的发育，产生了充足的植物生长刺激素，保证了离层不形成断带，才能正常开花结果。可以说，落花、落果与否主要与花果处的植物生长激素量的多少有关。只要是影响其激素形成的因素，均能影响落花、落果。

（二）落花落果的环境条件

1. 温度过高或过低　番茄开花的适宜温度是25～28℃，一般在15～33℃范围内均能正常开花结果，较少发生落花现象。在冬春保护栽培或早春生产中，经常遇到低温寒流侵袭，很多时间处于15℃以下，甚至长时间处在10℃以下。在这种情况下生长的植株，往往花粉不能形成，造成大量无粉花朵，或花粉发育不良，也就不能正常授粉受精，花体内生长激素水平低，导致落花。

高温条件更易引起落花，连续昼夜高温还易使花蕾整个脱落，形成无蕾花序。即使短时35℃以上的高温，也能造成大量花粉死亡而引起严重落花现象。

2. 空气过干或过湿　空气干燥，特别是在高温条件下（30℃以上），当相对湿度低于10%以下时，柱头和花粉就会很快干缩，花粉不能在柱头上萌发生长，造成大量落花。一般空气相对湿度低于20%都易引起落花。反之，若空气过于潮湿，特别是连阴天气或保护设施内浇水后未及时排湿，也会导致大量落花。因为湿度过大，花粉吸水膨胀，不易从花药中散出而影响授粉。

3. 土壤干燥　番茄喜湿润土壤，若土壤过于干燥，特别是由湿润到干燥，造成植株失水过多，生长不良，花粉失水不稳，导致落花落果。

4. 光照较弱　若番茄长期处在弱光条件下，或从光照良好条件突然变成长期弱光条件，会导致植株营养状况恶化，花穗本身发育不良，或花不能正常形成，就直接或间接引起落花。有人试验：在正常光照条件下，平均落花率为15.2%；光照减弱50%，落花率达62.9%，光照减少到15%，91%的花朵脱落。所以，在保护设施内栽培由于光照弱，所以除设法增加光照外，还必须采取保花保果措施。

5. 营养不良　苗期营养不良，特别是苗床夜温过高或过低，日照短、光强差、床土不肥、磷肥缺乏、床面干燥、病虫危害等，影响了花芽的分化和正常发育，导致花器发育不良，不能正常授粉而落花。在生长期间营养供应不足，会因秧果间、果果间、根秧间养分的争夺造成生长失调，引起后期花朵发育不全，授粉不良。或虽已授粉，由于养分缺乏，种子、果实不能正常生长而导致落花、落果。

6. 植株徒长 由于夜间温度较高、氮素化肥过多等原因，使植株叶片过大、节间较长、植株徒长，养分不能及时向花果转移，也易造成落花、落果。

除以上情况外，定植苗龄过大、伤根过多、整枝不及时等，也会造成落花、落果。

（三）防止番茄落花、落果的措施

根据造成番茄落花、落果的原因，可通过合理的栽培管理措施控制落花、落果。在不良气候条件下，通过栽培措施不易控制时，可用植物生长调节剂处理来防止落花、落果。过去在番茄上常用2，4－D和番茄灵来防止落花、落果，但无公害蔬菜生产已限制2，4－D的使用，番茄灵还没有限制。

番茄灵又叫防落素，化学名称为对氯苯氧乙酸，纯品为白色针状粉末结晶，无臭无味，不溶于水。一般使用浓度为30～40毫克/千克，春季浓度较高，夏季浓度可低些。番茄灵不溶于水，溶于酒精，但其钠盐（对氯苯氧乙酸钠）易溶于水，且配制后性能稳定，保花保果效果好。在使用时先配成1%（10 000毫克/千克）或0.1%（1 000毫克/千克）的原液，装瓶密封放在阴凉处备用。配制时先取1克纯品，加入100克或1 000克95%的酒精（也可用高度白酒代替）中溶化，全部溶化后就配成了原液，使用时加水稀释到所需浓度即可。番茄灵的使用方法有以下几种。

1. 蘸花法 在某个花序有2～3朵小花开放时，可用一手拿装有一定浓度药液的杯子，另一手将此花穗压入药杯中，使药液浸没到开花花穗的花梗。此法防止落花落果效果很好。缺点是尚未开花的植株处理后易出现生长不良，且药液用量较大。

2. 涂抹法　用毛笔蘸取药液，涂抹在盛开花朵的花梗离层部和柱头部位，开一朵涂一朵。优点是无药害；缺点是费工多，每个花穗需分几次涂抹。

3. 喷雾法　在每穗花开 2～3 朵以上时，用手持小喷雾器对准花穗进行喷雾，使花朵布满雾滴而又不滴下为宜，并注意不要喷到叶片或嫩梢上。此法省工效率高。

（四）使用植物生长调节剂应注意的问题

（1）配制或稀释药液时不要用铁锅、铁盆等金属容器，以免发生化学反应。最好使用搪瓷盆、玻璃器皿等。

（2）药液配制好以后，要装入带瓶塞的大瓶内，不能敞口存放，否则由于水分蒸发，浓度加大，产生药害。

（3）使用时以花朵半开到全开时效果最佳，涂早了效果差，还易产生空洞果。有人试验；花未开时处理坐果率为 44.6％，半开到全开时为 100％，而谢花后处理为 57.1％。

（4）处理后易形成无籽果实，对于采种田不要使用。

（5）为防止重复处理，可在配好的药液中加入红色广告色或黑墨水，以便识别。

（6）刚下过雨一般不进行处理，而处理后遇雨会降低药效，要进行重复处理。

（7）要严格掌握使用浓度，以免发生药害。

十一、茄子密植双干整枝栽培技术

茄子常规栽培方法一般不整枝或很少整枝，而采用双干整枝法可以明显提高早期产量和总产量。其整枝方法如下：

门茄坐果后，只保留两个一级侧枝，其余侧枝全部抹掉。对茄结果后，抹掉对茄以下的二级侧枝，只保留两个二级侧枝向上生长。两个二级侧枝结果后，再去掉果实下面的三级侧枝，只保留两个三级侧枝向上生长。三级侧枝结果后，只保留两个四级侧枝向上生长。如此整枝，全株始终是保持两个侧枝开花结果，一棵秧至少可结 7～9 个茄子，甚至 11 个以上。

这种整枝方法每棵秧结果枝条数比传统方法的少，植株开张度也明显变小，因此适合密植。由于单位面积的株数增加，所以门茄、对茄数增加，早期产量显著提高。虽然三、四、五层果的数量减少，但坐果率高，果个大，商品率高，总产量也高。这就大大提高了经济效益。该措施更适宜日光温室栽培。

十二、茄子嫁接栽培技术

（一）嫁接的意义

随着温室、塑料大棚等保护地茄子栽培面积的逐年扩大，茄子连作栽培问题也越来越突出。黄萎病、枯萎病等土传病害的发病率达 30%～50%，个别地区日光温室茄子黄萎病发病率高达 88%，已成为制约保护地茄子生产发展的主要障碍。现有的抗病品种由于经济性状不突出，不宜直接选用，药剂防治效果不明显，且污染产品；传统的防病方法是 4～5 年以上的轮作或换土栽培，均不适合大面积生产。用嫁接方法栽培茄子较好地解决了茄子重茬和土传病害危害严重的难题。

采用抗病性强的野生茄子作砧木进行嫁接栽培，植株的抗病能力明显增强，生产中很少使用农药，直接减少了农药对茄子果实的污染，有利于无公害蔬菜的生产。

茄子嫁接后，由于野生茄子根系发达，可吸收充足的水分、养分，而且耐低温能力也增强，对不良环境条件的适应性大大增加。植株生长旺盛，坐果率高，采收期延长，产量高，品质好，经济效益明显高于普通栽培。

（二）砧木和接穗的选择

1. 砧木选择的依据 砧木的好坏直接关系到嫁接栽培的效果。砧木的选择要符合以下标准。

（1）亲和力强　亲和力是指砧木和接穗经过嫁接后能愈合生育的能力。亲和力是嫁接成活的最基本条件。在嫁接栽培中，选择亲和力强的砧木是至关重要的。亲和力强的砧木种类表现为嫁接成活率高。不要选用未经试验筛选的砧木品种。

（2）抗病　茄子嫁接砧木首先应选择抗茄子黄萎病的种类，其次兼抗枯萎病、青枯病和根结线虫病。

（3）品质　要选用嫁接后不降低茄子品质的砧木。

（4）抗逆性　冬季和早春嫁接栽培应选择耐低温的砧木品种，夏季栽培应选择耐高温、高湿的砧木品种。生产上要根据栽培季节和栽培方式来选择合适的砧木。

（5）生长势和产量　在茄子嫁接栽培中选择生长势强的砧木是非常重要的。生长势强，表现为茎秆粗壮，根系发达，植株高大，这样才能达到茄子嫁接栽培防病、抗逆和增产的目的。

2. 主要的优良砧木

（1）托鲁巴姆　抗病力很强，能同时抗茄子黄萎病、枯萎病、青枯病和根结线虫病，达到高抗或免疫程度，嫁接后极少发生黄萎病。根系发达，植株高大，茎粗壮，长势强，茎叶上有少量硬刺。果实呈圆球形，直径1～1.5厘米。果实内含种子量较多，种子颜色黑褐色，种子小，千粒重1克左右。种子有很强的休眠特性，一般在采收后几个月发芽率还很低。种子发芽比赤茄慢。幼苗出土后，初期生长缓慢，3～4片叶后生长加快。嫁接后植株茎秆粗壮，发病率很低，坐果率高，商品率高，不影响果实品质。

（2）赤茄　又名红茄、平茄。主要抗枯萎病，抗黄萎病能力中等。根系发达，长达1.5～2米。植株高大，开张度0.8～1米。茎粗壮，节间较短。茎和叶上有刺。果实呈算盘珠状，直径2～2.5厘米，成熟果紫红色。果实中含种子量较多，种子易发芽。幼苗生长速度比接穗（栽培品种）稍慢。嫁接亲和力高，嫁接后植株发病率较低，耐低温和耐湿性增强。坐果率和商品率均显著高于自根苗（常规苗、非嫁接苗），且不影响果实品质。

（3）CRP　又叫刺茄。抗病性强，同时抗黄萎病、枯萎病、青枯病和根结线虫病。植株长势强，根系发达，耐湿性比托鲁巴姆强。茎稍细，茎上刺较多，节间较长。果小，成熟时黄色。种皮黄褐色，种子休眠性较强，比托鲁巴姆易发芽，幼苗生长比接穗慢。嫁接成活率高，果实品质好，产量高。

3. 接穗的选择 应根据栽培季节、种植方式、生产目的、当地消费习惯、产量、品质和砧木种类等来选择优良接穗品种。目前保护地常用的栽培品种与上述几种砧木的嫁接亲和力都比较高，栽培效果也比较好。常用的品种有：六叶茄、七叶茄、二茛茄、丰研2号、茄杂1号、西安绿茄和新乡糙青茄等。引进新品种及大面积嫁接前最好反复试验，以确定最佳的接穗品种。

（三）砧木和接穗苗的培育

1. 砧木苗的培育 砧木苗培育所需的苗床、营养土、育苗盘、育苗钵以及播种方法与栽培品种大致相同。但由于砧木多为野生种类，播种时间、浸种方法和苗期管理又有所区别。

托鲁巴姆种子发芽、出苗和幼苗生长均较慢，一般要比接穗品种早播25～30天。播种前用20～30℃清水浸泡2～3天，在28～30℃下催芽。播种后至出苗前保持地温20℃以上。出苗后不能蹲苗。小苗1～2片真叶时分苗。分苗后保持地温18～20℃，气温比栽培品种高2～3℃，但不能干旱，以促苗生长。幼苗5～6片真叶时嫁接。

赤茄种子发芽率和出苗率均较高，一般比接穗早播5～7天。播前用20～30℃清水浸种24小时，捞出后在25～30℃下催芽。出苗期间保持土温20℃以上。出苗后防徒长，不徒长不要蹲苗。2～3片真叶前苗床温度要比栽培品种高1～2℃，以后温度管理与栽培品种相同。保持苗床土一定湿度。1～2片真叶时分苗，当幼苗具5～6片真叶时进行嫁接。

CRP种子发芽和幼苗出土稍慢，幼苗2～3片真叶前生长缓慢，茎较细。因此，一般比接穗早播20～30天。播前浸种催芽与赤茄相似。出苗前保持20℃以上地温，出苗后至分苗前白天气温保持在25～28℃，夜间15～17℃，土温18～20℃。1～2片真叶时分苗，分苗后温度管理同栽培品种。幼苗5～6片真叶时嫁接。

2. 接穗苗的培育 接穗苗的育苗方法与一般茄子栽培的育苗方法相同。因栽培品种比砧木长得快，一般比砧木晚播。嫁接时，接穗的叶龄（真叶数）一般与砧木相同。

嫁接前5～7天，要对接穗苗和砧木苗进行蹲苗促壮，以提高嫁接成活率。主要通过控水，使接穗苗中午前后约呈萎蔫状态，但砧木苗的萎蔫程度比接穗轻。嫁接前4～5天要浇足水，只要床土不过干，嫁接时不再浇水。经过这样锻炼的幼苗较耐旱，嫁接时萎蔫轻，成活率高，不徒长。

（四）嫁接方法

茄子的嫁接方法较多，但嫁接效率和效果差异较大。其共同要求是：嫁接用具必须清洁卫生，严格消毒；嫁接刀具要求锋利，嫁接切口应一刀成形。嫁接后浇水时，不可把水溅到嫁接口上，否则易引起病菌感染。

1. 劈接法 劈接法是在茄子嫁接中应用较普遍的一种方法。这种方法成活率较高，可达95%以上。而且嫁接效率高，熟练手1人1天能接1 000～1 200株。在砧木和接穗的真叶都长到5～6片叶时，最适宜嫁接。在5～6片叶以下时嫁接，小苗成活率低。嫁接时，砧木基部留1～2片真叶，用刀片切断茎部，从切口茎中央向下直劈一个深1～1.5厘米的切口。接穗从苗顶部向下数，留2～3片真叶，用刀片断茎，去掉下端，将切断的接穗茎基部削成楔形，楔形斜面长约1厘米。把接穗插入砧木的切口，使其吻合。注意对齐接穗和砧木的表皮（至少有一侧对齐），并用嫁接夹子固定接口（图4-7）。如没有嫁接夹，可用塑料条固定接口。

2. 靠接法 当砧木与接穗都具有3～4片真叶时进行嫁接。其方法是先把砧木的生长点去掉，用刀片在子叶下0.8～1厘米处向下斜切一刀，角度为35°～40°，深度为茎粗的一半。然后在接穗子叶下1厘米处向上斜切一刀，角度为30°左右，深度为茎粗的1/3～1/2。河北和甘肃等地将砧木切口选在第二片和第三片叶之间，将叶片从基部去掉，切口由上到下，角度30°～40°，接穗带根取出，保湿，用刀片在3～4片真叶处，将叶从基部削去，然后从该处茎上以30°～40°倾斜度向上削成长约1厘米的切口。当砧木、接穗切削好后，一手持接穗，一手拿砧木，把接穗和砧木接口互相插上，用嫁接夹固定。要一次插好插牢，否则易造成错位而影响成活率。用嫁接夹固定时，应将其内口放于接穗苗一侧，并使嫁接夹下沿与接合口下位取平，以利于愈合（图4－8）。

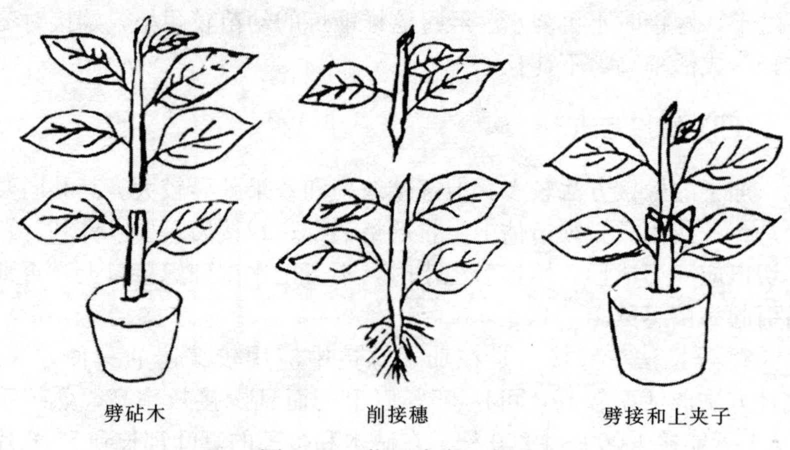

图4－7　茄子劈接示意图

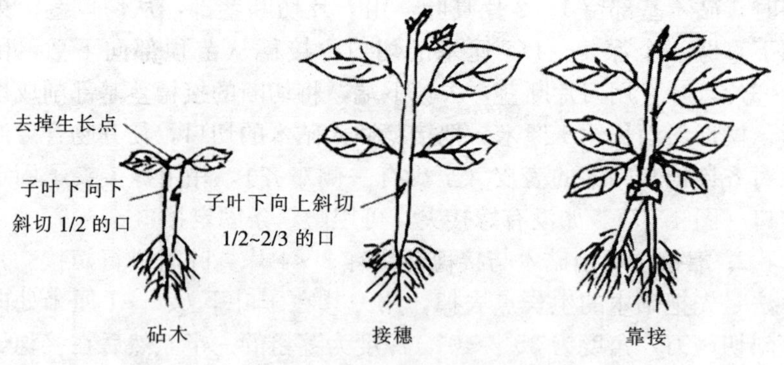

图4－8　茄子靠接示意图

嫁接10天后把接穗苗断根，发现砧木长出叶子要及时除掉。靠接易成活，方法容易掌握。但由于大多数茄子砧木茎叶带刺，其嫁接时比较费工，工作效率低，一般1人1天只能接400～500株。

3. 插接法　在砧木苗5～6片真叶、接穗2～3片真叶时进行嫁接。嫁接时，砧木留下1～3片真叶，用刀片横切去掉上部，用竹签稍倾斜向下扎一深约1厘米的孔。在接穗苗子叶下面把茎削成长6～8毫米的楔状切口，把接穗切口朝下插入砧木的小孔中（图4－9）。竹签应比接穗茎略粗（可用普通牙签制成，将一端削成长约1.5厘米的长圆锥状），并要多准备几个粗细不同的竹签。插接法成活率比劈接法和靠接法低，但插接对幼嫩苗适用，嫁接后不需要用夹子固定，作业效率高，适于大批量育苗。

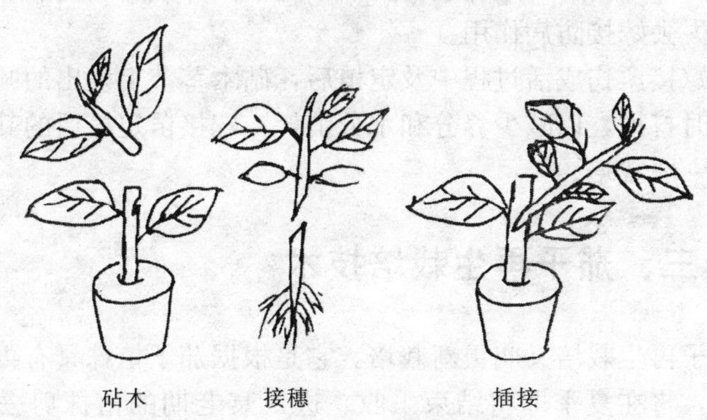

图4－9　茄子插接示意图

（五）嫁接后的管理

嫁接后成活率的高低，既取决于嫁接操作技术是否正确，也取决于嫁接后的苗床管理是否恰当。

嫁接后把苗钵摆放在温室内的苗床上，浇足水。浇水要小，不要把水溅到切口上，以防病菌侵染。盖上塑料小拱棚，拱棚上覆盖遮阳网、草帘或牛皮纸等，以保温、保湿、遮阴。嫁接后遮阴3～4

天，苗床温度白天保持在25～30℃，夜间20℃左右，相对湿度保持在90%～95%，在这样温暖湿润的条件下愈伤快。通过调节覆盖物和浇水，保证苗床的温、湿度。3～4天后逐日延长光照时间，但不要马上给予强光，可逐渐由弱光到强光。嫁接后5～6天，嫁接苗基本愈合，可逐渐揭除遮阴物。在以后的5～6天里，嫁接苗继续愈合，白天苗床气温保持在25℃以上，夜间最低气温保持在18℃以上，空气湿度85%以上。到嫁接后第十天左右，伤口已全部愈合，即嫁接苗已成活，此时可去掉嫁接夹。

采用靠接法嫁接的要用剪刀将接穗切口下部根茎剪去。此后转入正常管理，逐渐加大通风量，进行炼苗。

嫁接后30～40天、接穗长到5～6片叶时即可定植。定植时接口处要高于地面，以避免接穗长出不定根及嫁接切口受病菌的再次侵染，失去嫁接防病作用。

在嫁接愈伤成活过程中及定植后，砧木茎节上发出的叶子和侧枝应及时打掉，以减少养分和水分消耗。嫁接苗定植后的其他管理措施同一般栽培。

十三、茄子再生栽培技术

茄子再生栽培又叫更新栽培。它是根据茄子植株具有再生能力的特性，将在夏季即将结束采收、进入衰老期的植株剪去上部枝条，促其萌发新枝并开花结果的一种栽培新技术，这是普通越夏恋秋长季节栽培技术的创新。再生栽培技术的优点：一是节省了育苗和嫁接所耗费的大量人工和费用。二是具有明显的更新复壮作用。更新后的茄子根系发达，植株长势强，坐果性好，产量高。三是经济效益好。通过加强管理，再生茄子可以出现第二个产量高峰期，果实鲜嫩，且是在淡季上市，既丰富了“菜篮子”，又增加了种植者的经济收入。四是解决了夏季高温多雨季节育苗的困难，减少了病害的发生。再生茄子栽培技术适用范围广，日光温室、塑料大棚、塑料中棚、早春地膜覆盖、早春露地栽培茄子在采收后期植株老化的情况下都可以应用该技术；嫁接和非嫁接栽培的茄子均可以进行再生栽培，但以嫁接茄子再生栽培效果更好。因嫁接茄子黄萎病等病害轻，植株健壮、整齐，保秧率高，剪截后发枝快，着果率高，果实生长快，商品性好，及对低温适应性较强，产量较高。茄子再生栽培的具体技术如下。

（一）品种选择

前茬茄子应选择早熟、侧枝萌发能力强和丰产性好的品种，如杭茄 1 号、杭茄 2 号、株茄 1 号、辽茄 1 号及新乡糙青茄等。

（二）植株选择

在上茬茄子采收后期，选植株生长状况良好、长势均匀、缺株少、无严重病虫害的日光温室、大棚或露地田块进行再生处理。因受红蜘蛛等虫害造成大面积落叶的温室、大棚或地块不宜进行再生栽培。

（三）植株剪截

一般在 7 月上旬至下旬进行植株剪截。各地剪截方法有所不同。常用的有以下两种：一种是四母斗茄子采收完后，在对茄以下 2 个一级分枝的上部，用修枝剪（或镰刀）把一级分枝剪断，留下“Y”形老干；另一种是从茄秧茎秆离地面 10～15 厘米处修剪，只留下主干（图 4－10）。但“Y”形剪截比在主干基部剪截发枝多、发枝快，第一层果也较多。剪截时尽量保护地膜，以有利于秋季保温、保湿。剪割时要保持切面为斜面，注意不要在阴天及连雨天进行，最好在晴天上午剪割植株。把剪下的枝条全部带出温室、大棚或园地集中处理，同时清除杂草及枯枝残叶，以减少病虫害的发生。剪割完后可用 0.1％的高锰酸钾溶液涂抹伤口，或用农用链霉素 1 克、80 万单位青霉素 1 克和 75％的百菌清可湿性粉剂 30 克，加水调成糊状，涂于剪口进行消毒，防止病菌侵入。

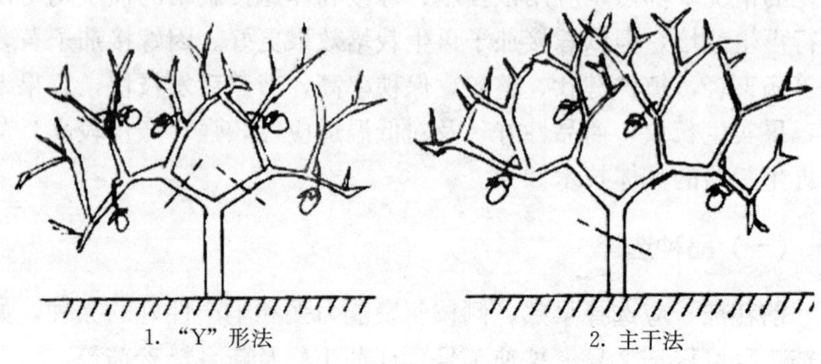

图 4-10　茄子再生剪枝示意图

（四）剪截后的管理

1. 肥水管理　剪截后正值雨季，要注意防雨排涝，防止棚室进水，以免造成涝害。前茬茄子经过几个月的生长，消耗了土壤中大量的养分，因此，施足剪枝肥是获得再生栽培高产的关键。剪枝后，为了加速发出健壮新枝，要及时追肥灌水。因为茄子的根系扎得较深，表面施肥效果不佳，因此，要在剪枝后于行间开沟，埋入肥料。也可在根附近扎眼追肥或用追肥枪追肥，然后灌透水。每 667 米^2 随水追施腐熟人粪 3 000～4 000 千克，或追施氮磷钾复合肥 30 千克、饼肥 50 千克，或尿素 10～15 千克。新株现蕾时，施足肥料，每 667 米^2 可埯施氮磷钾三元复合肥 15～20 千克或经发酵的饼肥 80～100 千克，施后灌水，促进新株生长。开花着果期间不灌水、不追肥，尽量蹲苗。新枝大部分坐果（瞪眼）时，追施尿素 10 千克、钾肥 10 千克，施后及时浇水。茄子开始采收时，每 667 米^2 随灌水施入尿素 15 千克或大粪稀 1 000 千克，促秧、促果生长。以后随外界和棚室内温度的下降，植株和果实生长渐慢，应减少浇水量和浇水次数。也可采用膜下滴灌或暗灌降低棚室内湿度。

2. 温光管理　随着外界气温的下降，昼夜温差逐渐增大，茄子生长变慢，保护地栽培的应在 9 月中旬及时扣棚膜防寒、保温，防止植株冻害，保证果实的正常生长，提高后期产量。扣棚膜后的温光管理及通风等措施参照大棚茄子秋延后栽培技术及日光温室秋冬茬茄子栽培技术。

3. 植株调整　剪枝后约1周，即有幼芽萌发，并形成再生茄的新芽、嫩梢。此时要进行整枝，这是再生栽培成功的关键环节之一。新枝伸长10厘米左右时，选择2～4个健壮、长势好的作为新枝结果，其余的侧枝和腋芽要全部打掉。嫁接茄子还要及时除掉砧木老干基部的萌蘖（茎叶上有刺）。以后的整枝摘叶工作按常规操作进行。

4. 保花保果　为提高坐果率，扣棚膜之后用生长调节剂处理花朵，防止落花。生产上可用20～30毫克/千克防落素喷花保果。

5. 病虫害防治　前期温度高，易发生蚜虫、红蜘蛛、棉铃虫等虫害；扣棚膜后，室内低温多湿，易引起褐纹病、灰霉病及白粉病等病害。要加强田间管理，及时喷药防治病虫害的发生。

6. 适时采收　再生茄修剪后，一般8月下旬至9月上旬即可采收上市。采收宜勤，2～3天采收1次。塑料大棚再生茄在秋季严霜来临前，棚内最低气温为5℃左右时，应采收完毕，并及时上市。日光温室再生茄子一直可采收到翌年1月下旬至2月上旬。

十四、大棚茄子越夏恋秋栽培关键技术

大棚茄子栽培，一般情况下以春夏两季上市为主，作为“恋秋”生产的为数不多。由于夏末秋初的雨季烂果和病害严重。另外，进入秋季植株相应老化，产量不高。因此，一般管理就失去“恋秋”补淡的生产意义。计划“恋秋”生产的茄子，在夏季要适当保护，特别是进入雨季高温时，在防病治病、植株更新、清除田园杂草、追肥浇水等方面，更需要严密细致地科学管理。具体技术是：①计划“恋秋”生产的茄子，进入夏季以后，根据茄子植株生长形势，逐步更新老化枝条，使植株保持较旺盛的生长能力。②抓

好追肥浇水工作，追施能为茄子提供多元素营养的饼肥，每667米^2 100千克，或三元素复合肥40千克，以满足秋季茄子生长的需要。③及时去掉植株上的老叶、病叶，提前防治茄子病害，防止病害流行，造成死棵。④及时铲除田间、地头的杂草，减轻虫害发生。

十五、茄子速成密植栽培技术

所谓茄子速成密植栽培法实际上就是高度密植、严格整枝、压缩单株果数、提高单果重量、提前上市的高效益栽培方法。

品种选择和培育壮苗与一般春露地栽培茄子相同，重点是高度密植。一般采用高垄双行栽培，垄宽80厘米，垄高18～20厘米，将茄子幼苗定植在垄的两侧，株距27～33厘米，密度在4 000～6 000株。

严格整枝，门茄以下侧枝及早摘除。每667米^{2}留苗4 000株的，在“四母斗”以上摘心，每株只允许生长7个茄子。每667米^{2}留苗5 000株的，将对茄两侧，出现的一对分枝各去掉一个，在“四母斗”或“八面风”以上打顶，每株留“门茄”1个，“对茄”、“四母斗”和“八面风”各2个，全株共收5～7个茄子。每667米^2 6 000株的，只留“门茄”1个、“对茄”2个，在对茄上面留2～3叶打顶。

经过整枝后，单株结果数大为减少，密度的增加足以弥补单株减少的果数，因而单位面积上总果数没有减少。单株果数减少，茎叶生长量减少，使植株营养充分供给果实生长，因而前期及总产量高。质量好，经济效益明显增加。

十六、花蕾保在日光温室茄子上的使用技术及效果

茄子是日光温室栽培的主要蔬菜之一，但在生产上往往存在着

落花、落果现象，尤其门茄和对茄坐果率较低。为了提高其坐果率，生产上常用2，4-D等生长调节剂来处理，但2，4-D为人工合成的生长调节剂对植物及人体有害。随着人民生活水平的提高，人们的保健意识不断增强，对绿色食品的要求越来越高，而花蕾保正是符合绿色食品生产要求的一种新型生物微肥，但花蕾保在蔬菜上的应用目前尚未见报道。为了探讨其在茄子上的应用效果，寻找提高茄子坐果率的新的有效途径，2002年笔者特做了花蕾保在日光温室茄子上的应用试验，以便为生产提供理论依据。

(一) 方法

供试叶面肥为科星牌防落花蕾保，为山西科星农药液肥有限公司出品；临猗县绿复化工厂生产；供试茄子品种为新乡糙青茄，由新乡市农业科学研究所选育。

试验于2002年春季在河南科技学院实习基地日光温室内进行。茄子于1月22日播种育苗，2月26日定植。

试验设4个处理浓度，分别为花蕾保1 500、2 500、3 500倍液和清水对照。生长期共喷施花蕾保4次，3月29日第1次喷施，以后每隔10天喷1次，一般在下午5：00左右喷施，以便于叶片对营养元素的吸收。其他管理同一般大田。

调查内容：株高、茎粗的净增长率、光合速率、坐果率、单果重和小区前期产量。前期产量指6月4日以前的产量。

(二) 效果

1. 不同处理对茄子株高、茎粗净增长率的影响 试验结果发现，第一次喷施花蕾保后，各项指标与对照差异均不显著，随着喷施次数的增加效果越来越明显。最后1次测得的结果表明：对株高的影响，以2 500倍液效果最好，比对照增加11.2%。对茎粗的影响，各处理都有一定的效果，其中2 500倍液效果最明显，比对照增加了34.8%。这说明喷施2 500液的花蕾保4次能显著促进茄子株高、茎粗的增长，且茎粗的增长率大于株高的增长率，表明花蕾保能使茄子植株生长健壮。

2. 不同处理对茄子光合速率的影响 结果表明，各个处理都不同程度地提高了茄子的光合速率，其中 2 500 倍液比对照提高了 15.3%，3 500 倍液处理比对照提高了 7.8%。这说明在 3 个处理浓度中 2 500 倍浓度效果最好。

3. 不同处理对茄子坐果率、单果重及前期产量的影响 试验发现，2 500 倍液效果最好，其坐果率、单果重和前期产量分别比对照提高了 23.1%、11.9%和 58.6%。可见，喷施 2 500 倍液花蕾保能显著提高茄子的坐果率、单果重和前期产量。

综上所述，在日光温室茄子生长前期叶面喷施花蕾保，对其营养生长有明显的促进作用，使株高、茎粗的净增长量及光合速率与对照的差异分别达到了显著和极显著水平。同时茎粗的增长率明显大于株高的增长率，这说明喷施花蕾保可以使植株生长更加健壮。叶面喷施花蕾保对茄子的生殖生长及前期产量也有明显的效果。综合各项指标，在本试验范围内以 2 500 倍液喷施 4 次效果最好。可见，花蕾保生物叶面肥在茄子上应用效果好，无污染，符合无公害生产的要求，可以在生产上推广应用。

十七、辣椒种子的浸种技术及效果

在辣椒生产中存在着种子发芽慢、发芽不整齐的问题，对生产影响较大。为了促进种子发芽，播种前对种子进行浸种、催芽处理是生产上常用的一种措施，但对浸种时间的长短，说法不一。例如：有的认为适宜的浸种时间是 12～24 小时；有的认为是 8～12 小时；有的认为是 5～12 小时；还有的认为是 7～8 小时。另外，还有人认为先将种子在 25～30℃水中预浸 2～3 小时，再用 50～55℃热水烫种 10～15 分钟，待水温降至 30℃后，继续浸 6～8 小时等。究竟哪种浸种时间效果最好，笔者对此进行了试验，以探讨辣椒种子浸种的最佳时间，为生产及科研提供理论依据。

(一)方法

供试辣椒种子共4个品种，均在郑州市种子市场上购买，其中世纪甜椒王和特大甜椒为甜椒类型；中华牛角王和赤选1号为辣椒类型。

试验于2002年3月在河南科技学院园艺系蔬菜实验室进行。4个辣椒品种均设5个不同的浸种时间处理，分别为0小时（即不浸种)、4小时、8小时、12小时和16小时，以16小时为对照，浸种催芽均在恒温箱中进行，温度保持28～30℃。

调查内容包括种子发芽率、发芽势和发芽指数。从种子开始发芽起，每天记录发芽种子数。从实验中发现，辣椒和甜椒种子发芽快慢不同，辣椒种了发芽快，甜椒种子发芽慢，辣椒种子第12天发芽结束时，计算其发芽率和发芽指数，第7天计算其发芽势。甜椒种子第15天发芽结束时，计算其发芽率和发芽指数，第7天计算其发芽势。

(二)效果

1. 不同处理对甜椒品种种子发芽势的影响 不同浸种时间对2个甜椒品种种子发芽势均有显著影响。世纪甜椒王4个浸种时间的发芽势分别比对照提高31.0%、11.2%、9.4%和3.4%；对特大甜椒来说，4个处理的发芽势分别比对照提高23.1%、8.4%、4.2%和1.4%。这说明在4个处理中（0小时除外)，2个品种均以4小时处理效果最好，随着浸种时间的延长，发芽势呈逐渐降低的趋势。

2. 不同处理对2个辣椒品种种子发芽势的影响 不同处理对2个辣椒品种种子的发芽势均有明显影响，各处理对中华牛角王的影响极其显著，4个处理的发芽势分别比对照提高了77.3%、54.5%、40.0%和23.6%，各处理对赤选1号种子发芽势的影响程度小于中华牛角王，4个处理分别比对照发芽势提高11.0%、6.6%、6.6%和3.2%。

可见，对于 2 个辣椒品种来说，均以 4 小时处理效果最好，随着处理时间的延长，发芽势都呈逐渐降低的趋势。

3. 不同浸种时间对 2 个甜椒品种种子发芽指数的影响 不同浸种时间对 2 个甜椒品种种子的发芽指数均有明显的影响，从世纪甜椒王的试验结果看出，4 个处理与对照相比，其发芽指数分别提高 29.5%、19.8%、10.9%和 8.4%；特大甜椒的 4 个处理发芽指数分别比对照提高 30.9%、11.9%、8.2%和 1.7%。以上结果表明，不同浸种时间对甜椒种子发芽指数的影响是，随着浸种时间的延长，发芽指数逐渐降低。

4. 不同浸种时间对 2 个辣椒品种种子发芽指数的影响 浸种时间对 2 个辣椒品种种子发芽指数影响显著，中华牛角王的 4 个处理发芽指数分别比对照提高 34.9%、19.0%、8.8%和 4.5%；赤选 1 号 4 个处理与对照相比，发芽指数分别提高 48.3%、19.4%、12.6%和 8.7%。说明随着浸种时间的延长，2 个辣椒品种种子的发芽指数都呈逐渐降低的趋势。

5. 不同浸种时间对 4 个品种种子发芽率的影响 不同浸种时间对 4 个品种的种子发芽率均没有影响。但不同品种本身发芽率有所差异，其中特大甜椒发芽率最高，赤选 1 号次之，其余 2 个品种发芽率较低。

以上试验结果说明：不同浸种时间处理对 4 个辣椒品种种子发芽率均没有影响，既然如此，生产上还是采用较短时间浸种为宜。

在供试验的 4 个品种中，不论甜椒或辣椒，也不管品种本身的发芽特性如何，不同浸种时间对 4 个品种种子的发芽势及发芽指数的影响均呈现出相同的规律，即以 4 小时处理效果最好，随着处理时间的延长，发芽势和发芽指数呈逐渐降低的趋势。这说明浸种时间对辣椒种子发芽速度和发芽整齐度影响显著。浸种时间越长，发芽越慢，越不整齐。这一研究结果与过去一些观点不一致。

不浸种（0 小时）效果虽不如 4 小时处理，但仍比浸种时间长的 12 小时和 16 小时效果好，这说明辣椒种子发芽还是需要浸种的，但只需短时间浸种即可。在本试验中，浸种时间越长，发芽越慢，这可能是因为浸种时间长，造成氧气不足，影响种子的呼吸作用及其一系列生理活动，从而影响发芽。浸种时间短，虽然种子吸收的水分相对较少，但在催芽过程中仍可继续吸收水分，同时又改善了氧气条件，从而促进了种子发芽。

十八、辣椒高效嫁接栽培技术

辣椒在我国普遍栽培，由于连作增多，特别是设施栽培中连作障碍已成为制约辣椒生产可持续发展的主要问题。辣椒连作，疫病、根腐病、根结线虫病等土传病虫害发生严重，病害流行时，辣椒秧苗会成片死亡，严重威胁了辣椒生产。解决该问题最经济有效的办法就是嫁接栽培和品种改良。目前嫁接栽培已经开始在茄果类蔬菜茄子和番茄上推广应用，并取得了显著的防病增产效果。应用嫁接栽培可以减少农药的使用量，从而减少农药的残留量。近几年，辣椒嫁接栽培在山东寿光已被较多应用。

（一）品种选择

砧木品种应选用高抗病的辣椒优良品种或野生种。经过试验研究，近缘的茄子野生种用作甜椒砧木，栽培效果良好。目前，与生产甜椒品种嫁接亲和性比较好的高抗根结线虫的野生茄子品种有韩国品种 CRP 和日本品种托鲁巴母。托鲁巴母的抗线虫能力强于 CRP。北京京研益农科技发展中心新推出的既抗根腐病又抗线虫的野生辣椒杂交一代砧木品种，经过 2004—2005 年在山东寿光的嫁接试验表现突出。接穗品种可据生产需要选择优良辣椒品种。近几年来在寿光地区表现比较好的品种有红星 2 号、黄星 2 号、红英达、红罗丹、萨菲罗、曼迪、塔兰多、天使、卡地亚等。

（二）培育壮苗

为达到适宜嫁接苗龄，砧木的播期要比接穗适当早播 10～20

天，两者都进行浸种催芽，或砧木和接穗同时播种，对砧木进行浸种催芽，而接穗只浸种不催芽。其他培育壮苗措施同一般栽培。

（三）嫁接

当砧木长有 5～7 片真叶、接穗长有 4～6 片真叶时即可嫁接。嫁接前一天下午，每 15 千克水加青霉素、链霉素 80 万国际单位各 1 支混匀后，喷洒辣椒苗，进行杀菌处理。嫁接方式采用劈接法，即将砧木苗从根部保留 2～4 片真叶，用刀片横切砧木茎，去掉上部，再于茎中间劈开，向下纵切 1 厘米深的切口。将接穗从顶部留 2～3 片真叶处横切断，去掉下端，并将断茎削成楔形，然后将接穗插入到砧木切口中，使它们的切面相吻合，再用嫁接夹固定或用塑料薄膜缠上即可。有条件的情况下，接穗也可采用辣椒母本植株的腋芽，以节约种子成本。

（四）嫁接后的管理

嫁接后，立即将嫁接苗移入小拱棚内，充分浇水后将棚封闭。前 3 天，需在小拱棚外面覆盖草帘等保温、遮光，保持棚内高温、高湿状态，白天保持 28～30℃，夜间 18～20℃，土温 25℃左右，空气相对湿度达到 90%左右。3 天后逐渐降低温度，早晚要逐渐增加光照时间，温度高时可采用遮光和换气相结合的办法加以调节，白天掌握 25～27℃，夜间 17～20℃。6 天后，逐渐撤掉覆盖物，开始通小风，随着嫁接伤口的愈合，通风逐渐扩大。约 8 天后嫁接苗完全成活，可去掉小拱棚转入正常管理。

（五）定植

嫁接后 30 天左右即可定植。定植前深翻地施足基肥，整地定植。定植时一定要注意覆土不可超过接口，否则接穗苗长出不定根，就失去了嫁接防病作用。

（六）定植后管理

定植后的管理与辣椒常规栽培方式基本相同，主要区别在于栽培嫁接辣椒苗不宜蹲苗，应一促到底。定植时浇透底水，定植后前3天中午要进行遮阴以防萎蔫，定植4～5天后要浇一次透水使其缓苗。

十九、辣椒再生栽培技术

辣椒再生栽培就是通过夏季修剪，利用重发新枝结果的栽培方法。华北各地辣椒夏秋季栽培往往长势不良，结果少，病虫害严重，因而可采用再生栽培的方法。修剪后发出的新枝比原来的枝条生活力强、长势旺、结果多、果个大、产量和效益都比普通恋秋栽培（不修剪）的高。

修剪前加强老秧结果期的肥水管理，防止败秧。盛果期过后进行修剪，在门椒上端剪掉老秧的上部枝条，只留下"Y"形的老干和两杈分枝。清理干净剪掉的枝叶，清除田间杂草，喷洒百菌清，防止病菌从伤口侵入，加强肥水管理，促发新枝。每个杈上都可发出1～2条新枝，全部保留，让其向上生长结果。主干上也可能发出新枝，可留基部1～2条侧枝，让其结1～2个果后摘心。其他管理同普通栽培管理。

第五章 绿色葱蒜类蔬菜栽培关键技术

一、大蒜气生鳞茎繁殖技术

用蒜瓣作繁殖材料是大蒜生产的传统方法，其繁殖系数低，成本高，同时病毒病日益加重，造成严重减产。用气生鳞茎繁殖，不仅克服了以上缺点，而且大大提高了产量和品质。具体繁殖方法如下：

（一）整地施肥

精细整地作畦，基肥浅施、集中施，每 667 米^2 施腐熟猪粪尿 2 600 千克。8 月上旬播种母瓣，行株距为 15 厘米×12 厘米，每 667 米^2 3.6 万株左右。

（二）第二年的管理

第二年花苞钻出叶鞘后生长加快，要加强肥水管理。当蒜薹抽出离叶鞘 18～20 厘米时，用小刀将蒜薹顶端膨大部分的苞叶割破，以利气生鳞茎膨大。6 月底花序总苞破裂结成气生鳞茎，待其充分长老变硬，蒜薹完全老熟干枯后及时采收，放在通风处阴干收藏。当年 8 月下旬将鳞茎揉散，分大、中、小瓣三级播种，株行距 7.5 厘米×9 厘米，播后盖土、浇水促进出苗。冬前苗高 12 厘米时，可施 40%～50%浓度的腐熟粪水，促进茎叶生长。

（三）第三年的管理

第三年春，每 667 米^2 施尿素 10 千克，管理得好，当年绝大部分可以正常抽薹，蒜头也能分瓣。用较小的气生鳞茎种植，则形成独头蒜。不论分瓣或不分瓣的蒜头，都是良好的蒜种，播种后都能形成大而饱满的优质蒜头。所以，用气生鳞茎做繁殖材料是提高大蒜产量和品质的有效方法。

二、独头蒜生产技术

独头蒜即不分瓣的蒜，因其蒜头小，所以产量低，一般生产上应避免出现独头蒜。但近年来，国内一些地区，以及外贸出口中，独头蒜作为一种特色商品，以其蒜头圆整，外观好看，食用方便而备受青睐，所以价格较高。有些地区专门生产独头蒜以满足特殊的需求。

（一）独头蒜形成的条件

大蒜的鳞茎（即蒜头）是由靠近蒜薹的 1～6 层叶鞘间所产生的鳞芽（即腋芽）肥大而形成的。鳞芽是大蒜营养物质的贮存器官，鳞芽的分化与肥大，均以同化物质的输入贮藏为基础，并以较高的温度（15～20℃）和较长的日照（13 小时以上）为必要的环境条件，一般萌动的蒜瓣在 0～4℃下经 30～40 天可完成春化而分化花芽，在温暖长日照下抽薹。如果植株生长期间既未满足抽薹对低温的要求，也缺乏足够的营养物质供给，则不仅不能抽薹，也不会形成腋芽，而在长日照和温暖气候条件来临时，外层叶鞘中的营养向内转移，贮存于顶芽，使顶芽肥大，从而形成独头蒜。

（二）独头蒜形成的原因

播种过晚是独头蒜形成的主要原因，农谚有“种蒜不出九，出九长独头”，意思是秋播大蒜过了农历九月即长成独头蒜。其次，凡影响同化物质生产和运输的其他条件，导致营养不足时也会形成独头蒜，如种瓣太小、土壤贫瘠、基肥不足、密度过大、叶数太少、鳞芽分化所需温光条件不满足、干旱缺水、草荒严重等均会形成独头蒜。

（三）独头蒜栽培技术

1. 蒜种要求 生产独头蒜所用的种瓣必须是小蒜瓣，多从蒜瓣多而小的大蒜品种中选择。单瓣 0.5～1 克的蒜瓣播种栽培时，独头率可达 75%～90%，生产的独头蒜单头重可达 4～5 克。如果种瓣太大，则会长出有 2～3 个蒜瓣的小蒜头。品种不同，独头蒜的百分率有明显差异。因此，在进行独头蒜栽培时，最好先进行品种比较试验，选出适宜在当地种植的独头率较高、单头重较大的品种。也可采用气生鳞茎（即蒜薹苞内的小蒜瓣）播种，选用直径大于 0.4 厘米的气生鳞茎，于 9 月上旬平畦条播，每 667 $米^2$ 播种 12 万～15 万株，第一年大多形成独头蒜。

2. 播种 独头蒜的适宜播期必须在当地做分期播种试验后才能确定。播早了，蒜苗的营养生长期长，积累的养分较多，易产生有 2～3 个蒜瓣的小蒜头；播晚了，独头蒜太小，品质差。秋播地区独头蒜的播期一般要比正常蒜头栽培推迟 30 天左右，每 667 $米^2$ 用种量 100 千克左右。播种时按 15 厘米行距开深约 6 厘米的沟，按株距 3～4 厘米播种瓣，播后覆土，厚度 3～4 厘米。

3. 田间管理 翌年早春蒜田进行中耕、除草、追肥、灌水等管理。在蒜头膨大期间要保证水分的充足供应。

4. 采收 5 月上旬前后当假茎变软、下部叶片大部干枯后及时挖蒜。加工用的独头蒜，挖出后及时剪除假茎及须根，运到加工厂，要防止日晒、雨淋。作为鲜蒜上市出售的，挖蒜后要在阳光下晾晒 2～3 天，防止霉烂。一般每 667 $米^2$ 产 300 千克左右，高产者可达 500 千克。

三、防止蒜头散瓣技术

蒜头散瓣是指蒜外皮（蒜衣）破碎、蒜瓣裸露的现象。蒜皮是由几层鳞片（即叶鞘基部膨大）干燥形成的保护膜，它紧紧包在蒜瓣的外面，主要作用是减少蒜瓣中水分蒸发，利于保鲜贮藏。蒜衣一旦破碎，蒜瓣容易失水干瘪，失去生命力，失去商品价值。

（一）散瓣的原因

①品种。有的品种蒜衣薄而包裹不紧，容易散瓣。有的品种蒜衣厚而包裹严紧，不宜散瓣，中牟白蒜就属于此类。②鳞茎膨大后期雨水太多或浇水不当，土壤湿度过高，影响蒜皮形成。③即使形成蒜皮以后遇雨或浇水不当，土壤湿度过大，蒜皮也会腐烂脱落，出现散瓣现象。④延期收获，叶鞘养分消耗太多，形成的蒜皮很薄，收获时或收获后晾晒过程中，蒜皮极易破碎，也会散瓣。

（二）避免散瓣的措施

①选用蒜衣（蒜皮）较厚、韧性较好的品种，如中牟白蒜。②在鳞茎膨大后期，收获前1周停止浇水，降低土壤湿度，形成的蒜皮韧性好，不易脱落。③及时采收蒜头，如果收获时遇雨，收后注意通风干燥。

四、蒜薹采收技术

蒜薹从开始分化到采收，历时40～45天，前期生长缓慢，甩尾以后生长加快，当田间有70%的蒜薹总苞变白，蒜薹打弯形成“秤钩状”时即可采收。但是，不同品种差异很大，各地应根据当地品种、后期气候条件灵活掌握。

(一) 采薹时间

采薹时间不仅影响蒜薹本身的产量和质量，也影响蒜头的产量和质量。采收蒜薹既不可早，也不可迟。采收过早，蒜薹还没有长足，蒜薹又细又短，产量不高，质量不好，同时还会抑制蒜头生长，造成减产。因为当蒜薹还处于生长中心的时候，养分集中往蒜薹中输送，如果蒜薹未长成就采收了，当然蒜薹产量不高，由于营养中心还未转移，残留在假茎中的断蒜薹继续得到养分的供应，只有当残存的蒜薹老化后，养分才开始转运到蒜头。所以抽薹过早残薹长，残薹得到营养数量大，白白浪费掉很多养分，致使蒜头产量不高。这种现象叫做“营养分散”效应。如果采收过晚，蒜薹纤维素多，品质较差，又会过多地消耗营养物质，影响蒜头膨大。只有适时采收蒜薹，并把蒜薹抽净，才能更有效地集中养分，达到蒜薹、蒜头双丰收。

采收前 2～3 天要停止浇水，使蒜薹与叶鞘水分略有减少，便于抽采蒜薹。在一天中采收蒜薹的具体时间各地说法不完全一致，多数人认为晴天中午或午后为佳。这时植株因蒸腾作用而降低了水分含量，蒜薹与叶鞘之间接触松动，蒜薹组织也因水分减少，细胞壁膨压降低而变得柔韧，所以采收时不易折断，采收比较彻底，残留部分少，不影响蒜薹的质量和蒜头的膨大。也有人认为早上和上午露水下去以前采收为好。理由是，这时蒜薹水分足，比较脆，易从基部最鲜嫩的地方断裂。当然不同的抽薹时间，其抽薹方法也有所不同。

(二) 采收蒜薹的方法

采薹的方法各地不一，应用较多的有 3 种：抽薹法、铲薹法、穿刺抽薹法。

1. 抽薹法　这是最基本的方法，抽薹时一手抓住总苞处，一手抓在蒜薹顶叶叶鞘的出口处，双手均匀用力向斜上方缓缓抽拔，即可顺利抽出。对于较难抽的蒜薹，可向下抓一叶片，带一叶鞘抽拔出来。或在假茎基部用手捏一下，使薹受伤，即可抽出。方法得当，操作熟练的也可用单手抽拔。抽拔蒜薹的技术要点是斜向上抽拔。因为斜向上拔蒜薹两侧张力不同，受力大的一侧首先断裂，受力小的一侧跟着也断裂，当听到断裂声或感到断裂时，即用力抽拔蒜薹。类似手捏基部的方法是夹薹法，用一种类似镊子的夹子，在假茎基部把蒜薹夹断，然后抽出。

2. 铲薹抽提法　用竹片或铁片制成顶端为弧形的小铲，铲头大小稍大于蒜薹直径。具体操作，左手提住蒜薹，右手用竹片顺着蒜薹向下铲削，并用力挤压蒜薹，左手同时上提，薹即断，抽拔出即可。

3. 穿刺抽提法　把竹筷一头削成锥形，左手扶住蒜薹基部，右手持筷在离地面5～7厘米的假茎处穿断蒜薹，左手把蒜薹慢慢抽拔出来。此外，还有划剖提薹法和剥鞘提薹法。这些方法不但用工多，而且易伤叶鞘和叶片，因此不提倡使用。

正确抽拔蒜薹的方法，需做到两点：第一，不伤假茎和叶片，破坏1片叶蒜头减产6.7%，破坏2片叶蒜头减产25%。第二，不断薹，即薹的残留部分不宜过长，一般以5～7厘米为宜。抽拔薹以后，要将最下1片蒜叶（或假茎）扭转盖在叶鞘口上，防止雨水浸入引起腐烂。

五、新、陈韭菜种子的识别技术

在河南省气候条件下，韭菜种子的使用年限只有1年，第二年使用发芽率几乎为零，给生产造成极大损失。因此掌握新、陈韭菜种子的识别技术显得格外重要。可采用多种方法加以识别。

看外观：新种子种皮颜色发亮，种脐呈白色；陈种子种皮颜色发暗，种脐呈黄色。

看断茬：将种子从中间砸开，如果断茬的淀粉呈颗粒状，是陈种子；否则是新种子。

手感觉：将手插入种子袋中，感觉阻力不大，有离散感，拔出手时，手心粘的种子较多，为新种子；反之，为陈种子。

火烧试验：取10粒种子，逐个放到燃烧着的烟头上，新种子大部分会慢慢烧焦，陈种子会爆裂跳起。当跳起率达到80%以上时可断定为陈种子。

六、韭菜的收割技术

收割是韭菜优质、高产、高效的关键环节之一。

（一）收割时期

韭菜叶片生长前期养分消耗大于叶片的光合合成，主要消耗体内贮存的养分；后期叶片生长消耗养分又小于叶片光合合成，向根茎运送和积累养分。正确处理收割与养棵的关系，要求必须适时收割。收割过早，不仅影响当茬产量，也会因为叶片没有足够的光合时间，减少植株体内光合物质的积累，导致下茬韭菜因养分不足而减产。收割过迟，会影响韭菜的收割次数，降低韭菜的品质和全年总产量。韭菜适宜收割的一般标准是，株高达到35厘米以上，平均单株叶片5～6片，生长期在26～30天。具体的收割标准可根据植株长势、养分积累、市场需求来确定。上年植株体内贮存养分充足，早春可适当早收割，早上市，以获得高效益。

韭菜具体的收割时间，以晴天的早晨为最好。因植株经夜露，叶部吸收的充足水分尚未蒸腾，品质格外鲜嫩，植株体内又积累了较多的营养物质，耐贮存。此时收割既可以提高韭菜产量又有利于割口的愈合。

（二）收割技术关键

1. 留茬深浅要适当 一般收割的深度以离根茎约4厘米为宜，茬口处呈黄色。如割口处为绿色，说明留茬过高，影响当茬产量和品质。割口为白色，说明下刀过深，会损伤鳞茎，造成刀伤，易感染病虫害，影响下茬产量。“扬刀一寸，等于多上一层粪”就是这个道理。

2. 雨前不宜收割　收割后不能遇雨，也不宜随即浇冰。否则，伤口因湿度过大不利愈合，易引起病菌感染导致鳞茎和根系腐烂。

3. 收割时铲子（镰刀）**要放平、要锋利**　放平割茬整齐，勿忽高忽低。铲刀（或镰刀）要锋利，否则会将叶鞘铲劈，既影响当茬韭菜的商品性状，也将影响下茬的产量。

4. 施肥浇水　收割后 2～3 天施肥浇水，以提高下茬韭菜的产量和品质。

七、韭黄生产技术

（一）利用黑色塑料膜覆盖生产韭黄

1. 栽培设施　这种方式栽培可以采用的保护设施有：风障阳畦、改良阳畦、日光温室、塑料大、中、小棚等。如果设施的保温性能好，可进行越冬栽培；保温性能差的塑料冷棚，则只能在春、秋季生产韭黄。在冬季温暖的江南地区，一般用塑料大、中棚即可进行越冬栽培。栽培畦上再覆盖一层黑色塑料薄膜，使韭菜完全生长在无光的条件下。有的地方建造风障阳畦、改良阳畦及塑料中、小棚时，覆盖的塑料薄膜全部为黑色不透光膜，这样可节约透光塑料薄膜的开支，栽培效果基本一样。

2. 覆盖时间　黑膜覆盖时间可参考当地保护地青韭生产的时间。华北地区利用阳畦、塑料暖棚或日光温室等保温性能好的设施进行韭黄栽培，不休眠型品种一般可于 10 月下旬覆盖，休眠型品种可于 12 月上旬开始覆盖，1～2 月份结束。早春冷棚覆盖的，可于 3 月中旬前后覆盖。

3. 韭根培育　用于韭黄栽培的韭根，与越冬栽培相同，最好用当年生或 2～3 年生、生长健壮、旺盛的韭根。当年播种的韭根，必须在 4 月上旬前提早播种，6 月中旬前早定植。韭根的培育田间管理与露地栽培相同。冬季前必须使韭根有充足的营养积累。

4. 扣棚前的准备　秋季一般不收割。早春生产的，入冬后土壤结冻前进行田间清理、扒土晾根、根部灌药等管理。方法同越冬栽培。

5. 扣棚 在韭菜地里于10月上旬前建好保护设施，10月底或12月初扣棚。利用日光温室及塑料大、中棚栽培时，先扣上普通塑料薄膜。在棚室的里面，栽培畦的上面支起竹竿、竹片做成小拱架，拱架上覆盖不透光的黑色薄膜。利用风障阳畦、改良阳畦、塑料小拱棚栽培时，可不用普通塑料薄膜，而是直接扣上一层0.1毫米左右厚的黑色膜即可。在薄膜的上面加盖草苫，以利夜间保温。

6. 扣棚后的管理 扣棚后的水肥管理、培土、温度管理等要求，均可参照越冬栽培技术。值得注意的是在通风降温时，应在通风口放遮光物，以避免光线射入棚内。有的地区在栽培韭黄时，不进行培土，其产品也为白黄色，但由于假茎太嫩，易发生倒伏，所以收割应提早进行。

7. 收割 收割方法同越冬栽培。由于利用黑色薄膜后，气温较高，韭菜生长快，所以第一刀约需40天即可收割。第二刀30天，第三刀25～30天，一般收3刀即应结束。有的地方为了恢复韭根的生长势，在收完第一刀韭黄后，撤除黑色薄膜，换上透光薄膜，改为青韭栽培。青韭收割一刀后，又为根、鳞茎补充了营养，然后继续进行第三刀韭黄栽培。韭黄收割完后，转入露地栽培，进行养根、壮根管理，待翌年入冬继续韭黄栽培。

（二）利用麦草覆盖生产韭黄

该方法是兰州地区比较普遍采用的一种韭黄栽培技术，当地叫做“压韭黄”，一般是在塑料中棚里进行的，也可于早春进行露地韭黄生产。这种韭黄生产方式主要是结合当地大面积小麦生产，小麦收获后有大量新鲜麦草可以利用，用麦草铺盖韭菜地面，让韭菜在麦草里生长，一直到收获才揭去麦草。麦草最好在铺盖之前先进行粉碎，这样铺盖方便，均匀一致。

1. 根株选择与管理 兰州市郊进行韭黄生产采用的品种主要是当地的一个农家品种白根韭，又叫兰州小韭。该品种抗病耐寒，分蘖力强，植株直立性好，叶数多，叶片较宽，非常适合于韭黄栽培。一般要选用2年以上的健壮根株进行栽培，这是韭黄生产获得理想产量的关键。通常于6月中下旬夏至前后采用开沟方式进行定植，行距30厘米，株距2厘米。8月上旬立秋前开始水肥齐攻，结合浇水追施腐熟人粪尿或尿素，先后进行2～3次。同时，注意防治韭蛆等害虫。10月下旬地上部逐渐停止生长时准备冬季覆盖。

2. 覆盖物的准备 覆盖物多用能发热保温的麦草、黄豆叶、茄子秆或辣椒秆等。其用量因覆盖时间而有所差别。早韭黄（30天收获）每平方米需要20～25千克，中韭黄（40～50天收获）需要15～20千克，晚韭黄（60～70天收获）需要12～15千克。树叶、茄子秆在早、中韭黄生产中用于行间填充物，主要作用是避免麦草接触地面，受潮后发热腐烂。黄豆叶用于发热，提高地温，促进生长。因新麦草不容易落实，保温性也较旧的差，故覆盖时新旧麦草应分层覆盖。

3. 覆盖方法

（1）早韭黄 覆盖时间在11月上旬，先将黄豆叶或树叶均匀严实地放在盖楞上边或两边，厚度约为10厘米，然后顺沟填上茄子秆等物，并在其上泼少许水，使其潮湿，再用脚踏实，最后覆盖麦草。刚铺时的麦草厚要达到50～65厘米，落实后约为33厘米。为避免上层麦草损失，其上还要铺盖2厘米左右的田园土。

（2）中韭黄 覆盖时间在11月15～20日前后。将处理过的黄豆叶、韭菜干叶等盖在韭菜植株两旁，厚度约为5厘米，行间仍填充茄子秆或辣椒秆，并用脚踏实，其上覆盖麦草厚50～60厘米，落实后为23～27厘米，麦草上仍要盖一层土。

（3）晚韭黄 覆盖时间在11月25日前后。下层酿热物仅盖少量树叶，厚约5厘米，其上覆盖麦草50厘米，落实后17～20厘米，麦草上仍要盖一层薄土。

4. 调节棚里温度 掌握萌发期麦草里温度在20℃左右，生长期15℃左右，然后逐渐降低温度至10℃左右。由此掌握棚里白天的温度，通过放风使温度不能过高，夜间加强保温。

5. 收获 覆盖一定时间后可以开始收割。收割时，将麦草部分揭开，然后收割。收下的韭黄要注意防冻。由于韭黄非常柔嫩，最好准备一些纸张或塑料袋之类的包装物，防止损伤。麦草韭黄的产量一般每平方米在2千克左右，丰产田可达到3.5千克。收获后将大量麦草和其他覆盖物清出堆垛存放，以备来年再用。

八、三色韭栽培技术

三色韭是天津地区的特产。这种栽培方式是利用草帘覆盖技术，在日照短、外界气温低的冬季，生产出叶片浓绿、叶鞘雪白、中部鹅黄色的三色韭，深受消费者欢迎。栽培中需草比较多，宜在产稻区使用；同时，用工多、投资大。因此，应在价格最高的春节前后上市为佳。

（一）栽培设施及时间

三色韭栽培主要利用风障和草帘。风障用芦苇或高粱秸、竹竿扎成。风障东西延长，一般长33米左右，向南倾斜75°～85°。风障前后间距10米左右。东西两侧设南北风障，以阻挡两侧来风，并设出入口。草帘用稻草编成，草帘厚6.6厘米，每张草帘100千克左右。冬季生产要4层草帘。在栽培畦内的南北两侧，置砖块或土坯，南北向放竹竿，竹竿撑在土坯上，随韭菜生长而升高高度，以支撑草帘不压韭菜为度。天津地区于11月下旬韭菜干枯，地上营养回流至根茎，韭菜通过了休眠期即开始覆盖栽培，约60天，春节前即可收获上市。

（二）品种选择

三色韭栽培投资大、成本高。因此，一定要选用品质好、产量高、叶肥大的品种。目前天津市生产上主选品种是大黄苗。

（三）栽培技术

1. 养根　三色韭栽培一般利用 3 年生健壮、无病虫害的根株。春季壮棵，秋季养根。秋季一般不收割，尽量保证鳞茎有充足的营养贮备。其管理方法与露地栽培相同。

2. 建风障、浇冻水　在覆盖栽培前，应及时建好风障。天津地区一般在 11 月上中旬建风障。风障建造不宜过早，以免影响营养回根，也不能建造过晚，以免土壤结冻，影响操作。在土壤夜冻昼化时浇冻水。此水是供应整个三色韭冬季生长用的，与产量有很大关系。如果土壤含水量较大，也可覆盖再解冻，这一冻一化，起到疏松土壤的作用。

3. 覆盖　为了争取韭菜在春节前后上市，得到较高的经济效益，在栽培畦上应覆盖 4 层草苫。这 4 层草苫可使栽培畦地表温度在外界为－20℃时，保持 5℃左右，韭菜不会受冻害，能正常生长。从 11 月下旬开始覆盖，约 60 天便可收割。覆盖最初 7～8 天，为提高地温，促进萌发，应在晴朗无风的中午，把草帘卷起，让地面吸收太阳热能。下午 1～2 时再盖上草帘保温。7～8 天后，韭菜萌动时，于上午 10 时卷起草帘，下午 3～4 时盖上。掀盖草帘的时间应根据外界气温而定。12 月中下旬至翌年 2 月初，外界气温低，为防止受冻，应晚揭早盖。可在上午 10 时后揭开，下午 3 时盖上。外界气温高、晴朗的天气，可早揭晚盖。当外界气温一直在 5℃以下时，为防冻害可不揭草帘。但在连续阴雪天气，不可一连 3 天不揭草帘，否则韭菜将出现黄萎现象。在这种情况下，可在中午稍揭即盖。随着韭菜长高，草帘下面在用竹竿撑起，用砖块加垫，逐渐抬高，以避免草帘压伤韭菜。草帘离地 40 厘米高时，即可保证韭菜生长需要。

4. 中耕、培土　覆盖 7～8 天后，地表化冻，应中耕一次。为提高地温，从覆盖之日起，每 3～5 天中耕一次。韭菜出土后，用人工在韭菜株间松土一次。随着韭菜生长，培土 2～3 次，最后土垄高达 15～20 厘米。第一刀韭菜生长期间不浇水追肥。第一刀收后，经3～4天再浇水，然后第二刀管理同第一刀。

5. 收获　在春节前后收割第一刀韭菜。收割时，平掉土垄，每公顷可收4 500～6 000千克。第二刀在3月上旬收割，第二刀每公顷收7 500～9 000千克。第三刀在3月低收割。3刀收后转入露地栽培。

九、韭菜沙培技术

（一）选择适宜的沙子

沙子作为无土栽培基质，不仅起到固定根株、通气和给根提供黑暗生长环境的作用，同时还可提供一定微量元素。栽培韭菜的沙子用水沙或旱沙均可，但粒径不能太小，以2～3毫米为好。含土量不得超过1%，土多了会影响冬季床温的提高，基质透气性差，容易沤根。

（二）栽培床的准备

在日光温室或全光连栋温室内，先在地面上沿栽培畦方向用砖砌筑高20厘米的槽子，宽度不超过1米，向槽中倒入干净细沙，厚度约15厘米，用木板刮平。立体栽培时，栽培床要高出地面，使其朝阳呈阶梯状摆放，互不遮阴。规模生产时要将栽培床固定好位置，家庭栽培以轻便可移动床为宜。

（三）栽植

选露地早春栽培的2年生韭菜根株，于土地上冻前整丛挖起，剔去干枯老叶，去掉根上的泥土，须根剪留10厘米，以15～20株为一丛，按1.5厘米左右的穴距和行距，栽到栽培床的沙里，沙埋深度以露出一多半鳞茎为度。栽后用清水浇透沙床。

（四）水肥管理

种韭栽植后1周内可不浇水，以后以见湿见干为好。等新根长出后再浇营养液。营养液配方是尿素 1.4 克，磷酸二氢钾 1.3 克，溶于 1 000 毫升水中。大量配制时，可按 1 000 千克水里加 1.4 千克尿素，再加 1.3 千克磷酸二氢钾，充分搅匀即可。每平方米栽培床一次约用营养液 10 千克。冬季一般 3～5 天 1 次，春、夏季 2～3 天浇 1 次。清水和营养液交替使用，还要看天气、看苗情进行，韭叶墨绿时，养分过多，少浇营养液、多浇清水，间隔时间可长一些；阴天和雨天不要浇，下午和夜间不要浇。

（五）温度管理

沙培韭菜适应性强，对温度要求不太严格，床温 6℃及气温 1℃即可生长。适宜的床温是 14～18℃，气温是 20℃左右。如气温过高，可打开风口或门窗稍加通风，并酌情浇一次水。

（六）收获

在温度、肥水适宜的情况下，每隔 20 天即可收割一次。冬季栽植的种韭，可在第二年的春季收获 3～4 次。

十、大葱壮苗的培育技术

大葱从幼苗长出 1 片真叶到株高 40 厘米左右、茎粗 1～1.5 厘米时为幼苗期。秋播大葱此期很长，约 260 天，其中 140 天的时间葱苗处于越冬停止生长的状态。在管理上，保护幼苗安全越冬、培育壮苗，是夺取大葱丰产的基础。

（一）冬前及越冬期管理

当秧苗第一片真叶长出后生长加快，可视土壤墒情进行浇水，一般浇水 1～2 次。立冬以后气温下降，当旬平均气温降到 1℃左右时，幼苗停止生长。幼苗停止生长时要求具有 3 片真叶，高 10 厘米左右，这是理想的越冬壮苗形态。苗过小，越冬时易受冻害；苗过大，则越冬后常易先期抽薹。为使幼苗安全越冬，土地封冻时应浇1次冻水，浇冻水要适时适量。浇水后最好在畦面上再覆盖约2厘米厚的马粪或土杂肥，以防寒保墒。

（二）返青到定植前的管理

越冬幼苗于立春后开始返青生长，以后随气温增高生长逐渐加快，谷雨以后生长更快，进入生长盛期。6月中旬以后因气温过高，生长又趋缓慢，此时可进行移栽。为了在移栽前培养出大而健壮的苗子，必须做好以下管理。

1. 浇水、追肥、蹲苗 葱苗返青后及时浇1次返青水，但不要浇得太早。浇早了因气温低，葱叶易发黄、变干。谷雨以前幼苗生长缓慢，需肥量少，但为了给旺盛生长阶段做准备，必须提前追肥，于春分前后结合浇水每667米^{2}冲施人粪尿1 500千克或硫酸铵15千克。以后10～15天不再浇水，进行蹲苗，以利提高地温，促进肥料分解，加速根系生长，使幼苗粗壮。

蹲苗结束以后，随气温升高，幼苗生长速度显著加快，要及时浇水追肥。此时追肥应以速效氮、钾肥为主，有机、无机肥交替使用。菜农的经验是以草木灰、氮素化肥、人粪尿等速效肥料为好。此期追肥2～3次。6月上旬停止浇水追肥，进行蹲苗，以备移栽。经过蹲苗的秧苗地上部生长粗壮，地下部根原基增加，当移栽时老根受损伤，可很快发生新根，缓苗快，生长迅速，并能提高抗病虫能力。移栽前1～2天再浇1次水，以便起苗。

2. 间苗、除草 间苗可分2次进行，第一次在3月下旬蹲苗前进行，间去小苗、弱苗、病苗及杂苗，保持2～3厘米的株距，同时划松地表，拔除杂草。苗高20厘米左右时第二次间苗并定苗，株距4～5厘米。间苗的同时结合除草。除草要除早、除小，以免草大时除草损伤葱苗，造成缺苗。另外，还要及时防治葱蓟马。

十一、大葱的定植技术

（一）定植密度

大葱的株型是适于密植的生态型，栽植密度对大葱的生长和产量影响很大（表 5－1）。

表 5－1　不同栽植密度与产量的关系

每 667 米^2 株数（万株）	每 667 米^2 鲜葱产量（千克）	每 667 米^2 葱白产量（千克）	平均单株重（克）
1.2	3 021	2 142	251.8
1.4	3 499	2 481	249.9
1.7	3 775	2 710	222.0
2.0	4 250	3 103	212.5

由表 5－1 看出，定植密度从每 667 米^{2}1.2 万株增加到 2 万株，虽然平均单株重略有减少，但鲜葱产量和葱白产量都显著增加。所以，合理密植是大葱增产的主要措施之一。适宜的定植密度因品种、产品要求标准不同而异。短葱白品种宜密，长葱白品种宜稀，对葱白要求不高的可适当密。具体定植密度见表 5－2 。

表 5－2　大葱不同品种类型的栽植要求

品种类型	要求葱白长度（厘米）	行距（厘米）	沟深（厘米）	株距（厘米）	每 667 米^2 株数（万株）
鸡腿葱	25～30	50～55	8～10	5～6	2.2～2.4
短白或长白类型	30～40	65～70	13～15	6～7	1.7～2.0
长白类型	45 以上	75～80	18～20	6～7	1.3～1.5

（二）定植深度

大葱适合于深栽，农谚说：“韭菜露根、葱露心”，意思是韭菜宜浅栽，葱宜深栽，只要不埋没心就行。如果栽植过浅，则降低葱白长度。但也不能过深，过深不发苗，生长不旺盛，产量低。

（三）定植方法

定植大葱最好采用流水作业法，即随起苗、随选苗分级、随运、随栽，以利快缓苗、快生长。因葱秧起出后，经短期放置虽不影响成活，但延迟缓苗。如果起出的葱秧当天栽不完，应放在阴凉处，根朝下立放，以免葱秧发热捂黄。

1. 起苗和选苗分级 起苗前1～2天苗床浇1次水，待土壤较为松散时起苗。随起苗随选苗分级，剔除伤苗、病苗、弱苗、抽薹苗和杂苗。同时根据葱苗大小分为大、中、小三级分别栽植。

2. 栽植 栽植的方法有排葱法和插葱法。一般短白葱常用排葱法，方法是先挖好葱沟，沿葱沟壁按规定株距5厘米左右摆葱苗，将葱秧基部稍按入沟底虚土内，再用小锄从沟的另一侧取土，埋在葱秧外叶分杈处，用脚踩实，再顺沟浇水。这种方法的特点是栽植快，用工少，但葱白容易弯曲。

长葱白类型的大葱多用插葱法（图5-1），一般用葱杈进行插葱。葱杈可用树枝自制而成，长约33厘米，粗如手指，下端分为两杈。也可用木条做成，要刮削光滑。插葱时人蹲在沟脊上，左手

图5-1 插葱示意图

拿葱苗 10 余棵，用大拇指、食指、中指捏住其中待插的一棵，右手拿葱杈，手心抵住葱杈上端，用下端分杈处插住葱苗根部，将葱苗垂直插入沟底中心，深度达外叶分杈处为宜。将叶片的分杈方向与沟向平行，以便田间管理时少伤叶。

插葱有水插葱和干插葱。先引水灌沟，水渗下后再插葱的称水插葱。插葱后再灌水的称干插葱。插葱法与排葱法相比，其优点是便于培土，葱白质量好。

十二、大葱培土技术

在大葱生产中培土是软化叶鞘、防止倒伏、提高葱白产量和质量的一项重要措施。大葱假茎的叶鞘细胞伸长时需要黑暗和湿润的环境，并要有营养物质输入和贮存作为基础。所以，在加强肥水管理的同时进行培土，可以软化假茎，延长葱白长度，提高葱白品质。一般说来，培土越高，葱白越长，葱白组织也越洁白和充实。

（一）分次培土

培土应分次进行。当大葱进入旺盛生长期后，随着叶鞘加长，应及时通过行间中耕，分次培土。首先将垄土壅入葱沟内，8 月底至 9 月初平沟，平沟以后再培土 3～4 次，使原来的垄脊成沟，原来的葱沟成脊（图 5-2）。

（二）培土高度

每次培土高度根据假茎生长的高度而定，一般为 3～4 厘米，培到叶鞘和叶身的分界处，即只埋叶鞘，勿埋叶身，以免引起叶片腐烂。培土时还要注意以下几点：①取土范围不要超过行距宽的 1/3 和葱沟深的 1/2，以免伤根。②培土后要拍实葱垄两肩的土，防止雨冲或浇水后塌落。③培土应在浇水后土壤水分适宜时进行，过湿易成泥浆，过干土面板结，均不利于田间操作。④培土应在下

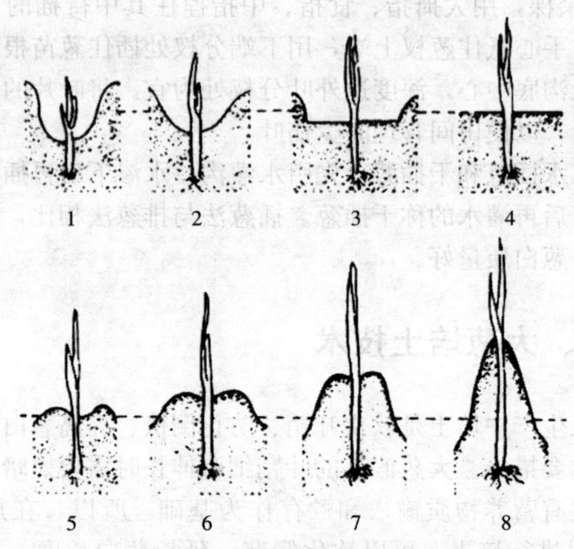

图 5-2　章丘大葱培土过程示意图

1. 栽后　2. 中耕除草后　3. 第一次施肥后　4. 平垄
5. 第一次培土　6. 第二次培土　7. 第三次培土　8. 第四次培土

午进行，因早晨露水大、湿度大，葱白和叶片容易折断而造成腐烂。⑤培土时要细心，不能损伤叶片，以免影响正常光合作用，同时造成伤口后也易引起腐烂或感染病害。

十三、大葱与其他作物间、套作技术

（一）大葱与小麦套种

大葱最适合与小麦套种，不仅互不影响生长，而且能减少小麦病害，增加小麦产量。因大葱地一般都很肥沃，熟土层厚，所以套种小麦产量高。同时，大葱在生长过程中可分泌一种具有杀菌作用的物质，使小麦病害减轻。

套种方法：河南省小麦适播期为 10 月上旬，这时大葱身高已基本长足，可进行最后一次培土。培土后将垄背横向用脚踩实，再用锹将垄背两侧的土垂直切下一部分，葱株两边各留10厘米左右宽（图5-3）。两边要切整齐，沟底整平，以便播种小麦。整好后施入基肥，肥与土混匀即可开沟播种小麦，播后浇水。11月中下旬刨收大葱，注意收葱时不要损坏麦苗。大葱收后清理畦面，整好畦背，适时为小麦灌冻水。

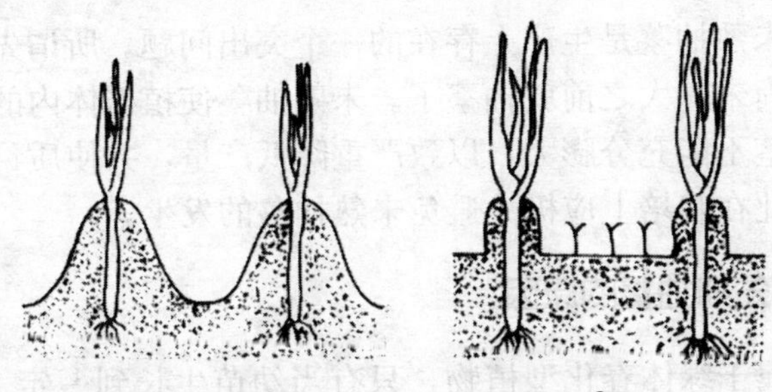

图5-3　大葱与小麦套种示意图
1. 小麦套种前　2. 小麦套种后

（二）大葱和萝卜间作

在新乡地区，萝卜是鸡腿葱的主要间作物。其间作方法是：萝卜播种前在大葱沟背上开穴施基肥，7月中下旬趁雨后土壤湿润时播种萝卜。一般采用点播法，株距15～20厘米，每穴5～6粒种子。播后2～3天即可出苗，7～8天长出2片真叶时间苗，要间去小苗、弱苗。4～5片真叶时定棵，每穴留1棵。7～8片真叶时追施碳酸氢铵或硫酸铵或腐熟的人粪尿。萝卜苗期一般不需要浇水，因为正值雨季，并且幼苗还小，需水量少。后期结合大葱浇水即可满足萝卜对水分的需要。前期大葱中耕只锄畦背两侧的土，不影响萝卜生长。为了兼顾萝卜生长，大葱的平沟及培土可适当延迟进行，待9月中旬萝卜长到0.4～0.5千克时即可收获，以免影响大葱生长。另一方面，此时正是蔬菜淡季，萝卜上市价格高，受欢迎。

间作萝卜生长期短，应选用早中熟品种，如露八分、地黄缨等品种，叶片较直立，适合间作。待萝卜收获后，立即平葱沟、培土，大葱仍可获得高产。大葱最后一次培土后还可套种小麦、菠菜等作物，进一步提高土地利用率，增加复种指数。

十四、防止洋葱先期抽薹技术

洋葱未熟抽薹是生产上存在的一个突出问题。所谓先期抽薹就是在鳞茎尚未膨大之前就抽薹了。未熟抽薹使植株体内的营养大量消耗，鳞茎不能充分膨大，以致严重降低产量，并使质量及贮藏性下降。为此在栽培上应极力避免未熟抽薹的发生。

（一）先期抽薹的原因

洋葱属于绿体春化型植物，只有当幼苗生长到一定大小以后，才能有效地通过低温春化。所以，洋葱的先期抽薹，主要是因为播种过早，秧苗越冬前长得过大（茎粗 0.5 厘米以上），受到低温的影响而通过春化阶段。低温春化时间长短因品种而异，一般 2～5℃的低温经 60～70 天以上就可通过春化。茎越粗感应低温的能力越强，然后遇到高温、长日照时即抽薹开花。所以生产上往往由于秋季播种太早、管理不当等，使秧苗在越冬时发棵过大，从而春季先期抽薹。当然还与品种以及肥水管理等因素有关。

（二）防止洋葱先期抽薹的措施

1. 选择冬性强的品种　洋葱不同品种对低温和长日照的反应存在一定差异。冬性弱的品种即便在秧苗较小时，经历较短时间的低温也会通过春化引起抽薹。而冬性强的品种，需要较长时间的低温才会通过春化，所以抽薹率低。从外地引种时必须了解该品种的特性。

2. 适时播种　适期播种是防止洋葱先期抽薹的最有效措施。越冬的幼苗，低温条件易于满足，难以控制，关键是通过适时播种来控制幼苗的大小。适当早播是洋葱高产栽培的重要措施之一，但是随着播种期的提早，翌年春季未熟抽薹植株的比例也随之增加（表 4－3）。经验表明，当植株未熟抽薹率超过 20%时，就会引起大幅度减产。因此，必须把播种期安排在适期范围内，既要使幼苗在越冬前有足够的生长日期，以期获得足够大小的幼苗，又不能使幼苗超过绿体春化所必需的临界大小。以北京为例，当 11 月下旬越冬前洋葱幼苗达到 3～4 片叶，苗高 18～24 厘米，假茎粗度不超过 0.7 厘米时，翌年春季定植后其未熟抽薹率可大致控制在 20%以下（表 5－3）。因此，适宜的播种期大致在 8 月下旬，越冬前苗龄约 90 天为宜。

表 5－3　洋葱幼苗假茎粗度与未熟抽薹的关系

（北京市农林科学院蔬菜研究所）

假茎粗度（毫米）	4.5～5	5.1～6	6.1～7	7.1～8	8.1～9	9.1～10	10.1～11	11 以上	总计
调查株数	22	30	42	59	27	13	4	11	208
抽薹株数	1	3	12	27	18	8	4	9	82
无薹株数	21	27	30	32	9	5	0	2	126
抽薹率（%）	17			52.3		75			39.4

注：品种为紫皮洋葱；播期为 8 月中旬；该年生产田未熟抽薹率普遍较常年为高。

3. 适时定植　定植时，洋葱幼苗的大小与第二年未熟抽薹关系很大。但如果定植过早，虽定植时幼苗并不大，而定植后气温尚高，幼苗可继续生长，当生长到通过春化的大小时，亦会造成先期抽薹。所以，洋葱必须适时定植。

4. 控制肥水　幼苗期肥水要适当，施肥不能太多，苗距不宜过大。否则，幼苗生长过快，越冬时幼苗过大，就易发生先期抽薹。

5. 促进返青后生长　幼苗露地直接越冬的，第二年春返青后应及时追肥浇水，促进营养生长。否则，植株瘦弱，也易先期抽薹。

6. 严格选苗　定植时挑出过大的秧苗。若定植时苗子偏大，可适当搁置几日，以抑制生长，然后再行定植，也有减少先期抽薹的作用。但搁置日数不能太长，否则不利成活，降低成苗率。

在洋葱生产中，一旦发生了先期抽薹，应及时从花薹基部将花薹摘除。这样，还可形成鳞茎。不能只摘花球，而要带薹一起摘除。如果采薹过晚或只摘除花球，不仅由于花薹生长消耗营养而减产，而且鳞茎遇雨易积水腐烂，不耐贮存。另外，还可把将要抽薹的洋葱全株拔起，当鲜葱出售供应市场。

第六章 绿色根菜类蔬菜栽培关键技术

一、生食萝卜栽培关键技术

生食萝卜在山东及京津地区有着悠久的栽培历史，各地普遍种植。因其富含糖、维生素 C、淀粉酶、木质素等，生食可代替水果，有助消化、祛痰等功效，是很好的保健食品，故各地历来有生食萝卜的习惯。

（一）生食萝卜优良品种

绿皮绿肉生食萝卜品种主要有鲁萝卜1号、鲁萝卜4号、潍县青、卫青等。

1. 鲁萝卜1号 山东省农业科学院蔬菜研究所育成的杂种一代。叶丛较小，羽状裂叶，深绿色。肉质根圆柱形，出土部分达4/5以上，皮深绿色，肉翠绿色，质地紧实，脆甜，稍辣。一般单株根重750克。该品种生长势强，抗病，丰产。一般667米^{2}产4 000千克以上。特耐贮藏。

2. 鲁萝卜4号 系山东省农业科学院蔬菜研究所育成的杂种一代。叶丛半直立，羽状裂叶，深绿色。肉质根长圆柱形，入土部分较小，皮呈深绿色，肉翠绿色，肉质紧密，甜脆多汁，微辣。单株根重500克以上。一般667米^{2}产4 000千克以上。

3. 潍县青 为潍坊市地方品种，俗称潍县萝卜。目前主栽品种为二大缨。叶丛半直立，羽状裂叶，深绿色。肉质根长圆柱形。单株重600克左右。出土部分占3/4，皮深绿色，肉质致密，甜脆多汁，稍有辣味，收获后贮藏一段时间后，其风味更佳。一般667米^{2}产3 000～4 000千克。

4. 卫青 为天津市郊区农家品种。叶丛较平展，羽状裂叶，深绿色。肉质根短圆柱形或圆柱形，出土部分比例很大，皮深绿色，有白锈，仅肉质根尾部入土。皮薄，肉质致密，翠绿色，脆甜多汁，稍有辣味。耐贮藏，贮藏后品质风味更佳。生长期80天左右。单株根重400～500克。抗病毒病、霜霉病较差。

（二）栽培关键技术

1. 适当晚播 过早播种，易感病毒病，且肉质根芥辣油含量高，辣味重，品质差，故应适当晚播，一般于8月中旬播种。

2. 宽垄双行种植 鲁萝卜1号、鲁萝卜4号、卫青等，可采用宽垄双行种植，行距33厘米，株距25～30厘米。潍县青则宜平畦种植。

3. 施足有机肥作基肥 定苗后每667米^{2}施10千克硫酸铵，并浇水，促叶丛生长；露肩时（9月中旬）每667米^{2}施氮磷钾复合肥15～20千克。

4. 适时浇水 肉质根膨大期，5～7天浇一水，不能过干、过湿，防止裂根。

5. 适时收获 立冬前后根据具体情况适时收获，−3～−2℃会受冻害，注意防止受冻。

二、心里美萝卜栽培关键技术

心里美萝卜由于肉质鲜艳、脆嫩、多汁，具有良好的外观商品性和食用价值，故作为水果萝卜很受消费者青睐。

（一）杂种一代的特点

心里美杂种一代品种较常规品种特点明显，所以更受欢迎。其特点如下：①生长势强，抗病、高产、稳产。②肉质根生长速度快，汁多味甜，口感爽脆，肉质细嫩，品质优良。③品种个体间肉质色鲜艳，整齐一致。④皮色光滑，形状整齐，商品性好。

（二）栽培关键技术

1. 土地选择　选择沙壤土或壤土地进行栽培；不要用前茬为十字花科蔬菜的地块，以控制或减轻病害的发生。

2. 适期晚播　避开高温季节，以减轻病毒病的发生和避免产生过多的“芥子油”而降低品质。

3. 科学施肥　增施有机肥和钾肥，适当控制氮素化肥的用量。

4. 防治蚜虫　生长期内注意防治蚜虫，以减少传毒媒介，减轻病毒病的发生。

5. 均匀浇水　保持地面“见干见湿”，即地面白干时便进行浇水，防止忽干忽湿，以免肉质根开裂影响商品质量。

6. 适期收获，避免冻害。

三、萝卜芽苗生产技术

萝卜芽作为一种蔬菜，不但营养价值高，而且风味鲜美，很受群众喜欢。萝卜芽的生产方法有两种，即一般土培法和无土栽培法。

（一）一般土培法

首先将精选的种子浸种 4～8 小时使其萌发整齐。萝卜芽是一种密植软化的芽菜，1 米^2 的播种量为 80～120 克。播种前浇透底水，然后进行撒播或条播，播后覆 1.0～1.5 厘米厚的细沙，上面盖一层草席或报纸。从播种到采收需10～17天。也可在撒播后1次覆土厚10厘米，出苗后即行收获，这样黄化的嫩芽品质更佳。萝卜芽可以在室内或室外栽培。后者必须有遮阴及防雨设备，一直到收获的前3天再移至阳光下，使其充分绿化。通常每天浇水2～3次，以喷雾化水为好。当萝卜芽的子叶已经充分展开，真叶尚未长出时即应收获。采收方法是：手握满把向上拔起，清洗掉根部所带沙粒。食用前切除根部。

（二）无土栽培法

用底部有小孔的浅塑料盘或竹制浅筐为培养器，将纸巾或纱布铺于盘底，再把浸种4～8小时的萝卜种子均匀摊于铺垫物上，种子的铺放厚度为2～3厘米，将培养器用黑色塑料布罩住，保持黑暗状态，温度保持在20～25℃，湿度保持在60%～70%，每天定时淋水2～3次，5～6天后萝卜芽长到10厘米左右时即可采收食用。

四、防止萝卜未熟抽薹技术

萝卜肉质根在尚未膨大前，如果遇到了低温、长日照的条件，满足了阶段发育的需要，就会发生未熟抽薹现象。抽薹以后，营养物质供应开花结实用，影响肉质根的膨大。未熟抽薹决定于品种特性和外界条件总体的影响。栽培上常因品种选用不当、品种混杂、播种期太早及管理技术不当等而引起先期抽薹。在我国北部高纬度地区及西部高原地区温度低、日照长，如果秋冬萝卜播种过早，通过了阶段发育就会未熟抽薹。春季播种的品种，如果提早播种也易抽薹。阶段发育严格的品种与不严格的品种不适当地杂交，也会造成易抽薹。

北方地区从南方地区引种，容易过早满足南方品种通过阶段发育要求的低温、长日照条件，从而发生未熟抽薹现象。南方引种北方的品种，不易满足北方品种通过阶段发育要求的低温和长日照条件，因而通过春化时间延长，不易发生未熟抽薹。

防止未熟抽薹的关键是避免萝卜在营养生长期间有阶段发育的条件。例如，在不同季节、不同地区，选用适宜的品种；适期播种，选用阶段发育严格的品种；采用优良的栽培技术等，都可防止或减少先期抽薹的损失。

五、防止萝卜空心技术

萝卜空心是萝卜生长中常见的现象，生长期和贮存期均能发生。

（一）空心的原因

萝卜空心的主要原因是水分失调。在肉质根生长盛期细胞迅速膨大，如果温度过高、湿度过低，则植株呼吸作用和蒸腾作用旺盛，水分消耗过大，肉质根中部分薄壁细胞便会缺乏营养和水分而处于“饥饿”状态，细胞间产生间隙，因而就产生空心。其他如早期抽薹或延迟收获，或贮藏在高温干燥的场所，也会使萝卜失去大量水分而空心。此外，空心与品种、播种期、栽培条件等也密切相关。凡肉质根松软、生长快、细胞中糖分含量小的大型品种均易空心；播种过早、水分供应不当也容易使萝卜空心；在施肥上，如施肥过量，特别是氮肥过多，萝卜生长旺盛，地上部分与地下部分比例失调，地上部分生长迅速消耗养分多，不能有大量的同化物质输往肉质根，造成肉质根中糖分不足而形成空心；浇水不均匀也会造成空心，如肉质根膨大初期，土壤湿度过大，到膨大后期又过于干旱，也易造成空心；贮藏时，覆土过干，坑内湿度过低，这些都可造成空心。

（二）防止空心的措施

第一，选择不易空心的品种；第二，掌握适宜的播种期；第三，加强水肥管理，不使土壤过湿或过干；第四，适时收获，贮藏时覆土不宜过干；第五，在肉质根形成初期，可在叶面喷洒5%的蔗糖溶液或5毫克/千克的硼溶液，每7～10天喷1次，喷2～3次可以减少空心发生。

六、防止萝卜裂根技术

萝卜裂根也是生产中常出现的问题。萝卜裂根有几种现象，有的沿着肉质根纵向开裂；有的在靠近叶柄处横向开裂，也有的在根头处呈放射状开裂。一般在开始破裂时，破裂部分成龟裂状，以后龟裂部分逐渐增大，致使肉质根生长停止。

（一）裂根的原因

肉质根的破裂与土壤水分有关，由于在肉质根生长过程中土壤忽干忽湿，水分供应不均造成的。如在“破肚”后，肉质根开始膨大时，遇上高温、干旱天气，土壤水分蒸发量大，土壤含水量降低，水分供应不足，且持续时间较长，使肉质根膨大受到抑制，周皮层组织硬化，在这种情况下，突然降大雨或浇大水，薄壁细胞急骤膨大，使已经硬化的周皮层破裂而造成肉质根的破裂。

（二）防止措施

防止肉质根破裂的方法，主要是掌握合理浇水技术，使土壤保持一定湿度，不要过干、过湿，特别是蹲苗结束后开始浇水时，不要浇得过大。另外，在肉质根迅速膨大时期要均匀供水，不能忽干忽湿，以免肉质根的开裂。

七、防止萝卜杈根技术

（一）杈根的原因

萝卜杈根形成的主要原因是由于主根生长点被破坏，或主根生长受到阻碍，致使侧根膨大所致。在正常的条件下，萝卜的侧根功能是吸收水分和养分，但是如果土壤耕作层坚硬，或耕作层太浅、耕作层土壤中有砖头瓦块阻碍肉质根的生长，或施用未腐熟的有机肥料并且施肥不均匀，或土壤溶液浓度过大，或将种子播在粪块上而使主根生长点受到损伤等，侧根便会膨大，由吸收根变成贮藏根，从而形成杈根。此外，种子贮藏过久，特别是贮藏在高温、高湿条件下，萝卜的胚根受损伤，或因雨涝、中耕、移植、病虫危害等原因损伤了主根，也会产生杈根。

（二）防止措施

为了防止杈根形成，可采取以下具体措施：第一，精耕细作，深翻暴晒，加深活土层，土壤要整平整细，不留坷垃，消除石块；第二，有机肥料一定要充分腐熟；第三，播种时要防治地下害虫；第四，用当年采收的新种子，不用陈种子；第五，采用直播，不进行育苗移栽。

八、防止萝卜苦味、辣味技术

（一）形成原因

萝卜的苦味是由苦瓜素积累造成的。苦瓜素是一种含氮的生物碱。气温过高，氮肥过量而磷、钾肥不足，会使肉质根中的苦瓜素含量增加而出现苦味。因此，在栽培管理上，根据土壤中养分含量合理施肥，不使氮磷钾比例失调，就可以减少苦瓜素的形成，减少萝卜的苦味。

萝卜的辣味是由于肉质根中芥辣油含量增高所致。如果气候炎热、播种过早、肥水不足、土壤瘠薄、过度干旱及发生病虫害等，使萝卜植株生长不良，肉质根不能充分肥大，则芥辣油含量增加，辣味就浓。

（二）防止措施

在防止措施上首先应选用优良品种。萝卜的辣味强弱品种间差异很大，有的品种味甜，有的较辣。其次要适期播种，同一品种栽培季节不同，辣味也不一样。一般夏季播种的萝卜，由于在高温条件下生长，几乎所有品种都有辣味。再次在栽培管理上要精耕细作，合理施肥浇水，及时防治病虫害，创造良好的生长条件，保证植株生长健壮，减少芥辣油的形成和积累。

九、胡萝卜早出苗、出全苗技术

胡萝卜生产上存在的突出问题之一就是出苗难，即出苗慢、出苗不整齐。解决这一问题可从以下几方面着手。

（一）选用新鲜种子

由于胡萝卜种子的形成与构造的特点，发芽率只有70%左右。采用陈种子，发芽率会更低，常造成大量缺苗而影响产量。由陈种子长出的植株其肉质根还易产生分杈，从而降低商品品质。而选用质量好的新种子，则可避免以上情况发生。新、陈种子可以用嗅气味、观察种仁颜色来区别。新种子有辛香味，种仁白色；陈种子无辛香味，种仁黄色或深黄色。胡萝卜种子一般寿命5～6年，而适用期只有2～4年。每667米^{2}用种量1 000～1 250克（带毛），无毛种子每667米^{2}用量750克左右。

（二）种子处理

胡萝卜种皮革质，发芽率低，密生刺毛，相互黏结，播前应搓去种子上的刺毛，选晴天晒种1～2天，播种后能提高发芽势8%，提高发芽率12%，还可早出苗1天左右。

（三）适期早播

胡萝卜种子瘦弱，出土缓慢，生长期又长，要注意适期早播，充分利用生长季节，延长光合作用时间，促其早熟增产。如果播种太迟，就会影响肉质根的充分肥大，降低产量。所以，秋胡萝卜要比萝卜提前播种20～25天。

（四）播种技术

播种时可与少量小白菜种子混播，利用小白菜出苗快的特点进行遮阴，有利于胡萝卜出苗。播种要均匀，以免漏播而造成缺苗。

（五）播后管理

播种后为防止雨水冲刷造成土壤板结，可在土面盖一层短麦秆。若播种时浇水过多或下雨造成板结，难以出苗，要及时轻轻划破地皮，促进出苗，但不要使种子露在外面。如下种不匀及漏播，有少量缺苗现象，应及时补种。

第七章 绿色蔬菜病虫害防治技术

绿色蔬菜生产应从作物到病虫等整个生态系统出发，综合运用各种管理措施，创造不利于病虫滋生和有利于各类天敌繁衍的环境条件，保持农业生态系统的平衡和生物多样化，以减少各类病虫所造成的损失。绿色蔬菜病虫防治应优先采用农业措施；其次，尽量采用物理防治和生物防治措施，特殊情况下，必须使用农药时，按照《生产绿色食品的农药使用准则》有限制地使用化学农药。

一、农业防治技术

农业防治就是协调农业生态系统中的各种因素，使其有利于作物生长、不利于病虫的生长繁殖，从而避免或减轻病虫的危害。

（一）选用抗病虫丰产品种

选用抗性品种是防治蔬菜病虫害最经济有效的方法。目前，我国每种主要蔬菜的栽培品种都很多，品种间抗性差异比较显著，各地可因地制宜地选用抗病良种。如在黄瓜的栽培品种中，较抗枯萎病的品种有长春密刺、津杂 2 号；较抗霜霉病和白粉病的有津研系列品种，都可以有效地控制病情。

（二）选播无病虫种子，培育无病虫壮苗

病虫杂草常潜伏或混杂在种子和种苗中，通过播种和栽植带到田间，造成危害。因此，在蔬菜病虫草害的防治中，要建立无病留种田，进行种子播前消毒，加强苗床及苗期管理。

（三）轮作

轮作是蔬菜病虫害防治的一项基本措施，实行轮作不仅有利于蔬菜的生长，而且可减少土壤中的病原菌，恶化害虫的生存条件。要注意与非寄主作物轮作，轮作年限一般为2～3年。

（四）合理安排作物布局

作物布局可直接影响病虫的发生。如近20年来长江中下游地区小菜蛾为害严重，与十字花科蔬菜大面积周年连作密切相关；而合理间作可以减轻病虫为害，如北京、吉林等地用青椒或番茄套种玉米，能明显减少青椒、番茄上的蚜虫，进而减轻病毒病的发生。

（五）加强肥水管理

加强肥水管理不仅可以提高作物的抗病力和受害后的补偿能力，还可以直接影响病虫的发生。

（六）调整播期

根据病虫发生特点，在不影响作物生长的前提下，适当调整播期，可以避开病虫为害的高峰。如调整番茄、大白菜的播期，可以减少苗期传毒蚜虫的数量，减轻发病。

（七）中耕除草、清洁田园

及时中耕除草，清除田间病残体，可有效地减少病虫的越冬、越夏场所，控制病菌的初侵染来源和害虫的食物来源，降低危害程度。

二、物理防治技术

物理机械防治是利用各种物理因子、人工或器械防治害虫的方法，包括捕杀、诱杀、趋性利用、温湿度利用、阻隔分离及激光照射等新技术的应用。该法简便，成本低，不污染环境，是生产绿色蔬菜非常理想的病虫害防治方法。

（一）诱杀法

利用害虫的趋光性、趋化性和其他一些习性进行诱杀。目前，生产上经常利用一些夜蛾、螟蛾、金龟甲等成虫的趋光性进行黑光灯诱杀或测报；利用高压荧光灯（高压汞灯）诱杀棉铃虫；蚜虫、温室白粉虱、美洲斑潜蝇等害虫有趋黄性，田间悬挂黄板，涂上机油，或悬挂黄色黏虫胶纸，或设置黄盆，均可以诱杀这些害虫；棕榈蓟马嗜蓝色，田间或棚室可悬挂蓝色塑料膜板，涂上机油或不干胶诱杀；利用蚜虫等对银灰色的负趋性，可在田间铺设银灰色塑料薄膜带驱避蚜虫。生产上还常常利用一些害虫趋化性及栖息、越冬特性，取食、产卵等习性进行诱杀害虫，如利用杨树枝叶诱集棉铃虫和黏虫的成虫；利用诱蛾器（糖、醋、酒等混合液，加适量的杀虫剂）来诱杀多种夜蛾科成虫；用马粪诱集蝼蛄等。这些都是目前生产上最常用且十分有效的害虫诱集和杀灭方法。

（二）阻隔法

根据害虫习性，人为设置障碍阻止其扩散蔓延和危害。例如，果实套袋可防止一些食心虫产卵和幼虫蛀食；在棚室的各个通风口铺设30～60目的防虫网可有效地阻断白粉虱、美洲斑潜蝇、蚜虫等小虫的反复转移为害；在瓜秧的根茎周围铺沙或废纸可防止黄守瓜产卵；采用过筛或风选等措施可以汰除粮食中的害虫等。

（三）低温或高温灭虫

在北方可利用自然低温杀死贮藏期害虫，如在冬季严寒干燥的天气，打开仓库向阴的窗子，使冷空气进入，仓温降低到3～10℃，对一般贮藏害虫都有杀伤作用。用开水浸烫豌豆或蚕豆种，经25～30秒钟，然后在冷水中浸数分钟，可杀死里面的豌豆象或蚕豆象，而不影响种子发芽。

在保护地棚室中进行“高温闷棚”能有效地控制一些棚室害虫；用温汤或干热处理蔬菜种子，杀死种子内外附着的病菌；利用高温季节的太阳光照高温处理土壤，杀死土传病菌或害虫；或在蔬菜生长期高温闷棚，抑制一些病菌的生长等。

（四）人工机械捕杀

人工捕捉害虫、摘除卵块或群集的幼龄幼虫是较为有效的防治方法。斜纹夜蛾、灯蛾产卵成块，初孵幼虫群集为害，可摘卵块、在其分散前人工捕捉；利用金龟甲等害虫的假死性震落捕杀；利用黏虫等害虫的群集习性进行捕杀；摘除虫果、冬季或早春清洁田园都能有效地防治或消灭一些病虫害。

三、生物防治技术

（一）以虫治虫

以虫治虫就是利用天敌，对有害的昆虫用寄生或捕食的方法治虫。捕食性昆虫常见的有：步行虫、瓢虫、草蛉等。在农业生产上，利用草蛉、瓢虫防治蚜虫，以植绥螨防治叶螨等已取得良好效果。在利用寄生性昆虫方面，最成功的例子是人工饲养赤眼蜂。利用赤眼蜂寄生卵的特性，控制、杀死番茄棉铃虫、辣椒烟青虫等害虫。其他如丽蚜小蜂防治温室白粉虱、金小蜂防治菜青虫等，也在蔬菜生产中取得了一定效果。

（二）以菌治虫

昆虫的病原微生物有千余种，这些微生物对人、畜和植物无害，可用来防治害虫。用菌防虫具有应用范围广、毒力持久和使用方便的优点。

1. 病原真菌 引起昆虫病症的真菌种类有很多，常用的有白僵菌、绿僵菌和虫霉。白僵菌以防治大豆食心虫、玉米螟而著称；绿僵菌以防治地下害虫蛴螬而出名；虫霉则是蔬菜蚜虫的重要病原菌。

2. 苏云金杆菌 苏云金杆菌，又称 Bt 杀虫剂。它是一种寄生于昆虫体内的细菌，是微生物农药中应用最广泛的一类。我国市场上已出现多种苏云金杆菌制剂，如高效 Bt、复方青虫菌、大宝、7216 生物农药等，用其防治鳞翅目的害虫特别有效。

（三）以昆虫病毒治虫

一般昆虫病毒只感染某一种昆虫，并不感染人、畜、植物及其他有益的生物，因此使用比较安全。由于昆虫病毒具有专一性，可以制成良好的选择性杀虫剂，而对生态系统极少有破坏作用，这是应用昆虫病毒的一大优点。

用来防治蔬菜害虫的昆虫病毒主要有两类，即核型多角体病毒和颗粒体病毒。这两类病毒可防治菜青虫、斜纹夜蛾、烟青虫和棉铃虫等主要蔬菜害虫。害虫由发病至死亡时间较长，在 20℃温度条件下，一般需要 7～8 天。从国内昆虫病毒剂的发展情况来看，昆虫病毒复合杀虫剂的生产与应用已成为一大特色。首先是病毒与微生物复合的一种纯生物杀虫剂，是将昆虫病毒与苏云金杆菌或白僵菌进行了复合。其特点是：能集病毒和菌类制剂的优点于一体，既保持了微生物的广谱性和速效性，也保证了对抗药性害虫的特异性和持续性，弥补了单用病毒所起作用的不足，克服了苏云金杆菌对夜蛾科害虫不甚敏感的缺点。如小菜蛾病毒与苏云金杆菌复合的生物杀虫剂，被运用于蔬菜害虫的防治，取得了十分满意的治虫效果。另外一类是病毒与低残毒的化学农药复配的“生物—化学杀虫剂”。该制剂既可发挥病毒治虫的优势，大大减少化学农药的使用量，又能起到化学药剂杀虫的作用。

（四）以病原线虫治虫

病原线虫是寄生于昆虫体内的细丝形寄生虫。蔬菜害虫中的小地老虎、斜纹夜蛾、棉铃虫和菜青虫等，都有线虫寄生，一般寄生率为40％～70％，高的可达80％～90％。目前应用较多的小卷蛾线虫，就是一种杀虫范围广的生物，它能防治鳞翅目、双翅目、鞘翅目几百种不同的害虫，且均有较好的效果，尤其是在人工大量繁殖后，将其释放于田间，防治害虫的效果更好，其寄生率常高达85％左右。

（五）以生长调节剂治虫

昆虫生长调节剂号称第四代农药。例如灭幼脲是一种几丁质合成酶的抑制剂，可阻断害虫正常蜕皮而杀虫，对菜青虫、黏虫等害虫都有很好的防治效果。

（六）以植物疫苗治病

利用植物疫苗、植物抗性诱导剂防治植物病害，这是一种全新的病害防治方法，对一些难以控制的病害的防治效果明显。目前较为成功的是利用弱毒病素诱导植物产生抗病毒能力，减轻病毒的危害。例如，在分苗期，用100倍液弱病毒疫苗N_{14}蘸根处理30秒，可预防番茄的病毒病。

（七）以农用抗生素治病虫

农用抗生素是微生物的代谢产物，一般由发酵生产获得，用于防治作物病虫害效果优异。它们是由活体菌代谢而来，可以归为“生物源农药”。但严格地说，它们是化学物质而不是活体。一般为低毒，可在无公害蔬菜生产上使用。但某些抗生素，如阿维菌素的原药为高毒。因此，国家将其列入化学农药的范畴而进行严格管理，在有机蔬菜生产中严禁使用，在绿色蔬菜或无公害蔬菜生产中限制使用。抗生素依其防治作用，可分为农用抗生素及农用抗虫素两大类。

1. 农用抗生素

（1）农抗751　登记产品为1%中生菌水剂，中等毒性，用浓度为60毫克/千克拌种或20～30毫克/千克喷雾，可用于防治白菜软腐病。

（2）农抗120　登记产品为2%和4%农抗120水剂，属于低毒，200倍液喷雾，可用于防治瓜类白粉病、大白菜黑斑病和番茄疫病；200倍液灌根，可防治西瓜枯萎病、炭疽病。黄瓜白粉病则用其2%的水剂200倍液喷雾，隔15～20天喷1次，共喷4次。如病情重时，隔7～10天喷1次。

（3）多抗霉素　又名多氧霉素、多效霉素。低毒制剂，用1.5%可湿性粉剂75～100倍液，隔7～9天喷药1次，共用药5次，可防治黄瓜霜霉病、白粉病；用200～300倍液于发病前灌根，以后连续多次喷药，可防治瓜类枯萎病；75倍液间隔7～9天喷施1次，用药共5次，可防治番茄晚疫病和早疫病；150倍液用于土壤消毒，可防治菜苗猝倒病；400倍液可抑制洋葱霜霉病的发生。

（4）武夷菌素　登记产品为1%农抗武夷菌素水剂，属于低毒，用100～150倍液可防治黄瓜白粉病，效果达90%以上；100毫克/升武夷菌素液喷洒2次，能防治番茄叶霉病；150倍液能防治番茄灰霉病。此外，对黄瓜灰霉病、韭菜灰霉病也有一定防效。

（5）宁南霉素　登记产品为2%宁南霉素水剂，该制剂低毒，每667米^{2}喷洒有效成分6～8克，可防治番茄病毒病；若每667米^{2}用13毫升隔7天喷1次，共喷3次，可防治辣椒病毒病。

（6）井冈霉素　登记产品为5%井冈霉素水剂，属于低毒，在黄瓜播于苗床后，以1 000～2 000倍液浇灌苗床，每平方米用药液3～4千克，可防治黄瓜立枯病。

（7）春雷霉素　又称春日霉素，低毒，有较强的内吸性，我国登记产品为6%（6万个国际单位）春雷霉素可湿性粉剂，用300倍液灌根及喷雾，可防治黄瓜枯萎病。

（8）链霉素　登记产品72%农用硫酸链霉素可溶性粉剂，低毒，该制剂可防治白菜软腐病、番茄细菌性斑腐病、晚疫病，马铃薯种薯腐烂病、黑胫病，黄瓜角斑病、霜霉病，菜豆霜霉病、细菌性疫病，芹菜细菌性疫病。

2. 农用抗虫素

（1）多杀菌素　高效低毒抗虫素，对昆虫有胃毒和触杀作用。我国登记产品是菜喜2.5%悬浮剂，每667米^{2}有效剂量0.8～1.6克，能防治甘蓝小菜蛾。应避免直接用于蜜源植物、养蜂场所。对水生节肢动物有毒，还应避免污染河川、水源。

（2）阿维菌素　原药高毒，制剂低毒，生产有机蔬菜、绿色蔬菜禁用，生产无公害蔬菜目前尚未限制。它是高效、广谱、低残毒杀虫、杀螨剂，有胃毒和触杀作用。登记产品有效成分含量0.1%～1.8%不等，剂型有乳油、可湿性粉剂，使用量1 000～8 000倍液不等。可防治多种蔬菜害虫，如蜱螨目（二斑叶螨、跗线螨）、鳞翅目（小菜蛾、甜菜夜蛾等）、双翅目（美洲斑潜蝇、韭蛆）、鞘翅目（黄条跳甲）等。阿维菌素对捕食性和寄生性天敌有直接触杀作用，对蜜蜂、鱼类及水生生物高毒，应避免在这些地面使用。

由于阿维菌素的毒性高，为此，又研制出毒性稍低、效果更好的富表甲基阿维菌素。该药毒性中等。登记产品为0.5%乳油。防治小菜蛾时，每667米^{2}用0.25克（有效成分）即可。但该药不能与碱性农药混用，对鱼虾、蜜蜂的毒性仍高。

（3）浏阳霉素　登记产品10%浏阳霉素乳油，低毒，每667米^{2}用4～5克有效成分，可防治蔬菜上的叶螨，对蚜虫也有一定效果。

（八）以植物浸出液治虫

20世纪末，各国都在寻求能杀死病虫，而对人、畜无害，又不污染环境的特异物质，这些特异物质包括：昆虫的拒食性、阻碍生长发育、抑制蜕皮、抑制蛹的发育和羽化、不育作用（包括干扰雌虫信息素的分泌和干扰交配）以及驱避产卵等。这些植物源的农药，不同于以前在植物中寻找有触杀或胃毒作用的物质，已不再是将有毒杀作用的植物次生物质提取制作杀虫、杀菌剂的旧概念。目前，全世界对数千种植物正在进行研究与应用，国内外公认对蔬菜病虫害防治效果较好的植物有：印度楝树、四川楝树、大蒜、烟草、蓖麻叶、洋葱、丝瓜叶、番茄叶、苦参、臭椿、大葱叶、辣椒、除虫菊、苦木、透骨草、狼毒、淫羊藿、豆薯、枫杨叶、闹羊花、辣蓼、桃叶、油茶枯、皂角、橘皮、半夏、马齿苋、曼陀罗、野艾蒿、苍耳、花椒等。现将几种主要植物浸出液对蔬菜病虫害防治的效果及方法分述如下。

1. 印度楝树 印度楝树的浸出液、楝树油、楝子仁粉、楝树子饼等，均能杀虫、驱虫，被昆虫拒食，抑制害虫生长，还可杀死真菌和线虫。

2. 辣椒 辣椒的成熟果实及种子均具有杀虫、驱虫、拒食、熏蒸性的杀虫效果，能杀死蚜虫、粉虱、菜白蝶、马铃薯甲虫等蔬菜害虫。一般将100克辣椒磨成粉，加水1千克，摇匀、过滤作原液备用。使用前1份原液，加5份肥皂水稀释，喷雾防治。

3. 大蒜 大蒜内含有大蒜素，具有杀虫、驱虫、拒食、杀细菌、杀真菌、杀线虫等作用。大蒜叶、大蒜头捣碎、过滤后，可对水喷雾，在蔬菜上可用于杀蚜虫、黏虫、马铃薯甲虫、菜白蝶、线虫等。大蒜还能用于防治霉菌和豆类锈病及真菌病害。大蒜的溶剂要现配现用，以免有效成分挥发而失效。

4. 烟草 烟草叶片和秸秆中含有尼古丁，对昆虫有胃毒、驱虫和呼吸毒性，也有杀螨、杀真菌的作用。用烟草秸秆和叶片1千克，切碎浸泡在15千克的水中，经一昼夜后，滤去烟草残渣，加入少量肥皂水作黏着剂而喷雾，能杀死蚜虫、菜青虫、黄曲条跳甲、米象、潜叶蝇、螨虫、螟虫、蓟马等害虫，以及防治菜豆的锈病、马铃薯的真菌病和卷叶病毒等病害。

4. 蓖麻　蓖麻的种仁含有蓖麻毒素，蓖麻叶片的有毒成分稍低。使用时，可用蓖麻子的油渣滓1千克，加水5千克，加肥皂水0.2千克；如用蓖麻叶捣碎，对水10倍；如用蓖麻叶晒干磨粉，则按0.5%的量，拌入土杂肥中，均能杀死蔬菜上的蚜虫、菜青虫、金龟子、地蛆、地老虎、蛴螬等害虫。使用方法可喷雾、喷洒、拌入土杂肥中或直接投入粪池中。蓖麻毒素遇热、遇紫外线时会失去其对病虫害的毒性，故应随配随用。

四、生态防治技术

在蔬菜病害中，80%以上是由真菌侵染引起的病害，这些病害在温度适宜、湿度大的条件下易发生，特别是高湿、植株叶面结露水发病更重。如果棚室不进行合理通风，及时调节棚室内湿度、温度，病害极易大发生，即使采用药剂防治也很难控制其危害。采用生态防治技术在防治黄瓜霜霉病时取得了成功，因为霜霉病菌在温度为18～22℃、高湿、叶面结露时病害大发生。通过适时通风，调整棚内湿度，实行24小时变温管理，并小水勤灌，灌后通风，使棚室内温、湿度对霜霉病发生不利，从而控制病害发生。

五、化学防治技术

生产AA级绿色蔬菜不允许使用化学农药，生产A级绿色蔬菜可有选择地限量使用化学农药。

（一）种子处理

使用化学药剂进行拌种、浸种或闷种，来杀死种子上的病菌。如用50%多菌灵可湿性粉剂500倍液浸种1小时，可防治多种真菌病害；用25%甲霜灵可湿性粉剂500倍液浸种0.5～1小时，可防治疫病、霜霉病等；用40%福尔马林150倍液浸种1.5小时，或硫酸链霉素500倍液浸种2小时，可防治细菌性病害；用10%

磷酸三钠浸种 30 分钟，可防治病毒病等。

（二）土壤处理

育苗前做好苗床土壤处理，是预防土传病害的重要措施之一。

1. 甲醛熏蒸 播种前半个月，先将床土挖松，再浇灌甲醛稀释液，一般每平方米苗床面积用 40%甲醛 400 毫升，加水 15～30 千克（看苗床土壤含水量而定），均匀地洒于床土上，然后用塑料薄膜贴近床面盖严，4～5 天后揭掉薄膜，再用齿耙耧松苗床，待甲醛充分挥发后才能播种。

2. 药土 每平方米床面用 50%多菌灵和 50%福美双可湿性粉剂各 8～10 克，先用 10～15 千克半干的细土均匀混合配成药土，播种前先取 1/3 的药土均匀地撒到苗床上，然后播种；再把剩余的药土覆盖在种子上面，使种子上下都有药土保护，然后用喷壶洒水使土壤保持湿润，以后在管理时也不要使土壤过干，以免发生药害。

3. 土壤消毒 发现苗床中有少数幼苗发病，立即拔除病苗，再用 50%多菌灵、50%甲霜灵、64%杀毒矾可湿性粉剂 500 倍液喷洒，也可用 75%百菌清可湿性粉剂 1 000 倍液喷洒。

（三）茎叶喷雾

喷雾法比喷粉法在植物上的沉积率高，特别是低容量和超低容量。

（四）喷粉及粉尘施药

将农药粉剂用喷粉器进行喷撒。喷粉法工效高，但粉粒飘散大，生产上使用较少。将粉剂进一步加工成极细的粉尘剂再喷施，即为粉尘施药技术。目前在保护地粉尘施药技术已被推广应用。

（五）施毒饵

将药剂与害虫喜食的饵料混拌一起撒入田间，诱引害虫取食而发挥杀虫作用，主要用于防治地下害虫或活动性较强的害虫。

（六）熏蒸法

利用熏蒸剂或挥发性较强的药剂进行熏蒸处理以防治病虫。此法可用于温室或仓库防治害虫，如用敌敌畏熏蒸防治温室粉虱等。

（七）化学防治中使用农药应注意的问题

1. 对症用药　农药的种类很多，各种药剂都有一定的使用范围和防治对象，要根据田间害虫种类和特性及寄主植物的种类，按照农药的性能选用特效的农药。

2. 适时用药　在采取防治措施时，不仅要考虑经济阈值，还应抓住害虫的薄弱环节施药。如初孵幼虫和低龄幼虫抗药力差，是防治时可利用的薄弱环节；蛀果类害虫的防治应抓住钻果之前的关键时期。

3. 精确掌握用药浓度和用药量　杀虫剂的浓度和用量是根据害虫对象、作物生育期及施药方法等决定的。由于各种条件千差万别，在大面积施药前，应事先做好农药的试验，找出适宜的用药浓度和用药量，即既可杀死害虫又能保护天敌，不要盲目地提高农药的浓度和用量。为做到用药量准确，要使用称量器，如量杯、量筒、天平、小秤等，按说明书称量。

4. 恰当的施药方法　应根据所用农药的特性、病虫发生的特点、作物特点，选用恰当的施药方法，才能达到防效好、用药少、有效长的目的。大力推广采取烟剂、粉尘剂进行熏烟和粉尘施药，来防治棚室的病虫害，较喷雾省力、省工、省药、效果好。

5. 保证施药质量　施药时力求均匀周到，叶子正反面均要着药，尤其像蚜虫、红蜘蛛等多在叶子背面，施用触杀剂时，施药不周则很难保证防治效果。

6. 注意气候条件　施药效果与气候因素也有密切关系，一般应在无风或微风天气施药。同时还要注意气温的高低，气温低时多数有机磷制剂效果不好，应在中午前后施药。气温高时药效虽好，但易引起药害。因此，应避免在中午施药。

7. 合理混用药剂 两种以上农药混用，往往可以互补缺点，发挥所长，起到增效作用或兼治两种以上病虫，并可节省劳力。农药混用也是克服害虫抗药性的有力措施。但是并非所有药剂都可互相混用，混用不当往往也会降低药效，甚至产生药害。

杀虫剂一般不能与碱性农药混合使用。很多有效的混用方式，都是广大群众多年来实践总结出来的，因此，对一些新的农药品种能否混用，最好通过试验后再确定。

8. 交替或轮换用药 同种作物长期连续使用一种农药，病菌害虫易产生抗药性，因此，提倡不同类型的药剂交替或轮换使用。

9. 遵守农药安全间隔期 农药安全间隔期又叫安全等待期，即最后一次施药后允许收获的最短时间，是根据农药在蔬菜上残留、代谢动态和最大残留允许标准制定的。蔬菜最后1次喷药到采收需要间隔一段时间，使农药通过生物体内新陈代谢活动或雨水淋洗，或日光照射，或气温等环境条件的影响，逐渐分解消失，降低到对人体无害的量。这段时间的长短因农药性质、蔬菜种类而不同，有的2～3天，有的7天，甚至更长。今天打药，明天采收上市的做法是绝不允许的。对接近成熟采收上市的黄瓜、番茄等蔬菜，一定要选择残效期短的农药品种，最好是生物农药。

10. 安全用药 严格执行有关农药使用的法规，严防人畜中毒。国家为安全使用化学农药，多次颁布相关的规定，以保证农产品的农药残留量不超过国家规定的残留极限。要切实按《农药合理使用准则》、《农药安全使用标准》等法规执行，做到科学地使用农药。

六、主要病虫害无公害防治技术

（一）幼苗猝倒病

1. 危害症状 猝倒病是冬春季节育苗经常发生的一种病害。幼苗出土前即可发生，造成种子、胚芽或子叶腐烂。受害幼苗出土后，在近地面幼茎基部呈水渍状黄褐色病斑，绕茎扩展，似水烫状，而后病茎缢缩成线状，幼苗即倒地。短期内子叶往往不萎蔫仍保持绿色，而根部表皮腐烂。几天后以病株为中心向四周迅速扩展，造成大片幼苗猝倒（图 7－1）。空气潮湿时，病苗或土壤表面出现白色絮状霉层。

图 7－1　辣椒幼苗猝倒病

2. 发病条件　影响发病的主要条件是土壤温度、湿度、光照和管理水平。病菌生长最适宜的土壤温度是 15～16℃，30℃以上时生长受到抑制；发病最适宜的土壤温度是 10℃，而 10℃不利于幼苗的生长。因此，早春育苗时，往往土温偏低、相对湿度大，加上通风不良等，常引起猝倒病严重发生。阴雨天多、光照不足、播种过密、间苗不及时、施用带菌肥料、长期使用老苗床等，都会使发病加重。

3. 无公害防治技术

（1）苗床处理　用 50％多菌灵可湿性粉剂和 50％福美双可湿性粉剂 1∶1 混合，每平方米用药 8～10 克；或用 32％的苗菌敌可湿性粉剂10克，加细土10～15千克拌匀配成药土，播种时将2/3药土撒于畦面上，播种后将剩余的药土覆盖在种子上。

（2）种子处理　温汤浸种既可杀死种子上携带的病菌，又可起到催芽的作用。药剂处理可用50%福美双可湿性粉剂300倍液或50%多菌灵可湿性粉剂800倍液，或用25%甲霜灵可湿性粉剂1 500倍液和65%代森锌可湿性粉剂1 500倍液按3∶1混合浸种。

（3）加强苗床管理　①采用快速育苗、无土育苗或无病土育苗。②播种密度不易过大，注意间苗和分苗，做好保温工作，施足底肥，粪肥要充分腐熟。③不能大水漫灌，以免苗床湿度过大。如果苗床湿度较大，应及时通风，也可撒细干土或草木灰降低湿度。同时要及时拔除病苗以防蔓延。④苗期喷施0.2%磷酸二氢钾、0.1%氯化钙提高幼苗抗病力。

（4）化学防治　发现病苗及时喷药，可用58%甲霜灵锰锌可湿性粉剂500倍液或72.2%普力克水剂600倍、64%杀毒矾可湿性粉剂500倍液喷洒，5～7天一次，连喷2～3次。

（二）幼苗立枯病

1. 危害症状　幼苗出土后即可受害，病苗幼茎基部变褐色，以后病部收缩变细，茎叶萎蔫枯死。稍大的幼苗发病初期白天萎蔫，夜间恢复，当病斑绕茎一周时，幼苗逐渐枯死，叶片萎蔫不能恢复，而幼苗直立不倒（图7-2）。

2. 发病条件　病菌发育适宜温度为24℃，播种过密、间苗或分苗不及时，造成幼苗徒长，温度过高、通风不良、土壤水分忽高忽低均易发病。病菌常从根部、幼茎和伤口侵染而引起发病。

3. 无公害防治技术

（1）种子处理　用种子重量0.3%的40%拌种双或50%福美双拌种。

（2）加强苗床　注意提高地温、科学通风，防止苗床出现高温、高湿现象。苗期喷施植保素7 500～9 000倍液，或0.1%～0.2%磷酸二氢钾提高幼苗抗病力。

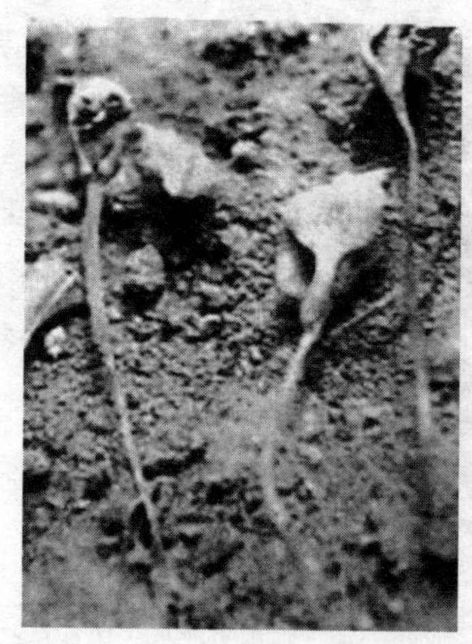
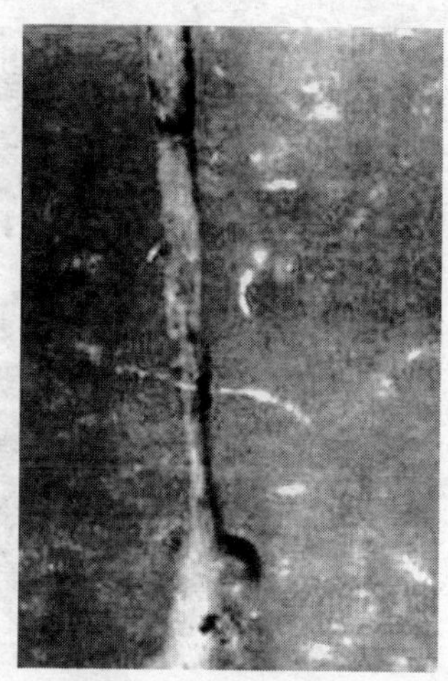

图 7-2　茄子幼苗立枯病

（3）化学防治　发病初期喷施 20%甲基立枯磷乳油 1 200 倍液或 70%甲基托布津粉剂 1 000 倍液、50%立枯净可湿性粉剂 900 倍液、70%敌克松粉剂 1 000 倍液、75%百菌清可湿性粉剂 600 倍液、70%代森锰锌可湿性粉剂 600 倍液。以上药剂每隔 7～10 天一次，连喷 2～3 次。

（三）黄瓜霜霉病

1. 危害症状　黄瓜霜霉病是黄瓜最主要的病害，俗称跑马干。苗期、成株期均可发病，主要为害叶片。苗期子叶被害，子叶正面产生不规则褪绿水渍状黄斑，潮湿时叶背病斑上产生灰黑色霉层，造成子叶干垂，幼苗死亡。成株期发病，多在开花至结果期较重，一般由植株下部叶片向上部叶片发展蔓延。发病初期在叶背产生水渍状斑点（图 7-3），病斑逐渐变为淡黄色或黄色，最后变为淡褐色干枯。病斑的扩展因受叶脉限制，呈三角形，边缘明显，潮湿时叶背长出灰黑色霉层。病情严重时，多个病斑连接成片，全叶变为黄褐色干枯而死亡。

2. 发病条件　病菌喜温暖高湿环境，适宜发病温度为 10～

图 7－3 黄瓜霜霉病发病初期

30℃，最适宜温度为 15～24℃，相对湿度 85%以上。当叶面有水滴或水膜时，病菌容易侵入和萌发。春季多雨、多露、多雾，且温度上升到 20～25℃，霜霉病可迅速发生流行。一般保护地发病重于露地，栽培上定植过密、氮肥使用过多、通风不及时等发病重。

3. 无公害防治技术

（1）选用抗病品种　对霜霉病较为抗病的黄瓜品种有津研系列黄瓜、津杂 1 号、津杂 2 号、中农 1 号、中农 3 号、西农 58、广州全青等。

（2）选地与肥水管理　种植黄瓜要选地势高燥、通风透光、排水良好的地块，进行深沟高畦栽培，施足有机肥，增施磷、钾肥，提高植株本身的抗病性。生长前期适当控制浇水次数。

（3）生态防病　霜霉病是黄瓜上发生最普遍、危害最严重的病害，对这种病害采用生态防治是最经济有效的栽培防治措施。根据黄瓜霜霉病适宜发病的生态条件：温度 15～24℃，相对湿度 85%以上，叶片上有水滴或水膜。当温度低于 15℃、高于 28℃，或相对湿度低于 70%时就不利发病。因此在管理中，只要控制住发病条件之一（温度或湿度），就可抑制病害发生。

具体管理方法：早上棚室先放风1小时，以降低湿度，然后闭棚提高温度至28～32℃，通过高温控制霜霉病的发生，且有利于黄瓜的生长。中午和下午黄瓜叶片中已积累了一部分光合产物，光合强度下降，因此要通风降温，降到20～25℃，虽然这一温度有利于发病，但通风后湿度已降到70%以下，低湿限制了病害的发生。傍晚再放风2～3小时，使前半夜湿度控制在70%以下、温度在15～20℃，适宜温度有利于叶片中白天积累的光合产物外运。后半夜棚内湿度逐渐升高到85%以上，但温度却降到12～13℃，低温抑制了病害发生，且有利于降低黄瓜呼吸强度，减少碳水化合物的消耗。白天随着外界气温的回升，棚内温度越来越高，靠低温抑制发病已不可能，则可用高温或低湿来控制。大棚黄瓜浇水宜在晴天早上进行，浇后闭棚升温，达32℃左右，然后通风排湿。

总之，控制霜霉病发生的生态条件是：生长前期：上午高温，下午低湿；前半夜低湿，后半夜低温。后期：上午高温，下午低湿，夜间仍是低湿。此方法防治效果可达90%以上。

（4）高温闷棚　利用黄瓜与霜霉病菌对高温的忍耐性不同来抑制病菌或杀死病菌。方法是，选择晴天中午将大棚关闭，使棚内黄瓜生长点附近的温度上升到45℃，不超过47℃，维持2～3小时，然后逐步放风降低温度。处理时要求土壤含水量高，棚内湿度大，避免灼伤黄瓜生长点。

（5）药剂防治　在发病初期7天内，及时喷药防治。可选用58%甲霜灵锰锌可湿性粉剂600倍液，或72%杜邦克露可湿性粉剂800倍液、69%安克锰锌可湿性粉剂1 000倍液、72.2%普力克水剂800倍液、64%杀毒矾可湿性粉剂1 000倍液喷洒。另外，阴雨天，每667米^{2}可用45%百菌清烟熏剂200～250克或5%百菌清粉尘剂或47%加瑞农粉尘剂1 000克烟熏或喷粉，以提高综合防效。发病前进行预防喷雾，可用40%达科宁悬浮剂600倍液或77%可杀得可湿性粉剂1 000倍液、75%百菌清可湿性粉剂600倍液等喷雾。

以上药剂要交替使用，并按照国家有关农药使用安全间隔期规定执行。如72%杜邦克露可湿性粉剂安全间隔期为10天，72.2%普力克水剂安全间隔期为8天，77%可杀得可湿性粉剂安全间隔期为6天，47%加瑞农粉尘剂全间隔期为10天。

(四) 黄瓜白粉病

1. 危害症状 黄瓜白粉病在苗期至收获期均可发病。主要危害叶片，叶片发病初期，在叶背或叶面产生白色粉状小圆斑，以后逐渐扩大为不规则、边缘不明显的白粉状霉斑，病斑可以连接成片，布满整张叶片。发病后期病斑上产生许多黑褐色小黑点。发病严重时，叶片枯死。

2. 发病条件 病菌随病残体在土壤、寄主上越冬或越夏，翌年温湿度条件适宜时，通过气流或雨水传播。田间流行温度16～25℃，相对湿度80%以上。保护地黄瓜因通风不良、栽培密度过大、氮肥施用过多、田块低洼而发病较重。

3. 无公害防治技术

(1) 选用耐病品种　如津杂系列、津研2号、津研4号、津研6号、中农8号、山东1号、早春1号等品种。

(2) 加强管理　合理密植，开沟排水；及时摘除病叶、老叶，加强通风透光；增施磷、钾肥，提高植株抗病力。

(3) 保护地烟熏处理　白粉病发生初期，每50米^{3}空间用硫黄120克、锯末500克拌匀，分放几处，傍晚开始熏蒸一夜，第二天清晨开棚通风；或用45%百菌清烟熏剂每667米^2 250克进行熏蒸。

(4) 化学防治　在发病初期喷药，连续2～3次。药剂可选用40%福星乳油6 000倍液、62.25%仙生可湿性粉剂600倍液、15%粉锈宁可湿性粉剂1 500倍液、70%甲基托布津可湿性粉剂800倍液、75%百菌清可湿性粉剂600倍液等喷雾。以上药剂要交替使用，并按照国家有关农药使用安全间隔期规定执行。如15%粉锈宁可湿性粉剂安全间隔期为7天，70%甲基托布津可湿性粉剂安全间隔期为14天，40%福星乳油安全间隔期为18天等。

（五）西葫芦灰霉病

1. 危害症状　西葫芦灰霉病可为害叶、茎、花、果等部位。受害部位呈水浸状软腐、萎缩，表面生有灰色或灰绿色霉层，有时出现黑色小点（菌核）。

2. 发病条件　病菌靠风雨及农事操作传播，可通过叶、茎、花、果的表皮直接侵入植株，但更多的是由伤口、开败的花、老叶先端坏死处侵入。高湿（相对湿度94％以上）、温度较低（18～23℃）、光照不足、植株长势弱时，容易发病。当气温超过30℃或低于4℃、相对湿度不足90％时，停止蔓延。春季气温低、湿度大、叶面结露、通风不及时等情况下发病重。

3. 无公害防治技术

（1）农业防治　清洁田园，及时摘除黄叶、病叶、病花、病果，零星发病时，立即摘除染病组织，带出田外深埋；适当控制浇水，降低湿度，要求叶面不结露或结露时间短，增加光照等。

（2）药剂防治　花期结合使用防落素蘸花，在配制好的防落素溶液中，按0.1％的比例加入50％速克灵可湿性粉剂或50％扑海因可湿性粉剂。发病初期，用50％速克灵可湿性粉剂1 000倍液或75％百菌清可湿性粉剂600倍液等喷雾。保护地栽培，还可用10％速克灵烟剂或45％百菌清烟剂，按每667米^2 200～250克熏烟。也可用5％百菌清粉尘剂或10％灭克粉尘剂等，按每667米^2 1千克喷粉。烟剂、粉尘剂应于傍晚关闭棚室前使用，第二天通风。各种药剂要交替使用。

（六）番茄晚疫病

1. 危害症状　幼苗、成株均可发病，为害叶、茎、果，以成株期的叶片和青果受害最重。成株期叶片染病，多从下部叶片开始，形成暗绿色水浸状边缘不明显的病斑，扩大后呈褐色。湿度大时叶背病健交界处出现白霉，干燥时病部干枯，脆而易破。茎部病斑最初呈黑色凹陷，后变黑褐腐烂。青果染病，病斑呈油渍状暗绿色，后变黑褐色，稍凹陷，病部较硬，湿度大时生长白霉，迅速腐烂。

2. 发病条件 低温、潮湿是发病的主要条件。温度在18～23℃时菌丝生长最快，相对湿度在95%～100%、有水滴或水膜时有利于发病和流行。底肥不足、偏施氮肥、连阴雨、光照不足、通风不良、浇水过多、密度过大，均利于发病。病菌经气流、灌溉水进行传播再侵染。

3. 无公害防治技术

（1）农业防治 选用抗病品种；与非茄科作物实行3年以上轮作；加强肥水管理；合理密植；改善通风透光条件；及时清除中心病株、病叶等。

（2）药剂防治 ①喷药。用72%的杜邦克露可湿性粉剂800倍液、25%雷多米尔可湿性粉剂800倍液、72%霜霉威水剂600倍液等喷雾。②施粉尘剂。可用5%百菌清粉尘剂每公顷每次15千克或5%霜脲锰锌粉尘剂每公顷每次1千克喷粉。③施烟剂。可用45%百菌清烟剂每公顷每次3.75千克熏烟。④灌根。可用50%甲霜铜可湿性粉剂600倍液，每株灌药液300毫升左右即可。

（七）番茄灰霉病

1. 危害症状 番茄花、果、叶、茎均可发病，果实染病，残留的花瓣先被侵染，以后向果实或果柄扩展，致使果皮成灰白色，并生有厚厚的灰色霉层。叶片发病多从叶尖开始沿叶脉成“V”形向内扩展，初呈水渍状，边缘有深浅相间的纹状线，病、健部界限分明。茎染病时，开始呈水渍状小点，后扩展为长圆形或条状病斑，浅褐色。湿度大时病斑表面生灰色霉层，严重时病部以上枯死。

2. 发病条件 主要发生在保护地内，温度在20～30℃，相对湿度在90%以上时有利于发病。病菌从伤口、衰老器官等枯死的组织上侵入，花期是侵染高峰期，蘸花是主要的人为传播途径。此外，密度过高、管理不及时，都会加快此病的扩展。

3. 无公害防治技术

（1）生态防治　保护地主要是控制棚室温度和湿度。一般上午晚放风，超过30℃开始放风，下午温度维持在20～25℃，至20℃时停止放风，使夜间温度保持在15～17℃。阴天打开通风口换气。

（2）加强栽培管理　定植时施足底肥；避免阴雨天浇水，浇水后放风排湿；发病后控制浇水和施肥，病果、病叶及时摘除，并集中处理；拉秧后及时清除病残体，防止再侵染。

（3）化学防治　重点抓好移栽前、开花期和果实膨大期三个关键时期用药。移栽前用50%速克灵可湿性粉剂1 500～2 000倍液或50%扑海因可湿性粉剂1 500倍液喷淋幼苗；开花期结合防落素蘸花施药，即在配好的防落素液中加入0.1%的50%扑海因可湿性粉剂，或50%多菌灵可湿性粉剂进行蘸花或涂抹；果实膨大期，在浇催果水前或初发病时施药。可选用50%速克灵可湿性粉剂2 000倍液或50%扑海因可湿性粉剂1 500倍液喷雾。

（八）辣椒病毒病

1. 危害症状　辣椒病毒病的危害症状主要有两种类型：①花叶坏死型。由烟草花叶病毒引起，病叶出现不规则褪绿、浓绿与淡绿相间的花叶状（图7－4），有的叶上出现褐色坏死斑，造成落叶、落花、落果，以致整株死亡。②叶片畸形丛生。由黄瓜花叶病毒引起，表现为叶片增厚、变小或呈蕨叶状。叶脉褪绿，皱缩，凹凸不平，呈线状（图7－5）。茎节间短缩，植株矮化，枝叶呈丛状。病果呈现花斑或坏死斑，畸形，易脱落。

2. 发病条件　主要是由蚜虫传播和接触传染。高温、干旱，不仅有利于蚜虫发生危害，而且还降低植株抗病毒能力，病毒病发生较重。定植晚、重茬、缺肥易发病。田间作业，如整枝、摘果等，可通过接触摩擦及伤口传播。

3. 无公害防治技术

（1）选用耐病品种　如同丰37、吉杂2号等。

（2）种子消毒　先用清水浸种2～3小时，再用10%磷酸三钠

图 7-4　花叶坏死型

图 7-5　叶片畸形丛生

溶液浸泡 20～30 分钟，清水淘洗干净后再催芽、播种。

（3）培育壮苗　无病株采种，无病土育苗，适期播种。苗期及时用杀蚜素水剂 200～400 倍液防治蚜虫。

（4）加强田间管理　发病初期及时拔除病株，并在田外销毁。施足有机肥，增施磷、钾肥，提高植株本身的抗病性，减轻病害；合理密植，铺地膜，加盖小拱棚；前期及时供水，浇水后及时松土，提高地温，促进发根；中期注意通风，防止徒长，促花保果。

撤膜后加强肥水管理，防止早衰。

（5）化学防治　发病初期可用1.8%爱多收水剂6 000倍液叶面喷施，以提高植株抗病能力。化学防治常用药剂有20%病毒A可湿性粉剂500倍液、1.5%植病灵800倍液。定植前10天、定植缓苗后及盛果期各喷1次0.1%硫酸锌，也有一定的防病效果。以上药剂要交替使用。

（九）大葱、洋葱软腐病

1. 危害症状　在大葱、洋葱生长后期，植株外部的1～2张叶片基部产生半透明灰白色斑，叶鞘基部软化腐烂，致使外叶折倒，并继续向内扩展，使植株呈水渍状软腐，并伴有恶臭，此病为细菌侵染所致。

2. 发病条件　软腐病菌可在病株上越冬，也能在土壤中腐生，通过未腐熟的肥料、雨水和灌溉水传播蔓延，通过伤口侵入。种蝇、韭蛆、蛴螬等地下害虫易引发此病。低洼连作地、植株徒长易发病。

3. 无公害防治技术

（1）农业防治　培育壮苗，适时移栽；施足基肥，增施磷、钾肥，提高植株的抵抗能力；选晴天适时收获，避免贮藏期发病。

（2）及时防治蓟马、蝇等害虫。

（3）化学防治　可用20%龙克菌可湿性粉剂500倍液或12%绿乳铜乳油500倍液、77%可杀得可湿性粉剂500～600倍液、5%菌毒清乳剂300倍液、72%农用链霉素可湿性粉剂4 000倍液等，在发病初期喷施，重点是喷植株基部，7天后再喷一次。

（十）萝卜黑腐病

1. 危害症状　萝卜黑腐病主要为害萝卜叶和根。叶片染病，叶缘出现“V”字形病斑，叶脉变黑，叶缘变黄，后扩展到全叶。根部染病，导管变黑，萝卜内部干腐，外观往往看不出明显症状，但髓部多成黑色干腐状，后形成空洞。田间多并发软腐病，萝卜最终呈腐烂状。

2. 发病条件 带菌的种子是本病远距离传播的主要途径。生长期，病菌主要通过病株、雨水、昆虫、肥料等传播。高温多雨、湿度大、叶面结露、叶缘吐水、暴风雨频繁，有利于病菌侵染和发病。此外，与十字花科连作、肥水管理不当、植株徒长或早衰、害虫防治不及时等，往往发病重。

3. 无公害防治技术

（1）农业防治 选用耐病品种，如丰光一代萝卜、石家庄白萝卜等；轮作倒茬，采用配方施肥；适时播种，不宜过早；加强管理，苗期小水勤浇，降低土温，及时间苗、定苗。

（2）种子处理 50℃温水浸种30分钟，或60℃干热灭菌6小时，或用种子重量的0.4%的50%琥胶肥酸铜可湿性粉剂拌种，用清水冲洗后晾干播种。也可用种子重量的0.2%的50%福美双可湿性粉剂拌种。

（3）土壤处理 播种前每667米^{2}穴施50%福美双可湿性粉剂或40%五氯硝基本粉剂750克。方法是取上述药剂750克，对水10升，拌入100千克细土后撒入穴中。

（4）喷药防治 发病初期喷洒72%农用硫酸链霉素可湿性粉剂3 000～4 000倍液，或47%加瑞农可湿性粉剂700倍液，每隔7～10天1次，连喷3～4次。

（十一）温室白粉虱

1. 危害症状 温室白粉虱俗称小白蛾（图7-6），主要为害黄瓜、番茄、茄子、辣椒、白菜、甘蓝、花椰菜、菜豆等。吸食植株汁液，使叶片变黄、萎蔫、枯死。严重时叶片、果实引起煤污，不能食用。一般周年危害，以秋季发生量最大，冬季在温室作物上继续危害。

2. 发生条件 白粉虱可周年发生危害，最适宜发育温度为18～21℃，相对湿度70%以上。

图 7-6　温室白粉虱

3. 无公害防治技术

（1）农业防治　温室第一茬种植白粉虱不喜欢吃的芹菜、蒜黄等；育苗前彻底熏杀残余的白粉虱，清理杂草，在通风口增设尼龙纱网，控制外来虫源等。

（2）生物防治　人工繁殖释放丽蚜小蜂，当温室蔬菜上白粉虱成虫在每株 0.5 头以下时，按每株 15 头的量释放丽蚜小蜂，每隔 2 周放 1 次，共 3 次。

（3）物理防治　在温室内设置黄板（1 米长、0.7 米宽的硬纸板或纤维板，涂成黄色，再涂上一层黏油，每 667 米^2 挂 32～34 块），诱杀成虫效果显著。黄板设置于行间，与植株高度相平。黏油一般使用 10 号机油加少许黄油调匀，7～10 天重涂 1 次。要防止油滴在植株上造成烧伤。

（4）化学防治　可用 2.5%的溴氰菊酯乳油 2 000～3 000 倍液，或 10%扑虱灵乳油 1 000 倍液，或 25%灭螨猛乳油 1 000 倍液，或高效氯氰菊酯 3 000～3 500 倍液等药剂喷雾防治。在保护地内还可选用 1%溴氰菊酯烟剂或 2.5%杀灭菊酯烟剂，用发烟器释放烟剂，效果也很好。

（十二）蚜虫

1. 危害症状 蚜虫分瓜蚜、桃蚜、甘蓝蚜、萝卜蚜。瓜蚜主要为害瓜类蔬菜，桃蚜、甘蓝蚜、萝卜蚜主要为害十字花科蔬菜，如白菜、甘蓝、花椰菜、萝卜等。桃蚜除了为害十字花科蔬菜外，还为害黄瓜、番茄、辣椒、马铃薯等。蚜虫主要在叶片上刺吸汁液，造成叶片卷缩变形。同时，大量分泌蜜露污染蔬菜，诱发煤污病。此外，蚜虫还传播多种病毒病，对作物造成的危害远远大于蚜害本身。

2. 发生条件 高温干旱有利于蚜虫生长繁殖，天气温暖时，4～5 天就可繁殖一代。当无翅蚜不断繁殖，虫口密度过大，食料不足时，就生出有翅蚜，飞到虫口密度小的地方，再繁殖无翅蚜。植株过密、窝风的地块发生最严重。一般，刮风下雨能抑制蚜虫的繁殖，但小风、小雨对蚜虫抑制作用不明显。

3. 无公害防治技术

（1）农业防治 合理轮作，注意清洁田园，以减少蚜源。

（2）银灰膜避蚜 在菜田间隔铺设银灰色薄膜条，可减少有翅蚜迁入。

（3）物理防治 黄板诱杀（图 7－7）。

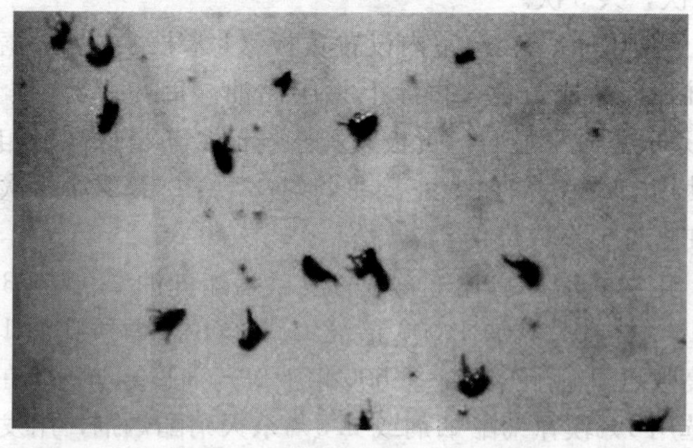

图 7－7 黄板诱杀蚜虫

（4）化学防治　用 50%抗蚜威可湿性粉剂，667 米^2 10～18 克，对水 30～50 升喷雾，有特效。其他常用药剂有 50%马拉硫磷乳油、40%乐果乳油 1 000～1 500 倍喷雾。还可选用 22%敌敌畏烟剂，667 米^2 用 0.5 千克，傍晚将棚室密闭熏杀，省工高效。

主要参考文献

[1] 陈碧华，张百俊，等.2006. 热激处理对甘蓝幼苗叶片保护酶活性的影响. 华北农学报 21（5）：6－8.

[2] 付兴国，张百俊，等.1994. 农业实用新技术大全. 北京：中国农业出版社.

[3] 付兴国，张百俊，等.1995. 高等农业技术师范教育专业技能教程. 北京:中国农业科技出版社.

[4] 李贞霞，张百俊，等.2004. 新乡市主要蔬菜硝酸盐污染调查研究. 河南职业技术师范学院学报 32（4）：39－40.

[5] 李贞霞，张百俊，等.2005. 郑州市主要蔬菜硝酸盐污染的调查研究. 安徽农业科学 33（5）：877－878.

[6] 刘富中，等.2004. 茄子无公害高效栽培. 北京：金盾出版社.

[7] 刘宜生，等.2005. 西葫芦南瓜无公害高效栽培. 北京：金盾出版社.

[8] 孙涌栋，等.2003. 黄瓜根结线虫病的发病规律及防治技术 [J]. 山区开发（4）：25.

[9] 孙涌栋，等.2007. 铜对黄瓜种子萌发特性的影响研究 [J]. 广东农业科学（9）：20－21.

[10] 孙涌栋，等.2008. Zn^{2+} 对黄瓜发芽期生理特性的影响 [J]. 生态环境 17（1）：307－311.

[11] 孙涌栋，等.2008. 钙浸种对黄瓜种子发芽的影响 [J]. 山西农业科学 36（9）：24－26.

[12] 孙涌栋，等.2008. 水分胁迫对结球白菜光合特性的影响 [J]. 广东农业科学（4）：17－19.

[13] 孙守如，等.1996. 西葫芦四季栽培技术. 郑州：中原农民出版社.

[14] 孙新政，张百俊，等.1992. 冬瓜丝瓜苦瓜. 郑州：河南科技出版社.

[15] 王广印，张百俊，等.2004. NaCl 胁迫对黄瓜种子萌发的影响. 吉林农业大学学报 26（6）：624－627.

[16] 杨和连，张百俊，等.2005. 铝对西葫芦种子发芽及幼苗生长的影响.

中国种业（11）：49－50.

[17] 杨和连，张百俊，等.2007.重金属铬对豇豆幼苗生长的影响.种子（8）：79－81.

[18] 杨和连，张百俊，等.2007.我国蔬菜生产中的主要污染问题及防治对策.安徽农业科学35（5）：1431－1433.

[19] 于广建，张百俊，等.1998.蔬菜栽培技术.北京：中国农业科技出版社.

[20] 张百俊.1996.芹菜四季栽培.郑州：中原农民出版社.

[21] 张百俊，等.1996.大葱、洋葱高效栽培技术.郑州：中原农民出版社.

[22] 张百俊，等.2005.无公害蔬菜生产技术.郑州：中原农民出版社.

[23] 张百俊，等.2007.大蒜功能研究现状.河南科技学院学报：自然科学版35（4）：33－34.

[24] 张百俊，等.2007.无公害蔬菜生产配套技术.北京：中国农业出版社.

[25] 张百俊，等.2008.蔬菜生产新技术.郑州：中原农民出版社.

[26] 邓学法，张百俊，等.2002.现代农业生产新技术.北京：中国农业出版社.

帝国与国际法 译丛

原　　霸

THE H-WORD

霸权的演变

The Peripeteia of Hegemony

【英】佩里·安德森（Perry Anderson）著

李岩 译

当代世界出版社
THE CONTEMPORARY WORLD PRESS

总序

“大道之行也，天下为公。”将“天下”作为一种普遍主义秩序观的思考在中国古已有之，至今不绝。立天子，封建郡县，羁縻夷狄，直至万国朝宗，一种混合着制度治理、多元认同和道德理想的秩序安排相互契合，浑然一体，形成人类历史上最具持久连续性的普遍秩序。近代以来，这种普遍秩序受到来自西方文明所建构的另一种普遍秩序的挑战，它以科学进步的姿态、以民族国家的名义质疑中国在世界历史中的主体资格，由此开启中国于两种普遍秩序碰撞中的古今中西之争。为了获得加入西方主导的国际秩序的资格并获得西方主体的承认，中国不得不在政治制度和知识体系两方面将天下体系压缩为国家体系，将普遍主义的思考降低成一种作为传统的“地方性知识”，由此用一套内外有别的西方民族国家和国际法体系重新想象中国的历史、现在和未来。二者的分野撕裂了原有的整体秩序，我们只有用国内和国际两个视角才能勉强拼凑出一个相对完整的理解世界的知识图景。

然而，近代以来无论我们如何用民族国家的理论来改造中国，都只能在话语上将中国叙述或想象为一个民族国家，而事实上的中国依然维持着晚清帝国的领土、人口规模以及由此带来的文化、经济、社会乃至政制秩序的多样性。这种内在的冲突和张力始终伴随并困扰着现代中国，由此导致一个根本性悖谬：在西方的民族国家模型和理论中，中国无法成为一个正常国家，而由此带来的自我否定和怀疑，必然会从根本上摧毁中国人维持自身文明和发展的自信心。为此，我们始终面临着一个根本性抉择：要么罔顾多元交错的政教境况，将中国改造成西方意义上的民族国家，要么捍卫混同着民族国家和帝国想象的中国秩序，改造西方民族国家的知识体系，进而构造一个与帝国相匹配的知识体系和制度体系。

近代以降，这两种主张始终交织在一起，前者从地方自治论到当代海外流行的联邦论以及肢解中国的七国论，虽然是潜流但不绝如缕，后者从主张“中学为体、西学为用”到批评“言必称古希腊”以至于提出“第二次启蒙运动”，虽屡遭批判但依然前赴后继。在这两条道路之间如何选择不是一个理论问题，而是现实问题。虽然联合国拥有一百多个民族国家，但全球秩序从来都是按照帝国秩序建构的。从西方民族国家建构的全球殖民体系到“二战”后两大阵营以及“三个世界”的划分，从后冷战时代经历的短暂的“新罗马帝国”到目前的“后美国时代”。中国从古典向现代的转型，始终处于帝国秩序的支配之下。事实上，从民国政府在巴黎和会的遭遇开始，中国人就已经放弃了民族国家平等建构国际秩序的西方理论幻想，而对参与并建构世界的帝国秩序始终拥有清晰的认识。这种清晰的帝国意识很大程度上源于中国几千年天下秩序中形成的政治本能。从“中国革命是世界革命的一部分”到“三个世界”的建构，从中华民族伟大复兴到围绕“一带一路”战略建构国际政治经济新秩序，中国崛起带来的不仅仅是思考尺度的变化，更重要的是对民族国家尺度下形成的知识体系的挑战和重构。

如何应对这个挑战，中国学界显然并没有充分的准备，最需要贡献才智和想象力的领域，恰恰成为国内学界的知识短板。面对一个巨大的政体秩序变迁，中国学者往往要么无法摆脱“西方中心论”的窠臼，没有能力填补西方殖民史研究创造的种种真空领域；要么空有一番热情，却无法进入西方历史脉络，从而无法真正在中西秩序碰撞的历史处境中进行思考。主体性的缺乏，压抑了中国学界的创造欲望，知识能力的缺乏，剥夺了解释中国的发言资格。

如果说中国道路构成人类历史上从未有过的伟大实践，那么我们就需要寻找新的知识尺度来衡量和解释这一正在发生的伟大变革，而它必须能够对“中国是什么”以及“中国与世界的关系是什么”这两个问题提供新的解释。这必然意味着超越西方历史语境衍生出来一种帝国—民族国家的二元对立叙事，并在一种“否定的综合”中，通过重审人类古往今来所有关于国家和世界秩序的思考，提出新的秩序想象和世界图景。

本着这种意识，我们组织了这套“帝国与国际法译丛”，力求通过对国外有关帝国和国际法史优秀学术著作的引进，为解释中国寻找新的知识尺度，更新我们的世界观。而这首先意味着，我们要对百年来支配中国和世界想象的西方殖民秩序及其遗产进行彻底的知识清理。在这方面，国内学界表现仍然是不尽人意的，一些人要么仍然活在西方普遍秩序的幻觉中，否定中国道路的世界历史意义，并在一种目的论的指引下笃信中国最终将汇入西方普遍历史之中；要么由于西方殖民史上的种种罪恶及其带给中国人的家仇国恨和各种历史负担，对西方帝国历史持一种无原则的批判和否定，将任何带有西方色彩的东西都视为对中国的政治和文化殖民，并基于此刻意回避或否定西方的帝国和国际法秩序作为一种文明所积累的思想遗产。

我们尊重这些自尊心的表达方式，但拒绝沿袭它们的应变态度。我们认为，一个充分自信的学术共同体能够坦然面对自己的历史伤痕，并将这种怨恨转换为对于一个更具建构性问题的探索，从而使得中国能够在给定的西方帝国和国际法遗产的历史框架下，以一个负责任的参与者姿态向世界阐述自己的世界方案和文明理想。这意味着我们要敢于走进一个正面的西方，从西方历史发展脉络内部审视和理解整个过程，以及它们为消弭战争、实现和平所做的各种制度设计和努力。

围绕着这种态度，本译丛将工作重点放在以下几个方面：第一，在西方历史脉络中思考其帝国秩序的兴衰，及其在经济、政治、文化形态上的表现。为此，需要重点探索16–19世纪“欧洲公法秩序”形成的历史背景和发展过程，前者指的是罗马帝国及作为其特殊表现形态的中世纪基督教帝国，后者指的是伴随着欧洲民族国家秩序产生而产生的欧洲大陆的公法秩序、大英帝国海洋秩序以及二者对亚非拉美展开的海外殖民秩序。正是在这三种秩序的历史互动中，欧洲人为现代世界秩序贡献了最系统的关于海洋和陆地的治理方案、关于和平与共存的制度探索以及文明与野蛮的话语结构。

第二，在这一历史过程中，国际法从后罗马帝国万民法的语境中演变为一种帝国治理的方案，并发展成为列国政治的基本法律框架。由于国际法的“帝国模糊性”，它自产生之初就被帝国用来作为形成秩序的重要工具、架构、理念、意识形态；正是因此，它也成为第三世界国家在反抗殖民运动中的工具和诉求表达方式，从而使得国际法史的研究成为一个建构与批判的双向过程。因此，追溯国际法从其万民法渊薮以来的历史演变，将成为本译丛的第二个视角。

第三，本译丛关注欧洲公法秩序的衰落过程，这体现为国际秩序从欧洲性向世界性的历史演变。在这一历史过程中，各种新兴势力往往要么以大国姿态，要么以新兴独立国家姿态要求以文明主体的资格参与欧洲秩序，从而将一个欧洲的秩序扩充为一个世界性秩序。在此背景下，诸如美国、日本对于欧洲秩序的融入以及第三世界国家在反殖民浪潮中所表现出的帝国和国际法问题，将成为引介的重点，这赋予本译丛较强的反思性色彩。

第四，本译丛注意引介非西方世界对于普遍性问题的思考和探索，这使得译丛具有较强的比较色彩。我们深信，只有比较的视野才能赋予我们一种真正意义上的主体性思考。为此，我们必须超越对于西方秩序的过度倚重，将其作为诸种世界秩序中的一种并列放入与同时期其他秩序的比较之中，在一个同步的时空维度中观察和审视每一种世界秩序及其意义世界的演变。为此，诸如俄罗斯、伊斯兰国家等对于世界政治和国际法的理解，都是不应被忽视的思想资源。

第五，全球化及由此带来的人类在经济、政治和文化方面的普遍化问题，同样构成本译丛重点关注的知识领域。尽管任何文明都有一种对普遍性的想象，但人类真正在一种全球史的意义上感觉到彼此关联则是19世纪以来的事情。这一由资本主义经济和现代科技带动的整体性进程，以远超过单个国家和社群的政治意志的方式塑造着人类生活，而由此引发的全球治理、区域合作乃至算法科学方面的政治和法律问题，都将决定人类未来的政治命运，这使得本译丛具备较强的前瞻性。

我们深知，近百年来中国知识转型始终无法脱离“翻译的现代性”问题。在这方面，本译丛因其较强的问题意识和时代感也将汇入未来中国的历史记忆中。在出版业日趋繁荣的今天，我们勤勉于自己的事业和追求，同时也期待更多仁人志士的加盟。就此而言，以译促学、以文会友将是我们不变的初衷。我们深信，本译丛所凝结的问题意识，终将在未来中国绽放为最灿烂的思想花朵。届时，中国学者在该领域更加自觉和扎实的学术实践，将最终取代对于翻译知识的过分倚重，从而支撑起一个更加鲜活和饱满的汉语思想场域。

是为序。

译丛编委会

2017年4月30日

前言

无论是技术性的，还是政治性的，当代政治文 vii
献中，没有哪个专业术语像“霸权”这样显眼。然而，只要瞅一眼任何藏书丰富的图书馆就能发现，这一术语流行开来只不过是近来的事情。就英语文献而言，加州大学洛杉矶分校图书馆目录中的首个相关词条迟至1961年才出现。此后，标题中含有“霸权”一词的书籍在20世纪60年代仅有5本，70年代为16本，80年代为34本，到90年代则实现了飞跃，数量多达98本；在21世纪的最初15年，这一数字更是上升到了161本。也就是说，几乎平均每月一本。“霸权”不再是个晦涩的术语，也不再居于边缘地位。

这样的变化背后隐藏着什么内容呢？和“现代性”“民主”“合法性”及其他诸多政治概念一样，“霸权”这一概念也有着超出其当下意义的复杂历史；如果想要把握这一概念对于当下形势的重要性的话，我们就必须探究这些历史意义。“霸权”的历史横跨了八至九种独特的民族文化，我们有必要
viii 对每一种都加以考察。在此，考虑这一概念的命运时所用的方法——首先是语文学的历史比较研究。但其用法之宽广——运用方式和隐含意味都截然不同——绝不是单凭研究语义的演变就足以涵盖的。它们构成了一项政治指标，测量着数世纪以来权力与时代的变化。

本书与另一本书《葛兰西的二律背反》（*The Antinomies of Antonio Gramsci*）一同出版，后者则更加详尽地考察了有关霸权概念的一套作品——或许也是最重要的一套作品——及其诞生的背景。请同时阅读了两本书的读者对本书中非常简短的重复之处（在那本书中重复之处要更长一些）给予谅解，这样的重叠在思想研究上是不可避免的。尽管这两本书的研究目的及方法具有互补性，但并不相同。其侧重点均是写作时代的产物，而二者的写作时代又无甚相同之处，于是侧重点的差异也就更大了。不过，写作于四十年前的《葛兰西的二律背反》依然构成了写作本书的刺激因素，正是由于如此紧密的联系，才将不具有共时性的二者同时出版。

我要感谢南特高等研究院，正是在那里对美国外交政策这一相关主题进行研究时，我萌生了写作

本书的想法和布局。在写作过程中，对于我无法阅读的两种语言——中文和日语文献，我要特别感谢精通这两种语言的学者对我的指导：安德鲁·巴谢伊（Andrew Barshay）、玛丽·伊丽莎白·贝里（Mary Elizabeth Berry）、乔舒亚·福格尔（Joshua Fogel）、安妮克·堀内（Annick Horiuchi）、埃里克·赫顿（Eric Hutton）、加藤毅（Kato Tsuyoshi）、彼得·科尔尼基（Peter Kornicki）、杰伦·拉默斯（Jeroen Lamers）、马克·爱德华·刘易斯（Mark Edward Lewis）、凯特·怀尔德曼·中井（Kate Wildman Nakai）、蒂蒙·斯克里奇（Timon Screech）、王超华和章永乐。若不是他们的帮助，本书第九章将无从写就；但关于这一章中不可避免会 ix
含有的那些错误，以及本书其他地方对其他问题表达的观点，他们都不负有任何责任。本书的第八章较长一些的版本最初发表于《新左翼评论》第 100 期，2016 年 7/8 月刊。

2016 年 10 月

目 录

一

源头

（一）

从历史上来看，“霸权”一词当然起源于希腊 1
语，来自一个可追溯至荷马时代、意为“指导”或“领导”的词汇。希罗多德首先使用了“hēgemonia”这个抽象名词，用来指代为了某个共同的军事目标而结成的城邦国家联盟的领导权：被赋予这一光荣地位的是抵抗波斯入侵过程中的斯巴达。这一概念与“联盟”紧密相关，联盟的成员原则上是平等的，但处于“hēgemonia”地位的成员则可以为了某个特定的目标，指挥其他成员。从一开始，这个词便与另一个表示一般意义上的“统治”的词共存着：“arkhē”。两者之间有何关系？密尔的密友、著名的自由主义历史学家格罗特在《希腊史》一书中讨论公元前 5 世纪以雅典为首的提洛联盟的演化时，写出了著名的段落。他认为，“hēgemonia”是以自由状态下的“依恋”或“同意”为基础的领导权；而“arkhē”则是“更高一级的权威和强制性的威势”。修昔底德小心翼翼地对二者进行了区分，并且批评称雅典从前者到后者的转变是导致伯罗奔尼撒
2 战争失败的原因。[1] 近来考察古典时期证据的学者也同意这一结论：“霸权”和“帝国”这两个概念处于“你死我活的冲突中”，“造成二者间区别的因素”乃强力。[2]

然而对古希腊人来说，如此鲜明的区别却是陌生的。在希罗多德和色诺芬那里，“hēgemonia”和“arkhē”几乎是可以互换的。那么，是因为修昔底德更加小心仔细吗？但格罗特所依赖的那段文字以前者开头，以后者结尾，在讨论那段演化过程时并

---

[1] 乔治·格罗特（George Grote），《希腊史：从最早的时期至亚历山大大帝一代人退场》（*A History of Greece: from the Earliest Period to the Close of the Generation Contemporary with Alexander the Great*），伦敦，1850年，第五卷，第395至397页。格罗特的观点是以《伯罗奔尼撒战争史》第一卷的第97页为基础的。尽管在后文中其强烈谴责将城邦的盟友降格为臣民的做法，但格罗特对雅典建立的帝国仍满是溢美之词，他将其视为“一想到它就感到不可思议的盛景”，其行动“对希腊世界极为有利”，“其毁灭则是对自己臣民而言的巨大损失”；伦敦，1850年，第八卷，第394至395页。

[2] 约翰·威克沙姆（John Wickersham），《霸权与希腊史学家》（*Hegemony and Greek Historians*），伦敦，1994年，第74、31页。

未将二者对立起来。〔3〕在其他段落里，各行为方也未对二者作出区分。在远征西西里期间，一名雅典特使直截了当地将二者等同了起来：“波斯战争后我们获得了一支舰队，并且摆脱了斯巴达的统治和霸权”——“archēs 和 hēgemonias”。〔4〕最能说明问题的是，伯利克里亲自向公民们明确表示，他们应该感到自豪并不应放弃的是“arkhē”，而不是“hēgemonia”：“你们应该对本城邦在帝国中享有的威望感到骄傲，并做好为之而战的准备。”他表示，“你们逃避了这一责任，也就放弃了对荣耀的追逐。 3
不要认为这仅仅关乎自由还是奴役：帝国可能因此丧失，你们的统治激发的仇恨也会导致危险。”这名曾因温和适度受到修昔底德极力称赞的政治家总结称：“后代将铭记，在为对抗单独的或联合起来的敌人而进行的伟大战争中，我们拥有对于希腊人最重大的影响力，并且生活在一个最富裕、最伟大的城

---

〔3〕 存在着另外一种可能的解读：修昔底德指的其实是雅典领导地位的特征，而非其形成的时间，因为在其他地方——例如第一卷第 99 页——修昔底德似乎将雅典获得领导地位的时间追溯到了提洛联盟成立之时。理查德·温顿（Richard Winton）对格罗特处理这段文字的方式，以及格罗特的观点被当成了老生常谈的证据这一情况，提出了批评。见他那细致的记叙和锐利的结论：《“雅典的领导地位”和“雅典帝国”》（Thucydides I, 97, 2：“The ‘archē of the Athenians’ and the ‘Athenian Empire’”），《赫尔维蒂博物馆》（*Museum Helveticum*），1981 年，第 38 期，第 147 至 152 页。

〔4〕 结果就是：“我们如今拥有了一个帝国，因为这是我们挣来的。”《伯罗奔尼撒战争史》，第六卷，第 83 至 84 页。

市里。”〔5〕在强调了“arkhē”的正面价值后，修昔底德又赋予了伯利克里这一至高荣誉：“就这样，名义上实行民主制的雅典，事实上成为了一个由其最伟大公民‘统治’的政府。”〔6〕

在古希腊，霸权与帝国这两个概念之间之所以存在着延续性而非明确的反差，根源在于其各自的意义。汉斯·舍费尔（Hans Schaefer）在写于魏玛共和国末期的对霸权概念的首份学术研究中表明，霸权的确是联盟成员自愿让渡出来的领导权，但这是一项特定的委任，而不是普遍的权威：授予的是对于战场的指挥权。〔7〕战争而非和平，才是其应用范围。但由于军事指挥权是所有领导权中最重大的一项，从一开始，霸权便成为了一种对无条件权力的运用。这一权力是暂时的、有限的，但霸权势力一旦当选，就会延伸其时限与范围，这难道不是自然

〔5〕《伯罗奔尼撒战争史》，第二卷，第63至64页。

〔6〕《伯罗奔尼撒战争史》，第二卷，第65页。

〔7〕《国体与政治：对公元前六世纪和公元前五世纪希腊史的研究》（*Staatsform und Politik*：*Untersuchung zur griechischen Geschichte des 6. und 5. Jahrhunderts*），莱比锡，1932年，第196至251页。

而然和显而易见的吗?[8] 如果说在权力光谱的一端,“hēgemonia” 的内在便是可以扩充、膨胀的,那么“arkhē” 就其构成而言便是模糊不清的,根据 4
上下文(或者译者的倾向)可以翻译为“中性的统治或主导性的帝国”。在公元前 5 世纪的话语中,有人出于策略考虑而将前者与同意联系起来,将后者与强迫联系起来;但二者之间的平面滑动不居,使得“划分出稳定的界线”变得不可能。

到了公元前 4 世纪,情况发生了变化。伯罗奔尼撒战争失败之后,雅典演说家无法再像从前那样赞颂帝国,便对霸权的德性进行了重新评判,根据新形势赋予了其道德意味,将其视作弱者的理想。伊索克拉底(Isocrates)呼吁希腊人再次在雅典的领导下团结起来,对抗波斯,通过赞颂雅典的文化美德——历史上它曾赋予其他国家的益处,尤其是在哲学、雄辩和教育等方面——来为其争取霸权地位。他的颂词最具系统性地维护了文献中曾出现过的“将霸权视作自由认可下的优势地位”这一观念。但就连伊索克拉底也免不了提及这一概念的另一面:

---

〔8〕 正如维克托·埃伦贝格(Victor Ehrenberg)日后所言:“存在着联盟中的最高权力完全集中于霸权势力手中、盟友的自主权被削弱乃至最终化为乌有的倾向。这也就意味着,存在着从霸权势力主导下的联盟向 arkhē——建立在支配基础上的统一帝国——转变的趋势。这一趋势表现为不同的形式和程度,但是是无处不在的。此时,退出联盟就不仅仅意味着打破誓言,更意味着发动政治反叛。”见《希腊国家》(*The Greek State*),伦敦,1969 年,第 113 页。

希腊人也应该对雅典人曾享有的“伟大帝国”深怀感激之情。[9] 经历了二十五年的进一步挫败和羞辱，伊索克拉底请求与奋起反抗雅典支配地位的其他盟友达成和平，他哀叹道：“我们渴望一个既不公正、也无法维持、更于我们不利的帝国”，在伯罗奔尼撒战争中，对帝国的追求给城邦造成的灾难比历
5 史其他时期都要“深重得多”。[10] 此时，在已经放弃了“arkhē”之后，他在《逻各司赞美诗》中将霸权打造得更为美妙，将其视作词语之于一切事物的权力。[11] 但在现实中，事态的发展却与之截然相反：他一度想要安抚的国王粉碎了城邦对于马其顿统治的一切抵抗。通过强力征服，菲利普成为了“希腊的霸权势力”，在科林斯城正式获得了这一称号。[12]

亚里士多德在回顾这段历史时表示，“在希腊占

---

〔9〕《颂词》(*Panegyricus*)，第107页。他先是评论称，雅典人在对待希腊人时总是“考虑很周到，毫不傲慢”，因而“理应享有霸权”。随后他又解释称，米洛斯的居民遭到屠杀也只不过是罪有应得，“某些与我们作战者需要得到严厉的教训，但这并不代表我们的统治不当”。

〔10〕《论和平》(*On Peace*)，第66、86页。

〔11〕《尼古克勒斯》(*Nicocles*)，第9页；《泛雅典集会辞》(*Panathenaicus*)，第13页。

〔12〕对阿里安记载亚历山大赋予其父亲“专制霸主”这一称号、赋予自己“希腊霸主”这一称号的段落以及另外一些记载其他称号的资料来源的讨论，见博斯沃思（A. B. Bosworth），《对阿里安所著亚历山大传的历史评论》(*A Historical Commentary on Arrian's History of Alexander*)，牛津，1980年，第48至49页。

据霸权地位的两大城邦雅典和斯巴达，都将自己的
政府形式作为标准——一个是民主制，另一个是寡
头制——强加在其他城邦之上，不在乎其他城邦的
利益，只在乎自己的利益”，直到“各个城邦的人
民也都对此感到习惯，甚至不再渴望平等，而是要
么试图统治他人，要么忍受臣服的地位”。〔13〕换句
话说，霸权内在地具有干涉主义性质。科林斯联盟
的各个成员在名义上也是平等的，但与菲利普的专
制权力相一致的是，该联盟的规则要比此前任何先
例都更加过分，授权霸权势力阻止城邦宪法发生任
何变化，还专门禁止“没收财产、再分配土地、取
消债务，以及出于革命目的解放奴隶”。就连当代研
究菲利普的知名历史学家、他坚定的仰慕者乔治·
考克韦尔（George Cawkwell）也不禁发问：“难道从公
元前337年开始，希腊社会就要被冻结起来吗？这
符合谁的利益？这些马其顿的叛国贼难道要永远掌
权？”随后他又敦促“应减轻这一极为严厉的判断， 6
因为毕竟菲利普于公元前337年定下的规则还是受
欢迎的”。〔14〕最后他总结称：“科林斯联盟的真正秘
密就在于霸权势力这一角色。”他也许在无意中吐露
了更多信息。

---

〔13〕《政治学》（*Politics*），第四卷，第129页。

〔14〕考克韦尔，《马其顿的菲利普》（*Philip of Macedon*），伦敦，1978年，第171页、第174至175页。

（二）

“霸权”这一术语长眠于亚里士多德的时代。在罗马，联盟分崩离析，其成员被纳入了一个任何希腊城邦都无法匹敌的不断扩张的共和国之中，此时的政治用语并不需要那么模棱两可和委婉，因而也就不需要该术语。在罗马灭亡之后，“霸权”一词同样未能进入欧洲中世纪或现代早期的用语之中。在霍布斯翻译修昔底德的作品中，我们找不到这个词。〔15〕作为当代政治术语，“霸权”一词直到于19世纪中叶在德国首度出现于非古籍的语境中——介于民族统一和古典研究之间的交叉路口——才再度为人知晓：该国为数众多的沉醉于古希腊那段过往的历史学家称赞普鲁士王国有能力领导德意志其他邦国走上统一之路。在英格兰，格罗特无法令这一术语扎下根来，批评人士抱怨他引入了这一词，他自己在往后的作品中也改用了“领头地位”这一较

---

〔15〕他将“hēgemonia”分别译为“命令”或“权威”，见第一卷，第75页、第96至97页、第120页；“arkhē”主要被译为“支配”，见第一卷，第75页；第二卷，第62、65页；第五卷，第69页；第六卷，第83、85页。但此外也被译为“统治”“命令”“统治他人”“自由”。只有一次被译为“帝国”，那恰好是格罗特选中用于对“hēgemonia”和“arkhē”作出区分的第一卷第97页的那个段落。他或许是受到了霍布斯的提醒。

为模糊的说法。《泰晤士报》的评论文章凸显了“霸权”一词带有的新奇的异域风情：“无疑这是一种光荣的雄心壮志，它促使普鲁士去追求德意志邦联的领导地位——或者用那块满是教授的土地自己 7
的语言来说就是，‘霸权’。”[16]

从反抗拿破仑的解放战争开始，自由主义和民族主义思想家便将普鲁士视作促使分裂的民族得以统一的希望——期待它担负起这项事业的“领袖”或是“主导”职责，此类用词对于这样一项仍处于萌芽状态的抱负而言十分常见。1831 年时，来自符腾堡的自由主义法学家、杰出的古典学者保罗·普菲策（Paul Pfitzer）以“两位友人的对话”这一形式，首度改变了此类用语，更加成熟地阐述了柏林对于德国的未来应发挥何种作用。要想实现民族统一，德国是否必须先赢得政治自由？还是说只有当普鲁士凭借军事实力实现了民族统一之后，才可能获得自由？普菲策毫不怀疑哪种说法更加有力：“如果种种迹象并未欺骗我们，那么命运曾将腓特烈大帝赐予普鲁士，又令普鲁士成为了德意志的保护国”；与此同时，这样一种“霸权地位”将刺激德国核心地带“公共生活的发展以及各种势力的互动与斗争”。[17]

---

〔16〕《牛津英语词典》，《泰晤士报》1860 年 5 月 5 日。

〔17〕《两位德国人之间通信》（*Briefwechsel zweier Deutscher*），第二版，斯图加特-蒂宾根，1832 年，第 270 至 272 页、第 174 至 175 页。

到了1848年革命之时，“霸权”一词成为自由主义历史学家的一句口号，他们以此向普鲁士施压，希望其承担起柏林宫廷已拒绝的使命。罗马法研究界冉冉升起的新星蒙森一头扎进了新闻行业，宣称“普鲁士有权将自己占据霸权地位作为入主德国的前提条件”，因为“只有普鲁士的霸权才能拯救德国”。〔18〕在基尔大学任教的德罗伊森（Johann Gustav
8 Droysen）则于1830年代发表了研究亚历山大大帝的开拓性作品。随后他又完成了两卷研究亚历山大之前君王的作品，提出了作为连接古典时代和基督教时期重要桥梁的“古代文明的希腊化时期”这一概念。〔19〕然而在提出这一虔诚的主题之前，德罗伊森先将马其顿强权歌颂为终结了“深陷在纠缠不清的小国政治中无可救药的”希腊那悲惨和可耻处境的

〔18〕他又补充道，反之亦然：“普鲁士国家代表着进步”，但“即使强大如普鲁士，如果它变得停滞不前，也就将衰落下去。因此普鲁士必须向德意志扩张”，其他德意志领土“只不过在名义上是‘国’，实际上仅仅是‘省’”。见《石勒苏益格-荷尔斯泰因报》（*Schleswig-Holstein Zeitung*），1848年5月16日、8月28日。蒙森日后将把这一希腊术语引入令其声名显赫的罗马史领域，见《罗马史》（*Romische Geschichte*）第一卷，其中有一章讨论的就是“罗马在拉丁地区的霸权”。

〔19〕急于洗刷掉早期德罗伊森身上的狭隘民族主义罪名的莫米利亚诺，念兹在兹的正是其研究的这一宗教层面，虽然后来他也批评德罗伊森——“史上最伟大的史学家之一”——从过于政治而非文化的角度讨论希腊化问题，并且未能恰当地评价犹太教在基督教兴起过程中发挥的作用。见《马其顿得的菲利普》（*Filippo il Macedone*），佛罗伦萨，1934年，第xi、xvi页；《论古代及现代史学》（*Essays in Ancient and Modern Historiography*），芝加哥，2012年，第307至320页。

一股创造性力量：菲利普和亚历山大击败了由德摩斯梯尼守卫的“陈腐、衰朽的”民主雅典，使得“希腊化的生活方式涌入了亚洲”。[20] 很少有人体会不出这段话对于作者所处时代的影射意义。欣策便在悼念德罗伊森的文章中评论道：“马其顿的军事君主制面对支离破碎、各自为政的希腊世界时的地位，几乎就像是将普鲁士之于各位爱国者向往的德意志诸邦的支配地位粉刷了一番一样。”“实现民族统一和建立共同的民族国家，乃那个时代的最高要求和进行历史评判的尺度。全部光芒都照耀在亚历山大身上，德摩斯梯尼则被全部阴影吞噬。”[21]

---

〔20〕《亚历山大大帝传》(*Geschichte Alexanders des Grossen*)，柏林，1917 年，第 33、45 页。

〔21〕《历史及政治论文》(*Historische und Politische Aufsätze*)，第四卷，1908 年，第 97 页。格罗特从英式自由主义的立场出发，对于马其顿各位统治者自然作出了截然相反的评价。强迫雅典接受其“对于希腊世界的领头地位”的菲利普，是希腊人“自由和独立的毁灭者”。见《希腊史》，第二卷，伦敦，1853 年，第 700、716 页。至于亚历山大——格罗特将其入侵亚洲时派出的小分队比作拿破仑入侵俄国时被其逼上前线的那些可怜的德国佬——格罗特则评论道：“他那些伟大的品质都只适合于对抗敌人；当然，所有已知的和未知的人群，选择臣服于他者除外，都算是他的敌人。”见《希腊史》，第十二卷，伦敦，1856 年，第 69 至 70 页、第 352 页。不出意料地，格罗特对德罗伊森也持批评的态度。同上，第 357、360 页。有关德罗伊森和格罗特对于亚历山大大帝及希腊化时期截然相反的态度，以及两人各自的哲学及政治背景（前者是黑格尔主义和浪漫的民族主义，后者是边沁主义和自由主义帝国主义)，见下列敏锐的思考：伊恩·莫耶（Ian Moyer)，《埃及与希腊化的限度》(*Egypt and the Limits of Hellenism*)，剑桥，2011 年，第 11 至 17 页；菲罗兹·瓦苏尼亚(Phiroze Vasunia)，《古典时代与被殖民的印度》(*Classics and Colonial India*)，牛津，2013 年，第 36 至 51 页。

9 因此，德罗伊森可谓是在1848年法兰克福国民议会中发挥领导作用的完美人选。他随后担任了该议会宪法委员会的书记。“普鲁士的强大难道不是德国之福吗?”一年之前他曾问道。在议会召开前夕的四月的某一天，他评论道:“普鲁士已成为了德国的草图”，前者应该融入后者，前者的军队和财富应该成为统一后德国的骨架，因为“我们需要一个强大的首领”。[22] 十二月时他又在写给朋友的信中表示:“我在竭尽所能地为普鲁士获得可传承的霸权而努力。”——也就是说，请求霍亨佐伦王朝在德国称帝。[23] 但普鲁士国王腓特烈·威廉四世却拒绝戴上低贱的法兰克福国民议会奉上的皇冠，这不啻于一个沉重的打击。但德罗伊森并未失去信念。他于1849年5月向同侪表示，自己的团体应该退出议会，但仍应忠于“普鲁士霸权这一永恒的想法”。[24] 他将余生都致力于研究霍亨佐伦王朝及其仆从的历史。

因抗议汉诺威国王废弃宪法而遭到解职的“哥廷根七君子”之一、文学史学家格尔维努斯（Georg

---

〔22〕《政论文集》(*Politische Schriften*)，柏林，1933年，第83、135页。

〔23〕《两位德国人之间通信》，第一卷，奥斯纳布吕克，1929年，第496页。

〔24〕卡尔·于尔根斯（Karl Jürgens），《1848至1849年德国制宪史》(*Zur Geschichte des deutschen Verfassungswerkes* 1848–9)，第二部分下半部，汉诺威，1857年，第561页。

Gottfried Gervinus）比德罗伊森及其朋友等法兰克福国民议会中的“赌场派”更加激进。正如他日后所言，他花费了多年时间“在讲坛和媒体上主张普鲁士在德国事务中发挥领袖作用，而当时没有一家普 10
鲁士报纸敢于发出类似的声音”。[25] 此后他又于1847年年中创办了《德意志报》（*Deutsche Zeitung*），为德国自由主义发出战斗之声。在法兰克福国民议会中以及在《德意志报》的版面上，他继续敦促由普鲁士占据德意志联邦中的霸权地位。早在1849年年初，他便呼吁与奥地利开战，以实现“小德意志”的统一。当腓特烈·威廉四世拒绝了分配给他的角色之后，格尔维努斯惊呼“全普鲁士都背弃了我们”，并发誓要与柏林为敌，在晚年将普鲁士统一德国比作马其顿毁灭希腊的自由与自主，将俾斯麦与法国开战比作法国对阿尔及利亚的征服。[26] 回顾以往，他批评了自己早年的幻想，但又为其进行了

---

〔25〕《关于和平的回忆》（Denkschrift zum Frieden），载《身后文稿》（*Hinterlassene Schriften*），维也纳，1872年，第32页。由夫人在其去世后出版。

〔26〕见乔纳森·瓦格纳（Jonathan Wagner），《十九世纪德国的卡桑德拉：自由主义联邦主义者格尔维努斯》（*Germany's Nineteenth-Century Cassandra: The Liberal Federalist Georg Gottfried Gervinus*），纽约，1995年，第162至165页。早在1848年，格尔维努斯便已提到了这样一种可能性：德国的“绝对统一”可能是以“亚历山大大帝的精神”强制完成的。他还预测这样一种马其顿式的征服将由于“亚历山大式人物没有继承人以及可能遭遇当地的反抗”而归于失败。见《身后文稿》，第95页。

辩护。他将自己在《德意志报》上的文章列为对其不利的痛苦证据，但又辩解称，即使在赞颂普鲁士的领袖地位时，他也向来是十足的联邦主义者，从未宣扬过“强制性霸权”、“一元制国家”或是“伪联盟”。〔27〕

到了恰当的时候，他的其他同事将以各种方式投入第二帝国的怀抱。歌颂其胜利的工作则要留给
11 他更加年轻的同事特赖奇克（Heinrich Gotthard von Treitschke）来完成。与年长者不同，特赖奇克热情主张德国实现统一和中央集权。在克服了因俾斯麦宪法在联邦制结构中依旧保留了较弱小诸侯及其领地而产生的不满情绪之后，他歌颂史无前例的霸主终于塑造了这一帝国体系并牢牢地掌控着军队、外交及经济。〔28〕

随着新政治体制的巩固，此类言论逐渐消退了。

---

〔27〕《自我批评》（Selbst-Kritik），载《身后文稿》，第 82 至 89 页。格尔维努斯同时以“起诉人”和“辩护人”这两种身份发声，其言语中深刻的痛苦之情在这一学科的历史上无出其右。带有影射意味的“强制性霸权”等词汇出自《关于和平的回忆》一文，见第 32 页。

〔28〕“普鲁士霸权仰赖的不只是其超强的实力，还在于普鲁士打造的新国家秩序的所有基础。”他宣称：“普鲁士在帝国中的霸权地位是任何联邦的历史上都从未有过的。”荷兰在尼德兰联邦中的地位也不足以与其相提并论。见《联邦与权利》（Bund und Recht），1874 年，收录于《文章、演说及信件》（*Aufsätze*, *Reden und Briefe*），梅泽堡，1929 年，第四卷，第 236 至 237 页。他对荷兰的评论见《柏林大学政治课讲义》（*Politik*: *Vorlesungen gehalten an der Universität zu Berlin*），莱比锡，1911 年，第 312 至 314 页。

其基础与其说是一种理论，不如说是一种类比，该类比并未在言论中留下痕迹，而且当统一一经完成，它就变得不合时宜了。普鲁士在帝国内依然占据着至高地位，但过于热情地将其歌颂为将整个国家凝聚在一起的霸权势力，反而会引发分歧。在官方话语中，最为突出的反倒是终于成为现实的德意志民族的天然统一性。1848 年和 1850 年代末、1860 年代初的这类用语只是暂时性的，哪怕在学术界也未能延续下去。引人注目的是，当布伦纳（Otto Brunner）、孔泽（Werner Conze）和科塞莱克（Reinhart Koselleck）于 1975 年完成著名的八卷本基础历史概念汇编《历史基本概念》（*Geschichtliche Grundbegriffe*）时，其中并无“霸权”这一条目。

二
革命

（一）

13 这一概念将在别处重现生机。新生的源头在于19、20世纪之交沙俄革命运动内部的争论。在这一具有开创性的俄国传统中，“gegemonia”一词被赋予了全新的用法，即界定国家内——而非国家间——的政治关系。在于1900年写给施特鲁韦（Peter Struve）的一封信中，阿克雪里罗得（Pavel Axelrod）开创了这一用法，专门将社会民主党人从反对罗曼诺夫王朝专制统治的更为一般的民主反对派中区分出来。“我坚持认为，凭借我们无产阶级的历史性地位，俄国社会民主党能够赢得这场与绝对主义之斗

争的领导权（hegemony）。”[1] 一年之后，普列汉诺
夫在批评劳工运动中的经济主义趋势时公开表示，
“在与绝对主义的斗争中，我们党必须掌握主动”，
以便令“俄国社会民主党——俄国工人阶级的先锋
队——赢得与沙皇专制之斗争的领导权”。[2] 这一
理念的力量体现于推翻“旧制度”的前景，其目标 14
则只能是一场建立民主共和国的资产阶级革命——
鉴于俄国社会—经济的落后性，当时所有的马克思
主义者都同意这一点。俄国资产阶级过于软弱，完
全无法实现这一目标；于是，领导这场与旧秩序之
斗争的使命就落到了工人阶级肩上。选用“领导
权”一词来描述这一任务，并非出于偶然；因为要
想完成这一任务，工人阶级就必须在自己的领导下，
将社会中一切被压迫者都团结起来。

身为阿克雪里罗得和普列汉诺夫后辈的列宁于1902 年初说明了“领导权”在实践中意味着什么：

---

〔1〕《普列汉诺夫和阿克雪里罗得的通信》（*Perepiska G. V. Plekhanova i P. B. Aksel'roda*），莫斯科，1925 年，第 141 至 142 页。

〔2〕《再论社会主义与政治斗争》（Eshchyo raz sotsializm i politicheskaya borba），载《文集》（*Sochineniya*），第十二卷，莫斯科，1923 年，第 101 至 102 页。这篇文章曾于 1901 年 4 月发表在《火星报》的姊妹刊物《曙光》（*Zarya*）月刊上。在阿克雪里罗得写下那封信和普列汉诺夫写下这篇文章之间，当时的马克思主义小规模团体一定就这一概念进行过激烈的讨论，因为列宁——他抱怨称与施特鲁韦就共同出版物进行谈判的方式可能会令其在此事上占据上风——在三个月之前的 1901 年 1 月曾写信给普列汉诺夫表示：“在当前的情况下，社会民主党人那著名的‘领导权’难道不会被证明仅仅是空话吗？”见《全集》（*Collected Works*），第三十四卷，第 56 页。

> 向无产阶级解释每一场自由主义与民主主义抗议的意义，拓宽并支持这些抗议，令工人积极地参与其中——无论是地方政府和内务部的冲突，贵族和东正教会警察体制的冲突，统计学家和官僚的冲突，农民和地方政府官员的冲突，还是宗教派别和农村警察的冲突，等等——都是我们义不容辞的责任。那些因某些冲突意义微不足道而嗤之以鼻者，或是因其“毫无希望”发展成一场燎原大火而不屑一顾者，没有意识到的是，全方位的政治骚乱成为无产阶级的政治教育这一重大利益与社会总体——所有人，也就是社会中一切民主的成分——的发展这一重大利益相交汇的焦点。

列宁警告称，任何冷漠情绪都会“把对工人进行政治教育的事业交给自由派掌握”，“把政治斗争的领导权让给”他们。[3] 正是在这一观点的指导下，列宁于当年晚些时候写出了《怎么办》，并在《火星报》上打响了第一炮——第一期无情地抨击了镇压义和团运动的八国联军，第二期热情地呼吁支持与政府发生冲突的学生，第三期要求“我们打出解放农民的旗帜”。几个月之后，他又对数位持有

〔3〕《政治鼓动和“阶级观点”》（“Political Agitation and ‘The Class Point of View’”），载《全集》，莫斯科，1972 年，第五卷，第 341 页。

异议的贵族代表表示了同情。[4]

1904年时，俄国社会民主工党已经分裂，孟什维克开始就何为本党的共同特征提出了自己的观点。此时，该派别的最重要思想家之一亚历山大·波特列索夫（Alexander Potresov）解释道，俄国无产阶级争取的领导权应表现为普选权这一具体形式：只有普选权才能将本国具有一丝民主性质的元素都召集起来。列宁嘲笑波特列索夫是将领导权这一理念弱化成了“一味无能的试剂”，使其沦为对最小公分母的搜寻。他在1905年革命的前夕回复称，恰恰与此 16
相反，“从无产阶级的观点出发，战争的领导权将归作战最英勇、从不错失任何打击敌人的机会人所有”。当革命于1905年爆发后，列宁将这项仍只是泛泛而谈的议程转变成为目标高度明确的社会策略。农民是最重要的盟友，工人阶级必须团结起来支持

---

〔4〕 见《对华战争》（“The War in China”）：“向政府和大财主摇尾乞怜的记者们，拼命在人民中间煽风点火，挑起对中国的仇恨。但是中国人民从来也没有压迫过俄国人民，因为中国人民也同样遭到俄国人民所遭到的苦难，他们遭受到向饥饿农民横征暴敛和用武力压制一切自由愿望的亚洲式政府的压迫”；《183个大学生被送去当兵》（“The Drafting of 183 Students into the Army”）：“而一个工人，如果他眼看政府派军队去镇压青年学生而无动于衷，那他就不配称为社会党人。大学生帮助过工大，工人也必须帮助大学生”；《工人政党和农民》（“The Workers' Party and the Peasantry”）：让我们“打出使俄国农民摆脱一切可耻的农奴制残余的旗帜”；《两篇贵族代表演说》（“Two Speeches by Marshals of the Nobility”）：“在向贵族代表们告别时，我们要对他们说：再见吧，我们明天的同盟者先生们！”，载《全集》，第四卷，第377、418、428页；第五卷，第301页。

农民，引导乡间这支基本的反抗力量——如今他们已被充分调动了起来——共同战胜沙皇专制。这仍然只是一场无法取代资本主义的资产阶级革命，但掌权的却不是资产阶级自由主义政府，而将是“无产阶级与农民的民主专政”——“民主专政”这一看上去自相矛盾的术语指的是这样一套政治制度：对敌对阶级，也就是封建地主和资本家，实行专政，即通过强力来统治；工人阶级对同盟阶级，首先是占人口绝大多数的农民，则将行使领导权，即通过取得对方的同意来统治。

当君主制度缓过劲来、扑灭了 1905 年至 1907 年的起义后，孟什维克的反应是放弃领导权这一概念。波特列索夫承认，这是俄国马克思主义的原创概念；它在世纪之交曾发挥过积极作用，直到列宁赋予其布朗基式的意义，对其进行了新的解读；如今，这一概念已经过时了。“无产阶级领导权”这一概念认定自由主义资产阶级无法开展对抗绝对主义的革命斗争，但军官学校学生的战斗性已经表明这一假设是错误的。因此，与其坚持这一已经过时、过于雄心勃勃的主张，不如放弃地下工作，打造一个不再受激进知识分子指导的公开的阶级政党。[5]

布尔什维克的回应则是紧紧抓住阿克雪里罗得 17
的话，抨击孟什维克的转变是公开承认要清算《火星报》的革命传统。加米涅夫指控称，波特列索夫如今仅仅将“工人阶级领导权”这一概念视作“民主思想中一段意外的、临时的弯路”。[6] 被激怒了的列宁对构成了不同的资产阶级革命的“丰富多样的各种组合”进行了至关重要的比较性反思；他向马尔托夫表示，不能指望俄国的土地贵族和自由派资产阶级之间发生决定性的冲突，会发生的只不过是“微小的不和”。将无产阶级的活动范围缩小为打造一个阶级政党，这是倒退回了经济主义：放弃“领导权”这一概念，是“最为粗俗的改良主义”。相反，工人阶级应该坚持在反抗沙皇专制的共同斗争中对农民进行政治教育。这远不会削弱工人阶级的阶级身份；相反，只有通过这项工作，它才能真正地成为一个阶级。在关于这一问题的影响最为深

---

〔5〕 阐述这一观点的主要文献见马尔托夫、马斯洛夫和波特列索夫编辑的 700 页厚的合集《20 世纪初的俄国社会运动》（*Obshchestvenno dvizhenie v Rossii v nachale XX-go veka*），圣彼得堡，1909 年。波特列索夫的长文《前革命时代总体政治思想的演化》（Evoliutsia obshchetvenno-politicheskoi mysli v predrevolutionnuyu epokhu）是其“主菜”，见第 538 至 639 页。

〔6〕《孟什维克俄国革命史中“无产阶级领导权”概念的破产》（*Likvidatsiya Gegemonii Proletariata v Menshevistskoi Istorii Russkoi Revoliutsii*），哈尔科夫，1925 年，第 12 页。本书重印了 1909 年 9、10 月间的两篇文章。

远的理论表述之一中，列宁宣称：“从马克思主义的观点来看，只要放弃了‘领导权’这一概念，或是未能理解这一概念，阶级就不成其为阶级，或者说尚未成为阶级，而只不过是一个同业公会，或所有同业公会的总和。”〔7〕

从1907年之后的反动年代，到第一次世界大战爆发前夕，尽管并无成功的希望，但列宁一直坚持着这一观点。随着沙皇专制于1917年突然被推翻，属于“领导权”概念的时机到来了。十月，这一概
18 念的核心理念之一取得了成果：领导着彼得格勒和莫斯科多数工人阶级的布尔什维克从临时政府处夺取了政权，动用强力粉碎了地主和资本家势力，并凭借“面包、土地、和平”这一口号赢得了农民的同意及对于自己事业的支持。但与该概念的另一信条相悖的是，随即展开的并非一场资产阶级革命，并且突破了资本主义的界限。实际发生的情况正如

〔7〕《全集》，第十七卷，第413、415、233、417、57页。

托洛茨基预言的那样，是向社会主义的直接过渡。〔8〕界定新生苏维埃国家性质的并非“领导权”概念，而是马克思曾提及的“无产阶级专政”。一旦建立，关于“领导权”的传统方案就不再在列宁的写作中出现了。实际事态已将其取而代之。

（二）

20世纪20年代年代初，随着布尔什维克赢得内战的胜利，这一术语在俄国已不再被人使用。但作为向苏联以外的共产党发出的一项命令，布尔什 19

〔8〕 正如列宁在对1905年之后布尔什维克的愿景产生异议时指出的那样：“民主革命中无产阶级的领导权与无产阶级专政是截然不同的，而且是与之尖锐对立的”，见《俄国革命史》（*The History of the Russian Revolution*），纽约，1936年，第一卷，第315页。在列宁逝世后，斯大林在1927年使用这一词语抨击托洛茨基（以及加入他行列的季诺维也夫和加米涅夫）无视农民在夺取和保持权力过程中的重要性：“托洛茨基主义的主要罪过在于它不理解、本质上也拒绝接受在建立和巩固无产阶级专政、在不同国家建设社会主义过程中无产阶级的领导权这一列宁主义概念。”见《全集》，第九卷，第49页；第十卷，第77至78页。斯大林这样说纯粹是为了派系斗争。在消灭一切反对者的行动展开前、于1924年完成的作品《列宁主义的基础》（*Foundations of Leninism*）中，斯大林曾写道：“无产阶级领导权是孕育无产阶级专政的胚胎，也是通往无产阶级专政的过渡阶段”——也就是说，在布尔什维克的夺权战略中发挥预备性的作用，而这一战略已经完成了。至于说在夺权后继续与农民结盟的必要性——“左翼反对派”被认为觉得无此必要——在说出那番话后不到一年时间内，斯大林就用强制集体化向农民全面“开战”了。

维克提出的领导权概念却在共产国际的创始文件中得到了国际化，并对年轻的意大利共产党领袖、被意大利共产党派往莫斯科待上一段时间的葛兰西产生了持久的影响。然而，当他返回罗马后，在意大利得胜的却不是社会主义革命，而是法西斯反革命。遭到墨索里尼逮捕后，葛兰西的余生都是在监狱中度过的。在被捕前的最后几个月里，根据意大利与俄国之间显而易见的相似性，他明确地将“无产阶级的领导权”定为意大利共产党争取多数农民支持工人阶级事业的战略目标。在狱中，葛兰西一而再再而三地重新思考“领导权”这一概念，但是是以启发式的形式，而且其思想宽度使其成为了比在俄国的争论中更为核心的概念，第一次像是一套成系统的理论。

在俄国，“领导权”一词指的是工人阶级在资产阶级本身无法完成的反抗绝对主义的资产阶级革命中所扮演的角色。但在西欧，代理人和进程是重合的，而不是脱节的：资产阶级自己发动了革命，并且统治着革命后兴起的资本主义国家。在这样的环境中，领导权概念的逻辑应位于何处？葛兰西的回应是——这也是他的关键举动——对其做超越工人阶级策略的一般化处理，用这一概念来概括任何社会阶级的稳定统治：首先，也是最重要的，是地主和企业家等有产阶级，他们正是这一概念最初在俄国所针对的对象。因此，葛兰西就将《狱中札记》里关于领导权概念的首个条目这一至关重要的位置留给了其在历史上的一个范例，即意大利统一
运动中由加富尔领导的皮蒙特温和党。他评论道，20
这一由商业地主和制造商组成的联盟支配和掌控了19世纪的意大利统一进程，将马志尼领导、由其小资产阶级追随者组成的更加激进的行动党排挤到一边，并牢牢地将任何真正民众形式——工人或农民——的政治表达排除在外。

通过进行此种社会学意义上的延伸，葛兰西不可避免地改变了这一俄国术语的含义。因为加富尔及其继任者在意大利确立的那种资本主义统治显然既涉及同意，又带有暴力——而且是大量暴力，军队和警察犯下了多次屠杀的罪行。[9] 这是一处修正。另一处同样意义重大的修正凸显于葛兰西对意大利统一进程与法国大革命进行的比较。法国的雅各宾派解决了土地问题，但意大利的温和党人并没有；雅各宾派还通过主导针对农民的土地再分配，以及将民族团结起来对抗外国侵略者，为后续时代更加有机的资产阶级霸权奠定了基础，这种形式的

〔9〕 曾参与加里波第远征西西里行动的克里斯皮（Francesco Crispi）在于二十年后掌权之后成为了“真正的新资产阶级”，在未解决土地问题的情况下，为了强行统一国家，“他使用起生锈的火枪来，就仿佛那是一管现代火器”。见《狱中札记》，都灵，1975年，第一卷，第45页。

资产阶级霸权足以在发生于整个19世纪的原初革命的历次余波中存活下来。他观察到，在法国，“霸权在议会制度这一当下的典型活动地带的‘正常’运作，其特征是兼具强力和同意这两大元素，而且二者达成了平衡；于是，正如所谓‘意见机构’所表达的那样，强力不会压倒同意，而是显得像以多数的同意为支撑”。[10]

这里指向的同意与俄国争论中涉及的同意有着
21 截然不同的形式：不再是盟友凝聚于共同的事业，而是对手臣服于对自己不利的某种秩序。于是，《狱中札记》中霸权概念的意义便在两个方面扩大了，而且二者之间存在着张力。如今这一概念既包括统治者获得被统治者的同意，也包括通过强制手段来进行统治。正如葛兰西的初始方案所表明的，他的意图在于将这二者结合起来。但他的狱中笔记是零散的和探索性的，既未完成，也不具备整体性，留有摇摆和不一致的表述。在许多摇摆和不一致的表述中，霸权不包括动用强力，而是与他思想的俄国

〔10〕《狱中札记》，第一卷，第59页。

源头相一致，被视为强力的对立物。[11] 就数量而言，此类表述占据着优势。这背后有着可以理解的原因。无论是在写给自己，还是写给亲近之人的笔记中，葛兰西这一代共产主义者都没有必要重复这一点：西方的资本主义同时仰赖于政治压迫机器和代议制。需要解释的是，某种剥削性的秩序是如何取得被支配者对于这种支配关系的道德同意的——这与俄国的情况不同。葛兰西认为，这种意识形态支配必须对世界以及主导世界的价值观作出一系列描述；这些描述在很大程度上被受支配者内化了。

这一点是如何做到的？他认为，至关重要的是西欧社会不同于沙皇俄国的两大特征。第一点是文化素养良好、成形已久的知识分子阶层所发挥的提出并向下层从属阶级传播统治秩序理念的作用；他 22
们是典型的霸权促成者。葛兰西竭尽自己的比较分析才华对他们进行了研究：主要是在欧洲，例如英国、德国、法国或意大利；但也触及了南美、北美、印度、中国和日本——他的求知欲就是如此广泛。第二点区别在于公民社会中密布的志愿性团体：报

〔11〕 他同样受到了意大利思想的影响。马基雅维利笔下的半人马便象征着政治所需的这两个方面：“强力与同意，权威与霸权，暴力与文明”；克罗齐则对“政治中所谓的‘霸权’，即同意或文化指导”与“强力、约束、国家立法机关或是警察部门的干预”进行了区分。见《狱中札记》，第三卷，第 1576 页；都灵，1965 年，第 616 页。“国家（就其整体意义而言）就是专政+霸权”：见《狱中札记》，第二卷，第 810 至 811 页。

纸、杂志、学校、俱乐部、政党、教会——用各种方式传达资本的观念。不言而喻的是，鉴于第一次世界大战之后中欧的革命浪潮遭到挫败，不存在立即如风暴一般夺取西欧国家政权的前景；因此共产主义者应当先专注于逐步破坏资本对大众的意识形态控制，为经典意义上的工人阶级领导权而战——尽管其活动地带要更加复杂，更具挑战性。

东方和西方的核心问题都在于同意，这使得葛
23 兰西关于霸权/领导权的笔记又转回了经典的意义场域。但他仍旧是第三国际的一名革命者，并且在超越于那个时代的僵局之外，从未放弃这一信念：要想更加深刻地理解霸权/领导权，就不能将强力与同意、文化领域的支配地位和采取压制行为的能力分割开来。他的作品中萦绕着源于军事的各种术语："阵地战""运动战""地下战"。这表达的既是隐喻意义，又是字面意义。他曾写道："任何一场政治斗争都含有军事成分。"[12] 领导权/霸权是多面的，若无同意，就不可想象；若无强力，则不可实行。在西方，当葛兰西于 1937 年 4 月于罗马去世时，对于他的运动而言，二者均是遥不可及的。

---

〔12〕《狱中札记》，第一卷，第 122 至 123 页。在此他研究了印度和爱尔兰反抗英国殖民统治的各种斗争，从抵制到罢工，从武装斗争到游击战。对于其思想中这些战略维度的进一步探讨，见《葛兰西的二律背反》(*The Antinomies of Antonio Gramsci*)，伦敦—纽约，2017 年，多处。

三
战间年代

（一）

数月之后，一项火力全开的霸权理论于德国完 25
成。1938 年末，在希特勒德国侵占苏台德地区之后出版的《霸权：论主要国家》（*Die Hegemonie. Buch der führenden Staaten*）一书，出自知名的德国法学家海因里希·特里佩尔（Heinrich Triepel）之手。这部篇幅达六百多页的博学之作横跨三千年，从古代巴勒斯坦和古代中国直至第三帝国，从法学、社会学和历史学角度对“霸权”这一主题进行了分析。就涵盖范围和学术水准而言，无可匹敌。因法学二元论而闻名于世的特里佩尔对一国和国际的法理学原则作出了明确的区分，他的政治观点则与葛兰西截然对立：他在第二帝国时期是一名忠诚的君主主义者，在一战时是热情的爱国者，在魏玛共和国时期是保守右派的支持者，到了1933年又将希特勒夺权欢呼为一场“法律革命”。

布尔什维克的领导权概念关注的是特定的某个国家内各阶级之间的关系。葛兰西接手并转变了这一概念，但仍保留了这一维度。但特里佩尔并未意识到这一点，正如该书的副标题所表明的，他将霸权视作国家间关系之中的首要现象。特里佩尔的知
26 识框架与《狱中札记》的主题并非毫无对应之处。特里佩尔解释称，促使自己反思霸权概念的因素是普鲁士在德国统一进程中扮演的角色，这正如皮蒙特在意大利统一进程中扮演的角色成为了葛兰西领导权概念的模板一样。与葛兰西十分相似的是，特里佩尔也是通过与“统治权”（*Herrschaft*）这一概念进行对比，来建构霸权概念的：前者是通过强力行使的权力，后者则是通过同意行使的权力。与葛兰西另一相似之处在于，特里佩尔也强调任何霸权都会包括的“文化领导地位”，以及“文化领导地位”在霸权对象中间催生出仿制品的典型方式。[1] 特里佩尔甚至将霸权概念延伸到一国内部各群体之间或个人于群体之上的关系这一领域。此举引发了对该书其他内容感到赞赏的卡尔·施米特（Carl Schmitt）

---

〔1〕《霸权》（*Die Hegemonie*），斯图加特与柏林，1938年，第2、127、13页。

的批评。[2] 不过对特里佩尔而言，这一概念对阶级关系就不再适用了：不可能存在某个阶级对于另一个阶级的霸权/领导权，因为除了单纯的功能性关系之外，阶级之间的关系只能是敌对的，其最终结果就是阶级斗争。[3]

从历史上来看，握有霸权的都是国家。这些国家性质如何？“简单来说，国家的本质乃权力。”这对于国家间的关系而言意味着什么？“每一个强大而健康的国家都会寻求居于其他国家之上的权力，要么是以征服邻国这种粗鲁的方式，要么是以扩大对于邻国的影响力这种更加精妙的方式。”霸权即“一种格外强大的影响力”；或者更准确地说，是介于“统治”（*Herrschaft*）与“影响”（*Einfluss*）之间的一种权力。[4] 霸权是受到认可的、获得了被领导者同意的领导地位。在接下来研究历史上的霸权范例时，为了支持这一结论，特里佩尔给予了古希腊大 27
量的篇幅——古典世界占据了其“经验库存”的半壁江山还多。特里佩尔开篇便对舍费尔进行了长篇批评，指责他错误地将“hēgemonia”的实质解释成

---

〔2〕《领导与霸权》（Führung und Hegemonie），载《施莫勒年鉴》（*Schmollers Jahrbuch*），1939 年，第 518 页。这篇文章批评特里佩尔将霸权变成了一个心理学概念。

〔3〕《霸权》，第 91 至 92 页。

〔4〕《霸权》，第 131、140 页。

了军事性、而非共识—政治性的。[5]

将希腊的范例选作自己研究主题的范式，对其作品造成的影响有三。首先，这使得某种形式的联盟（*Bund*），无论它是如何创建的，都成为了对于识别霸权势力而言富有启发性的参照，乃至其默认的条件。其次，这意味着当诸国属于同一类型时，其中只可能存在一个霸权势力；最后并且同样重要的是，这会得出这样的论点：只有当存在足以令身为领导者和被领导者的诸国都自愿团结起来的外部威胁时——波斯即为典型——才可能涌现出霸权势力。结果就是，特里佩尔随后的论述变得异常，远离了通常意义上"国家间关系"这一层面。于是，他对罗马的探讨——极为依赖蒙森，并局限于共和时期——就不可避免地显得不恰当了。他的结论是，罗马"在起初的犹豫之后"走向了扩张，但这不涉及霸权，而是为了"追求统治地位"。[6] 到了中世纪，霸权势力仅仅出现于盎格鲁—撒克逊英格兰、

---

〔5〕《霸权》，第341至342页及其后数页。尤其受到指责的是，舍费尔被认为心照不宣地倾向于施米特的"政治"概念。特里佩尔则反对这一概念。舍费尔很容易就彬彬有礼地提出了更多证据，表明希腊时期的霸权正如自己所描述的那样：起初是城邦联盟中的军事指挥权，随后演变成了更大范围的支配权。见他对于特里佩尔怀有敬意、但在这一问题上持批评态度的书评，刊载于《萨维尼基金会法学史（罗马法部分）期刊》[*Zeitschrift der Savigny-Stiftung für Rechtsgeschichte*（*Romanistische Abteilung*）]，第63期，1943年，第370页、第380至383页。

〔6〕《霸权》，第484页。

卡佩王朝时代的法国、霍亨斯陶芬王朝时代的德意志和留里克王朝时代的俄国等国内部的国家构建过程中。到了现代，就只有荷兰在尼德兰联邦以及拿
破仑法国在瑞士和莱茵邦联的表现还值得一提—— 28
直到由普鲁士霸权主导的德国统一这一高潮来临。

这样的回顾将欧洲历任强权全都排除在外了。因此，特里佩尔这本书的副标题“论主要国家”名不符实。可以说16世纪的西班牙和17世纪的法国都曾追求欧陆霸权，但由于它们并非抵抗，而是构成了威胁——就如同大流士和薛西斯时代的波斯一样——它们也就只能占据“优势”(*Vormacht*)，再无下文了；而且，在追求支配地位的过程中，挫败它们的恰恰是欧洲势力均衡对其行为的抵抗——英格兰常常指挥着，但从未掌控过欧洲的势力均衡。由于欧洲从未面临过持久的外部威胁，在这里也就绝不会出现霸权势力。另一方面，也不能因为“门罗主义”的缘故，而认为美国对拉丁美洲享有真正的霸权，因为旧世界列强对新世界构成的外部威胁早就消失了。全球霸权就是更加不可想象的了：难道会因为反抗谁，整个星球都团结起来吗？至于说帝国主义，不应将其与霸权混为一谈。如果被征服的社会认可了外来统治的益处，那么帝国主义有时的确会导致霸权；认为帝国主义总是会引发战争与暴力，也是不对的——英国的间接统治或美国的美元

外交都是反例。但帝国和霸权是两种截然不同的现象：霸权的基础乃自愿服从。[7]

29 特里佩尔的理论作用在于为霸权概念洗刷掉动用强力的嫌疑，这背后有着两大相互关联的政治考虑。首先是为了擦亮普鲁士的盾牌。特里佩尔叙述的高潮是一曲足以令特赖奇克相形见绌的对普鲁士统一德国这一“侠义”之举的赞歌：对内——和平，赢得了一致同意；对外——英勇地对抗共同敌人。“跃居历史上所有其他霸权势力之上”“用更高层次的统一将对立之物综合了起来”“既是间接的，又是直接的；既是事实上的，又是法律上的；既是碎片式的，又是完整的；既是自利的，又是利他的；既是多元的，又是联邦的”，等等。[8] 其次是为了驳斥误用“霸权”这一术语，将第二帝国描绘为高居于欧洲霸权体系之上的强权这一诋毁之词。这是一战期间协约国的典型宣传手法，就连克罗齐这样在其他方面十分开明的人物在《十九世纪欧洲史》

---

〔7〕 在这一点上，施米特对特里佩尔耶持批评态度，见“领导与霸权”，第 513 至 514 页。在施米特看来，“帝国主义永远意味着霸权”；在现代，行使霸权的典型方式便是干涉，授权进行干涉的典型就是门罗主义，美国对加勒比及中美洲的远征——还可以加上英国在埃及和法国在小协约国的行动——以及为此正名的举动就是典型的干涉行为。见《现代帝国主义的国际法形式》（Völkerrechtliche Formen des modernen Imperialismus），1932 年，收录于《立场与概念》（*Positionen und Begriffe*），汉堡，1940 年，第 169 至 174 页及其后数页。

〔8〕《霸权》，第 565、553 页。

（*History of Europe in the Nineteenth Century*）中都免不了兜售这一观点。那么，德意志帝国在那段岁月里究竟有哪些追随者呢？特里佩尔有理由铭记那个年代。在一战期间，他曾是德国最积极的侵略主义者之一，到了1918年，仍在大声喧哗着要在东方实现领土扩张；而在此之前很久，那些起初同样爱国热情高涨的人士，早已主张在不变更边界的情况下实现和平了。

然而，要想将霸权与暴力分割开来，却并不那么容易。在阐述概念分类时，特里佩尔承认，毫无疑问，霸权与支配之间的界限有时的确是模糊的。蒙森声称纯粹的霸权势力永远无法持久存在，这一点是错误的；但就历史而言，霸权势力的确常常变得具有“吸收性”，并且以支配告终。〔9〕特里佩尔 30
自己的作品也无法逃脱“被压抑之物的回归”这一规律。由于霸权势力影响其他国家的“最有力手段”是对其进行干涉——包括“‘武装’干涉，例如为了恢复法律与秩序，为了平息（当地统治者自身无法解决的）叛乱”。欧洲复辟时期的奥地利根据《特拉波条约》的授权对意大利进行干涉就是一例，美国对加勒比及中美洲的干涉则是另外一例。此类措施有的是暂时的，有的是持久的，但正如美国在20世纪20年代对尼加拉瓜的军事占领所表明

〔9〕《霸权》，第145至146页。

的那样，它们均是霸权的体现。[10] 恰如其分的是，身为保守的民族主义者、而非纳粹分子的特里佩尔，用一曲对“元首”的赞歌结束了该书。他表示，这位政治家通过侵占奥地利和苏台德地区，终于实现了完全统一洋溢着普鲁士精神的国家这一长久以来的梦想。

于是，以自己的方式，从相反的立场出发，特里佩尔的霸权理论也和葛兰西的理论一样，受制于同一种不稳定性。就这对立的二者而言，结果均偏离了本意：葛兰西在讨论意大利时不经意地抹去了强制力；特里佩尔则在讨论德国时不小心又将它请
31 了回来。这种反差与他们各自的分类方法有关。一方面，对特里佩尔来说，霸权指的是居于“支配”和“影响”之间的一种权力，强于“影响”，弱于“支配”。另一方面，对于葛兰西来说，霸权则是比“支配”更强大、更稳定的一种权力。这样的差异

[10] 《霸权》，第 237 至 240 页。一名对特里佩尔书中其他内容赞赏有加的美国书评人却无法掩饰对他的这一不当言论的失望：“他甚至走得如此之远，以至于将武装干涉视为行使‘真正霸权’的方式之一！我们有理由质问，如何才能将这种‘领导地位’与基于赤裸裸强力的权力关系这一残酷的现实区分开来呢？”见约翰·赫茨（John Herz），《政治学季刊》（*Political Science Quarterly*），1940 年 12 月刊，第 601 页。写下这几行字的作者是原名汉斯·赫茨的逃亡者，二战后他成为了美国国际关系学界重要的现实主义理论家。二十年后回忆起特里佩尔的作品时，他称其为研究该主题的一部杰作。见《核弹时代的国际政治》（*International Politics in the Atomic Age*），纽约，1960 年，第 114 页。

并非出自偶然。这背后有着结构性的、反映了两位思想家首要关注点的原因。对葛兰西来说，是一国之内的阶级关系；对特里佩尔来说，是国家间的关系。根据特里佩尔与施米特共享、在二战之后传递至知名法学家手中的德国传统，显而易见的是，就历史而言，在国家间关系中，强力总是压倒了同意。正如特里佩尔所观察到的，在国际层面上，对任何霸权势力而言，总是存在着上升至支配地位——此乃最为强大的权力——的诱惑或趋势。

这是由于——他未能点明这一点——在国内霸权和国际霸权之间存在着固有的差异。内部霸权指的是，某个阶级或社会集团对其他阶级或社会集团的统治体系。但在脱胎自现代早期欧洲的国际体系中，并没有哪个国家以这样的方式统治其他国家。“领土主权”这一概念本身就杜绝了这样的局面。因此，强迫就成了无处不在的威胁——用霍布斯的话来说就是，和平只不过是战争的暂停。但与某国管辖范围内的国家压迫机器不同，这种强迫并不是、也不可能是制度化的。与此同时，作为仅仅对优势或影响力的追求，“同意”天然就会成为体系中弱小得多的元素。于是与国内层面相比，在国际层面上，兼具“强迫”与“同意”的“霸权”实现起来就要困难得多；而且即使成真，也要更加松散，更显得只具隐喻意义。

（二）

32 特里佩尔抱怨称，在塑造了自己的德国之外，他所界定的“霸权”定义并不能成立；他还认为，流行的其他备用说法都具有特殊的政治意味。他并没有错。从普法战争，到《凡尔赛条约》及之后，“霸权”这一概念流行开了，但却是以他抵制的那种含义：某个国家压倒所有其他国家，摧毁一切势力均衡——这是欧洲外交的传统幽灵，于乌得勒支首度成形。从一开始，这个意义上的霸权概念关注的就是德国，其促成者则是将在日后对抗德国的协约国势力。讽刺的是，描绘普鲁士成为欧洲霸权这一前景的首部作品，正是在 1871 年结束之前即告诞生并对其加以赞扬的一部俄语作品。法国战败和拿破仑三世的垮台不仅能够令俄国人感到心满意足，感到自己出了克里米亚战争的一口气，而且——与许多俄国同胞担心的相反——这一地缘政治变动是对俄国有利的，使其与欧洲的中心——从此以后将从巴黎转移至柏林——更加靠近。[11] 如此乐观的展望并未持续多久。法国自然不会犹犹豫豫。新德国从一开始便是一大威胁。在普法战争爆发前夕，一名前萨克森官员反对普鲁士霸权的论战文章就已经在巴黎热销了。[12] 英国的回应稍慢，但艾尔·克罗 33
(Eyre Crowe) 还是恰逢其时地在自己著名的备忘录中写出了这一关键词。他将第二帝国自 1890 年以来对英国的所作所为比作出自职业敲诈者之手，这种说法都“毫不无礼”；该国似乎“有意识地将建立德国霸权作为目标，先是在欧洲，最终在全世界”。[13] 这份就德国可能试图“打碎并取代大英帝国”这一至高危险提出警告的备忘录——它受到了格雷

---

〔11〕 安德烈耶夫（V. Andreev），《令普鲁士在欧洲确立霸权的这场战争以及俄国对这场战争的态度》（*Voina za utverzhdenie prusskoi gegemonii v Evrope i otnoshenie k nei Rossii*），圣彼得堡，1871 年。德国支配欧洲不会有损俄国的利益，这是因为后者既是欧洲强权、又是亚洲强权，而德国只是欧洲强权。两国可以瓜分奥地利帝国。见第 v 至 vii 页、第 350 至 351 页、第 362 至 363 页。这位作者在基辅任教，是一名地理学家和历史学家，是旧礼仪派的捍卫者，还是一名文字全才。

〔12〕 约翰·沃尔德马·施特罗伊贝尔（Johann Woldemar Streubel），笔名“阿科莱”（Arkolay），《处于普鲁士霸权之下的南德意志，以及其在德法战争中必将遭受损失》（*L'Allemagne du sud sous l'hégémonie prussienne et sa perte certaine en cas de guerre entre la France et l'Allmagne*），巴黎，1869 年。这本书的副标题很快就变成了现实。

〔13〕 《关于英法关系和英德关系当前状态的备忘录》（“Memorandum on the Present State of British Relations with France and Germany”），英国外交部，1907 年 1 月 1 日。克罗想竭力表现得颇有见地，在例行公事般地记录下上述对柏林意图的解读之后，继续写道：“否认这可能是对事态正确的解读，将是徒劳的。”

(Edward Grey）的热情赞许——并非供公众阅读的。英国外交青睐的是更加委婉的语言。在一战爆发前的最后几小时，英国大使更改了尼古拉二世于 1914 年 8 月 2 日发给乔治五世的电报措辞——多亏他在场啊——将其从呼吁阻止德国“建立居于全欧洲之上的霸权”，改成了请求为俄国和法国“维持欧洲均势”提供支持。〔14〕

一旦一战爆发，协约国已在战场上联合了起来，就再也没有必要谨言慎行了。1915 年时，《两个世界评论》(*Revue des deux mondes*）刊登了一篇典型的回顾文章。1871 年之后，“严格来说，欧洲不再存在了。诞生了一个霸权势力。根据任何霸权势力的致命规律，它也渐渐变成了暴政和奴役的工具”——德国追求的不再“仅仅是霸权，而是通过吞并和征服来实现支配”。然而，此时已屈服于“霸权这一
34 恶魔的一切诱惑”的第二帝国，却遭遇了自己的天敌。“形势所迫、民族和种族间的亲近性使然，也再没有比抵抗德意志霸权的威胁与图谋的这场圣战更加高尚的了：最古老的拉丁强权、斯拉夫强权、大

---

〔14〕 见苏联政府发布、由奥托·赫奇（Otto Hoetzsch）编辑的文件，《帝国主义时代的国际关系：出自沙皇政府和临时政府档案的文件》(*Internationalen Beziehungen im Zeitalter des Imperialismus*: *Dokumente aus den Archiven der zarischen und der provisorischen Regierung*)，柏林，1934 年，第 278 至 280 页。英国大使布坎南向伦敦报告称，电报的最终措辞是由他敲定的。

英帝国及其盟友日本，它们捍卫的不只是自己的事业，还有欧洲与世界的自由、两大遭受不公正挑衅与进犯的民族的独立，以及比利时那遭到横加侵犯的中立性——它为保卫权利与荣誉而牺牲了自己。”有着“道德优越感”的协约国因“感到自己真正代表了人类的理想，自己才是‘世上的盐’”而团结了起来，并且自认能够为欧洲再度带来和平与自由。这位作者最后说道：“凭此信号，你应该征服!”〔15〕战争结束后，各种类似论调纷纷平息了。于20世纪20年代末、30年代初进行写作的克罗齐在《十九世纪欧洲史》的结尾，用很长的篇幅将德国对霸权地位的鲁莽追求列为一战的起因——作为意大利参战的拥护者，他只能这么做——但与此同时，又对曾洋溢于欧洲几乎所有国家的好战之情和虚无的振奋

〔15〕 热拉尔（A. Gérard），《德国霸权与欧洲的觉醒》［L'hégémonie allemande et le réveil de l'Europe（1871-1914）］，载《两个世界评论》，1915年5/6月刊，第242、255、264、271页。当然，此类语言在相互争夺的各个帝国主义国家都很常见，在德国也有大量这样的例子。差别只在于，针对这个更加平庸的时代而对措辞进行了“脱水处理”之后，协约国版本的此类话语在英美作品中依旧司空见惯，在法国的作品中出现次数稍低，在意大利的作品中较不常见，在俄罗斯的作品中已不复存在。

精神表示了哀叹。[16]

35 凡尔赛和会结束后，“霸权”一词从官方话语中淡出了，因为获胜者无意将其运用到自己头上。但它并未彻底消失，而是以“和善的领袖”——这是可以预见的——这一面目重新出现在战胜国解释自己在国联中所做安排正当性的声明里。出自当时自由主义法学的两位最杰出人物拉萨·奥本海（Lassa Oppenheim）和赫希·劳特派特（Hersch Lauterpacht）之手的论述国际法的权威文章解释道，“大国是‘国际大家庭’的领袖，‘万国法’过去的任何进步都源自大国的政治霸权”；如今在国联理事会中，大

---

〔16〕《十九世纪欧洲史》（*Storia d'Europa nel secolo decimonono*），巴里，1931年，将第324至331页和第333至343页作对比。这两种说法的结合——所有文化都受到了传染，但战争罪责还是要德国人来承担——将成为自由主义史学一套标准的老生常谈，直到今天仍广为流传。尽管1932年时在狱中的葛兰西手头有克罗齐的作品，而且斯拉法（Piero Sraffa）还敦促他记录下对这些作品的看法，但在当年写下的关于克罗齐的大量笔记中，葛兰西并未对这一结论作出点评，只是表示：通过将起点选择为复辟时期，克罗齐在很大程度上避免了讨论革命时期和拿破仑时期。见《狱中札记》，第二卷，第1227页。

国霸权第一次获得了“法律上的依据及表达”。〔17〕这样一种集体权威可以超脱对任何具体国家利己主义的批评之外，足够含糊，也足够安全。盎格鲁—美利坚强权否认自己享有任何特殊地位。科德尔·赫尔（Cordell Hull）毫不难为情地宣称，门罗主义“不含有关于美国霸权的一丝意味和假定”；安东尼·艾登（Anthony Eden）日后则将向世界保证，《大西洋宪章》“将在无论东西方确立霸权或地区领导权的一切想法都排除在外”。〔18〕在实现了遏制德意 36
志帝国的野心这一目标后，“霸权”一词可以鸟尽弓藏了。

〔17〕 奥本海与劳特派特，《国际法》（*International Law*），伦敦—纽约，1948 年，第 244 至 245 页。为了与这一概念保持一致，门罗主义被庄严地载入了国联公约的第 21 条。施米特摧毁了国际联盟在法理上的自洽性，表明了这事实上并非一个完整的整体。相关内容见《国际联盟的核心问题》（*Die Kernfrage des Völkerbunds*），柏林，1926 年。“联盟”这一名称“只具有装点门面的意义，就如同许多公司或是酒店的名字一样。一位真诚支持各国达成和平与谅解的人士感到自己必须支持这一联盟，这种情况就如同一位好心的欧洲人在前往现代疗养中心时感到自己必须选择‘欧洲大酒店’而不是‘帝国大酒店’一样”。见第 21 页。

〔18〕 见查尔斯·克鲁谢夫斯基（Charles Kruszewski），“霸权与国际法”（“Hegemony and International Law”），载《美国政治学评论》（*American Political Science Review*），1941 年 12 月刊，第 1136、1129 页。

（三）

正如当下的“国际社会/国际共同体”等概念所表明的那样，被载入国联的协约国意识形态还将享有漫长的“来世生活”。但经历了战争年代之后，它也未能毫发无伤。第二次世界大战爆发前夕，涌现了一部日后将被证明是国际关系这一学科——此时该学科尚不为人知——奠基时刻的作品。其作者卡尔（E. H. Carr）年轻时曾作为英国代表团助理出席凡尔赛和会，在20世纪20年代作为外交官派驻过里加，于30年代在国联的外交办公室工作。这样的经历使他对原本怀有的“美好年代”式自由主义中那些被广泛认可的观念产生了免疫。《二十年危机》（*Twenty Years' Crisis*）一书撕破了“国际政治中各方利益能够达成天然的和谐”这一幻象，揭穿了在1918年获胜的那些致力于维持现状的强权那自欺的道德主义。凭借着在这一领域后无来者的知识广度——对经济学、法学、哲学和政治学都同样精通，并且对欧洲所有主要语言都很熟练——卡尔给出了关于那个时代、关于国家间关系这一长期问题的别样观点。

理解这些问题的出发点在于始自马基雅维利，

历经霍布斯、斯宾诺莎、黑格尔、马克思、列宁、罗素，直至鲁道夫·谢伦（Rudolf Kjellén）的地缘政治学及卢卡奇的阶级建构理论的现实主义思想传
统。[19] 他们的成就在于对权力的持续关注，并且一 37
贯是从军事、经济和意识形态这三个维度对其加以理解的。正是透过这一现实主义透镜，那个时代的国际机构及话语遭到了清晰的审视（而非摒弃）。国际法乃习俗，而非立法；政治势力的角逐要先于任何法律；只有当存在着改变法律的政治机制时，法律才有可能受到尊重，就如同实践中条约只有当符合“情势变更”原则时才可能有效一样——英国对德国侵犯比利时中立地位的怒吼就是例证之一，如果此举出自盟友而非敌人之手，那么其对此只会报以沉默。[20] 国际道德并非完全是幻象，但绝大多数盎格鲁—美利坚版本的国际道德都只不过是对现状批评者进行猛烈抨击的便利之计。“国际社会/国际共同体”之所以存在，是因为人们对其怀有信念；但考虑到其结构上的不平等，它就不可避免地会缺乏真正的团结或凝聚力。现实主义禁止将凡尔赛和

---

〔19〕《二十年危机》，伦敦，1939 年，第 81 至 86 页。卡尔是否可能是英语世界里卢卡奇的《历史与阶级意识》（*Geschichte und Klassenbewußtsein*）一书的首位读者？

〔20〕当副外交大臣怀疑如果率先采取这一行动的是法军，那么“英国或俄国是否连指头都不会动一下”时，格雷只是简单地记录道：“一语中的。”见《二十年危机》，第 235 页。

会确定的秩序中的任何成分理想化，这些成分并不能解决国际政治的核心问题，即如何在不诉诸战争的情况下改变这一秩序。

但这并不意味着现实主义就充分地解决了这一问题。这种观点不仅在情感上缺乏吸引力，更重要的是，它还缺乏人性中固有的追求正义的乌托邦式热情——这是无法与“强权即真理”这一观念相容的。长期来看，人们总是会奋起反抗赤裸裸的权力。国家间的不平等不可能在一夜之间就被抹平。“任何
38 国际道德秩序都必须以一定的霸权为基础”，即使“此类霸权就如同一国之内占据至高地位的统治阶级一样，构成了对不具有这一地位的其他人的挑战”，并且不得不——和国内情况一样——向这些人作出让步。〔21〕未来的此类支配势力务必“被普遍接受为宽容的和非压迫性的，或者至少也是比任何可行的备选项更可取的”。就此而言，“英国或美国的——而非德国或日本的——世界霸权”才能声称自己的统治风格基于同意胜过强迫。尽管“这一点所暗示的道德优越感主要源自于长期、安稳地享有超强的实力”，因为“强权总是会创造出于己有利的道德标准，‘强迫’则是一种卓有成效的‘同意’”。〔22〕或许欧洲更乐于见到“美国治下的和平”，而非

〔21〕《二十年危机》，第213页。

〔22〕《二十年危机》，第217页。

“英美共治下的和平”；但华盛顿和伦敦都丝毫不愿牺牲财富与权势等特权。在国际层面上的这种特权就和在国内层面上一样是必不可少的，但由于国际社会不像国内社会那样具备共同情感等元素，对其加以设想也就要困难得多。

四

二战之后

（一）

39 1945年后，《二十年危机》因赞许慕尼黑协定而遭到了抨击，卡尔也立刻因对苏立场不可靠而遭到了英国建制的驱逐（战争期间他曾身处英国建制之中——担任《泰晤士报》的编辑）。终其一生，卡尔一直是个局外人。[1] 另一方面，随着纳粹的失败，特里佩尔试图通过驳倒协约国来驱散的那一概念又重新回到了德国，而获胜的盟国已不再提及它

---

〔1〕 甚至在二战结束前，英国便对雅典进行了干涉，以镇压抵抗纳粹占领的主力军，原因是希腊共产党乃复辟君主制的障碍。卡尔对这一举动的批评令丘吉尔大为光火。见乔纳森·哈斯兰（Jonathan Haslam），《诚实的罪过：卡尔传》（*The Vices of Integrity*, *E. H. Carr* 1892-1982），伦敦—纽约，1999年，第115至116页及其后数页。英国国际政治理论委员会是如今依旧在这一学科诞生之地占据主导地位的"英格兰学派"的前身。当1959年在洛克菲勒基金会资助下成立时，该委员会小心翼翼地将卡尔排除在外。

了。两位历史学家谱写了关于这一术语的二重奏。首先是出身于东普鲁士一个富裕的学术世家的路德维希·德约（Ludwig Dehio）。这名一战老兵曾获得过勋章，在魏玛共和国和第三帝国时期都担任过档案管理员，其中在后一个时期因出身不佳——其犹太祖父是著名古典语文学家——而无法发表作品。二战结束后，在导师迈内克（Friedrich Meinecke）的引荐下，他在著名专业期刊《历史期刊》（*Historische Zeitschrift*）于 1948 年复刊时成为了该刊物的编辑。 40
同年，他还出版了成名作《均势，还是霸权》（*Gleichgewicht oder Hegemonic*）。

德约开篇便直接延续了兰克（Leopold von Ranke）对欧洲列强的论述，将欧洲的多样性视作其历史活力及文化创造力的源泉。但德约坚持认为，这笔遗产尽管丰厚，却仍受困于两大局限。兰克熟知的主要是欧洲大陆上的“旧世界”诸国，对海外扩张之于这些国家彼此争斗的重要意义知之甚少；他还认为，法国大革命所带来的动荡已经随着它所引发的民族觉醒以及各国在多样、稳定的维也纳体系中各归其位而被克服了，但这种看法过于乐观了。兰克没有意识到的是，欧洲内部的竞逐已经愈发外溢至全球舞台，而且在法国大革命时代喷涌而出的那种具有同质化作用的社会—经济及技术文明机制本质上就是有害于丰富多彩的各种文化的（他正确地给予这些文化以很高的评价）。德约将试图弥补这些不足。[2]

自文艺复兴以来，欧洲政治史的主题便是各个时代的历任主导国家试图通过夺取霸权，来摧毁维系着欧陆多样性的势力均衡。先是哈布斯堡王朝的统治者查理五世和菲利普二世，接下来是路易十四和拿破仑，他们都从位于西欧中心的地方体现着这
41 一欲望。幸运的是，他们的野心每一次都被位于欧陆边缘的侧翼势力挫败了：两位哈布斯堡君主时代的奥斯曼土耳其，菲利普二世和路易十四时代的海上强国荷兰与英格兰，以及拿破仑时代的英国与俄国。1815 年后维持欧洲和平的的确是维也纳和会确立的大国协调，但自那以后，在国际政治中世界舞台就将变得愈发重要，不再只是欧洲这出大戏的背景了——英国就已经成为了一个庞大海外帝国的女主人。与此同时，工业革命极大地增强了这种机械文明夷平一切的能力。随着普法战争和普奥战争的速战速决，俾斯麦令新近统一的德国成为了欧陆的主导强权。但保持谨慎与克制的他并未尝试建立霸权，而是扮演着调停者和平衡者的角色。

然而，他的后继者在挑战英国的海上支配权时，把谨慎完全抛到了一边，甚至还没完全意识到自己

---

〔2〕《均势，还是霸权》，克雷费尔德，1948 年，第 10 至 14 页及其后数页。

在做些什么，便于1914年把德国抛入争夺霸权的冲
突之中。在这场冲突中，位于欧洲中央的势力再度
被侧翼势力击败了——这一次不只是一个，而是两
个海洋强国，美国加入了英国的行列。最后，在由
德国发动、丝毫不讳言自己意图的最近一次的霸权
争夺战中，希特勒先是在从比利牛斯山脉到西布格
河的整个欧洲大陆横行无忌，直到也被侧翼势力联
盟击败——海上的英美，陆上的苏联。在两次世界
大战中，德国都暴露了对海权重要性及其意义——
不只是军事意义，还包括政治和文化意义——的无
知。[3] 不过第三帝国并非仅仅是对第二帝国的重
复。迷失了方向的群众受到恶魔般领袖的激励，这 42
正是机械文明持续不断迈进的产物；由此引发的灾
难摧毁了德国、法国和英国，还终结了欧洲保持独
立的历史。欧洲大陆那时陷入了分裂，世界则分别
掌控在美苏两大强权手中。或许这样的局面也只不
过是全世界实现统一这一冰冷结局的序曲吧。[4]

德约的论述热情洋溢、金句频出，但奇怪的是，

---

〔3〕《均势，还是霸权》，第200页。更详细的论述见《兰克与德意志帝国主义》（Ranke und der deutsche Imperialismus），收录于《德国与世界政治》（*Deutschland und die Weltpolitik*），慕尼黑，1955年，第49至54页。

〔4〕尽管从未直接作出这样的表述，但在德约看来，对霸权的争夺以及技术文明的进步是相互关联的两大进程，因为两者的逻辑都是毁灭多样性。早先在他的叙述中曾出现过的“霸权的统一趋势”这一术语便暗示了这一点。见《均势，还是霸权》，第39页。

其核心对象依旧是含糊不清的。各国为了争取或是反对霸权而反复开战，但究竟什么才是霸权？德约在文中从未试图给出定义。在他的叙述中，大多数时候霸权都是各方争夺的目标，而不是某方的享有之物——因此，“霸权势力”一词也就毫无用处。事实上，“霸权势力”一词所指代的只不过是比其他势力更加强大，因而对其构成威胁的强权。对此兰克早已创造出了大量术语：Übergewicht、Supremat、Übermacht、Vorwalten。与之相比，德约所使用的“霸权势力”一词并无特别之处，只是个并无用处的同义词。即使像在书名里那样作为反义词来使用，用处也没有增加多少，因为“均势”这一概念本身也仅仅零星地出现于下文中，并没有被屡屡提及，也从未被加以探讨。原因在于，另外一个术语取代了“均势”的位置：这就是指代进行干涉的侧翼势力的“抗衡势力”一词（Gegengewicht）——不是平衡，而是抗衡，这二者不能混为一谈。然而，“霸权”一词的含糊不清所造成的结果不是对叙述并无影响的繁冗与啰唆，而是对叙述产生的明显的影响，
43 虽有利于其政治目的，但削弱了其历史说服力。他该如何描述自己故事中那些热爱自由的大救星？英国——它曾经是霸权势力吗？如果不是，那么又该如何界定“不列颠的统治”？早在提及英国殖民印度、成就帝国之前很久（他在后文中将对此抒发惊

叹之情)，德约便指出，霸权势力在海上扩张起来能够比在陆地上隐蔽得多。不过，我们没有太多必要纠结于此。要点在于，本性使然，海洋强权能够免受在欧洲争取霸权这一诱惑。英国警惕地阻挠欧陆列强的此种野心，这本身的确并非目的，而是确保其在欧洲之外统治海洋的手段。不过这一问题也是可以绕开的：英国只不过是一个单独的 Übergewicht，而不是其他国家那样的霸权势力。[5]

（二）

德约的作品问世两年之后，出现了一部机敏的反驳之作。这部作品直面了德约曾回避的两大问题，并给出了与其不一致的答案。出身于施瓦本乡村一个牧师家庭的鲁道夫·施塔德尔曼（Rudolf Stadelmann）比德约年轻一代，他很早便成为一名高产的学者，起初研究的是中世纪晚期和现代思想史。他在弗赖堡上大学期间被纳粹思想吸引，在希特勒上台后，曾短期担任过时任弗赖堡大学校长的海德格尔的新闻秘书。他于 20 世纪 30 年代开始其学术生

---

〔5〕“确保欧陆均势的依旧是海洋强权。不过对于英国而言，确保欧陆均势本身并非目的，而是维护其海上超强地位的前提条件。”见《均势，还是霸权》，第 76 页。

涯，写作、教学都遵守着纳粹当局的要求。尽管与海德格尔存有分歧，但两人仍保持着良好的关系。
44 1936 年时，他加入了纳粹冲锋队下属的马术协会，这是避免加入纳粹党，但又与当局保持良好关系的惯用方法。但在 1938 年时，他因在《慕尼黑协定》签署后批评了希特勒的外交政策而受到了调查，前往蒂宾根任教一事也告中止。为了挽救自己，他加入了德国国防军，在德国占领下的巴黎担任研究员。随后，他获准赴蒂宾根任教，并在 1945 年至 1946 年间成为系主任。[6] 尽管从出身、性情和所处时代来看，他都可谓是德约的反面，但两人在政治上都是保守的，在思想上都受到了布克哈特（Jacob Burckhardt）那悲观智慧的影响。在接手《历史期刊》后，德约在复刊后的首期杂志上发表了施塔德尔曼论述这位“巴塞尔智者”的一篇长文。

几个月后，年仅四十多岁的施塔德尔曼便去世了，他的短篇论文《霸权与均势》（“Hegemonie und

---

〔6〕 韦雷娜·沙伊布勒（Verena Schaible）细致地还原了施塔德尔曼一生的经历，见《施塔德尔曼：一名国家社会主义者?》（Stadelmann—ein Nationalsozialist?），收录于约尔格-彼得·亚托（Jörg-Peter Jatho）和格德·西蒙（Gerd Simon）编辑，《第三帝国时期来自吉森的史学家》（*Gießener Historiker im Dritten Reich*），吉森，2008 年，第 207 至 219 页。沙伊布勒的结论是，与其说德约是纳粹政权的信徒，不如说是其同路人。关于施塔德尔曼当年写下的那些如果被加以仔细审视可能导致其二战后地位不保的评论及其他文字，见同一卷，第 113 至 121 页、第 134 至 138 页。

Gleichtgewicht”）于翌年发表。[7] 该文并未提及德约，
但无疑是对《均势，还是霸权》的回应之作。两部
作品标题中连词的不同表明了内容的差异。施塔德
尔曼将建立在中世纪基督教世界闻所未闻的政治主
权及均势算计等原则基础上的《威斯特伐利亚和
约》——德约甚至都没有提及该和约——视作现代
国家体系的成形标志。他认为，在从 1740 年至
1940 年的两百年间，欧洲基本上是被不断发生冲突
的五大国控制着的，这就是于 1815 年参加维也纳和 45
会的俄国、奥地利、普鲁士、法国和英国。这一国
际秩序的源头在于终结了西班牙王位继承战争的乌
得勒支和会；当时，博灵布鲁克子爵的政治才干令
英国首度在这一体系中占据了“欧洲均势顺畅、低
调的操盘手”这一重要地位。在抵挡住了自负的拿
破仑的威胁之后，这一均势又在普鲁士对奥地利和
法国的两场胜利后幸存了下来——就连时任普鲁士
战争大臣的冯·罗恩（Albrecht von Roon）都曾以为这
一秩序已经被彻底摧毁了，还琢磨着“普鲁士之
剑”是否已经成为“欧洲的权杖”——这是因为俾
斯麦像黎塞留、博灵布鲁克、小皮特和索尔兹伯里
一样，都洞悉了这一秘密：“‘霸权’和‘均势’并
非这一秩序中相互排斥的两大原则，而是相辅相成

---

〔7〕 成文的确切时间仍悬而未决。符腾堡的一家小型出版社曾将其作为一篇小品文发表，但这并不足以解决该问题。

的，就如同一艘船既有凹面，又有凸面一样。”[8]

这是因为，只有当主导国家审慎且受到尊敬——而不仅仅是被畏惧——并观察、掌控和指导着这一动力机制时，均势才有可能达成。这种引导之下的均势就叫作“霸权”。在友善的、起纠正作用的角色与压迫性的支配、普世性的强权，以及最终的帝国之间，只有一线之隔。俾斯麦从未真正越过这一界线。如果说他的手法不如此前的英国平衡手轻巧的话，原因也不在于普鲁士沉重的铠甲，而在于缺乏岛国的安全性和舰队，以及他在这部需要掌控的国际机器内部脆弱的地位。从 1870 年到 1890 年，俾斯麦的外交政策正是英国传统上那种克制与冷漠的调停立场的欧陆版本，既试图进一步为德国谋取利益，又要将俄国和英国这两大帝国分隔开来，使其保
46 持和平，使得欧洲在这座巨大的穹顶之下能够享受到相对的宁静——这正是他构筑各种堡垒和支柱所要全力维系的目标。他曾经评论道，英国和俄国就如同两条斗犬，只要一松开缰绳，就会立刻跳向对方。

然而在俾斯麦的体系中，法国仍是个缺口，对失去阿尔萨斯无法释怀，对俾斯麦鼓励自己进行殖民扩张——作为抵挡英国的缓冲——心存疑虑。在俾斯麦去世后，与他的意愿相背，三国联盟有沦为

〔8〕《霸权与均势》，劳普海姆，1950 年，第 9 页、第 11 至 12 页。

德国进行支配的工具的危险；法国和俄国尽管政治体制有着巨大差异，却携起手来；“五国共治”的局面就此结束。欧洲分裂成了两个剑拔弩张的阵营，它们之间的敌意注定要以一场致命的冲突告终。鉴于一战这一灾难性的先例以及随后国际联盟的失败，英国政治家们从约 1935 年起便试图通过再度以睿智和调停的风格领导欧洲，来避免欧洲再度分裂为一个个集团，希望遵循索尔兹伯里的精神，将德国纳入英国庇护下的“四国共治”体系之中——俄国已经主动退出了欧洲。英国、法国、德国和意大利将团结起来，同时对抗布尔什维主义以及美国对欧陆的干涉。张伯伦的绥靖政策是恢复欧洲均势、使其发挥友善且难以察觉的引导作用的唯一方法——正是在这种均势之下，旧世界度过了自己的黄金岁月。然而，希特勒却在里宾特洛甫的影响下，开始疯狂地、无止境地向东方扩张，而这注定是会激怒英国的——他们或许甚至还梦想过向英国港口发动像珍珠港似的突然袭击。〔9〕

---

〔9〕 这些概念证明了施塔德尔曼的观点有着一定的延续性，这能够解释他为何会在 1938 年时冒此风险。于他去世后发表的另一篇文章《二战前夜的德国与英国》（Deutschland und England am Vorabend des zweiten Weltkriegs）中，其更加详细地阐述了对于希特勒拒绝严肃地对待张伯伦的看法。该文收录于理查德·尼恩贝格尔（Richard Nürnberger）编辑，《格哈德·里特尔六十大寿纪念文集》（*Festschrift für Gerhard Ritter zu seinem 60. Geburtstag*），蒂宾根，1950 年，第 401 至 428 页。

47 这样一来，拯救欧洲自主权的最后机会也化为了泡影。结果只可能是：在随后的大乱之中，德国和英国分别丧失了强权和霸权势力的地位。此时已经进入了战后新时代，法国外交部长罗贝尔·舒曼（Robert Schuman）试图为建立在法德和解基础上的欧洲联邦铺设道路。然而和过去一样，只有当出现掌舵的霸权势力时，稳定才有可能实现。如今，这一霸权势力只可能是美国；有朝一日，它或许将扮演1926年至1937年间英国在英联邦中的角色：英国这一“母国”被视作居于各自治领之上的宁静的霸权势力。欧洲各国尚远不能接受这样一种势力，显而易见的原因在于，没有哪个欧洲国家愿意承认美国在文化上的领导地位。然而两极宇宙的铁律——西方对抗亚洲、基督教对抗布尔什维克、这一世界对抗那一世界——却是无从逃避的。“除非组织起‘欧—美’来，否则欧洲就将沦为‘无主之地’。”[10]

从思想上来说，施塔德尔曼对于霸权概念的建构以及主要将其归在英国名下的分析方法，与德约是截然相反的。德约也立刻对此展开了反驳。他承认，《霸权与均势》有所洞见，但施塔德尔曼未能意识到陆上强权与海上强权的根本差异：前者具有侵略性，后者则是防御性的。不应将英国与西班牙或法国等同视之，也不应将后者对霸权的追求与前者

〔10〕《霸权与均势》，第16页。

对霸权的抵抗混为一谈；当下正保护欧洲免遭苏联 48
威胁的美国，就更不应被比作此前欧洲大陆上的那些主导国家了。[11]

然而，从政治上来说，德约从其历史叙述中得出的结论却与施塔德尔曼的论据及用语如此相似，以至于令人很难不这样认为，他是在通过“默默地挪用”，来回应对方“默默的异议”。他在于 1954 年夏天为文化自由大会（Congress for Cultural Freedom）的刊物《月刊》（*Der Monat*）撰文时，将“欧—美”这一理念——“庇护着包括欧洲在内整个自由世界的宏大穹顶”——追溯到了凡尔赛时代，当时英国和美国政治家曾设想由这两大盎格鲁—撒克逊强权对欧陆行使“一种新型的、更加松散的霸权”，从而为“自由的大西洋—西方全部势力和平地聚集起来”、“足以应对共产主义及种族问题”铺平道路。然而这样的霸权未能成真。随着美国拒绝加入国联，这一机构便失去了作用，“‘欧—美’也就解体成了一个个‘零件’”。他警告当代人不要在同一个地方跌倒两次。[12]

从历史上来说，二战后欧洲的分裂无疑是一场灾难。但正如德约在 1960 年为该书美国版所写的跋

〔11〕《历史期刊》上的评论文章，1950 年，第 137 至 139 页。

〔12〕《〈凡尔赛条约〉签订三十五周年》（Versailles nach 35 Jahren），收录于《德国与世界政治》，慕尼黑，1955 年，第 114 至 115 页、第 121 至 122 页。

里明确表示的那样，这并不意味着新出现的这两大巨人就可以等量齐观。英国被海洋环绕，并统治着海洋，其岛屿文化一贯孕育着“自由且灵活的人类精神”，尊重法律和自由；这种精神后来又传播到了脱胎自英国的美国。美国梦游着成为全球强权，如今却意识到了治愈世间苦难这一使命，并开启了和
49 平民主的国际秩序。其反对者则是俄国，早在 18 世纪时，彼得大帝的专制做派就已经表明了机械文明在一个落后的社会、位于欧洲边缘的“反世界”扎下根之后会造成何种不祥的后果；正如布克哈特已经观察到的，就像马其顿危及希腊的自由一样，俄国也威胁着欧洲的自由。

然而，尽管德约和施塔德尔曼都认为务必组建“欧—美”，支撑着德约观点的形而上学却促使他的立场比施塔德尔曼生前的任何声音都更加悲观——虽说假如施塔德尔曼活得更久一些，他也许会从布克哈特以及自己的导师叔本华那里得出相同的推论。欧洲的情况是这样：“为避免发生任何社会革命，一批对此深信不疑的政治家已准备将既存的国家体系革命化。”而美国则在扶植一个新的联邦，“一种深植于大西洋联盟之中的欧洲一体化进程”。这一点至关重要。不过，兴起于 20 世纪 50 年代的那些欧洲富国也蕴藏着自己的危险。大众那令人迟钝的奢华生活、无法满足的物质主义和已过时的和平主义正

在削弱西方的防御力；西方则前所未有地亟需关注用于抵抗敌人的武力这一“王者最后的手段”。

此外还存在引发疑虑的更深层原因。叔本华认为，“生存意志”是如此多的人间苦难的根源；近来，突如其来的现代文明更是使其变得愈发狂暴。50
在欧洲引发霸权争夺并导致其灾难性后果的，正是这种基本的“生存意志”。早在威廉二世时代的德国，它便已将历史的教训抛到了一旁：“生存意志要比智性更加强大。这位主人绝不忍受早熟的仆人提出任何不合时宜的警告。当灾难来临时，仆人所能做的只不过是收拾残片。”〔13〕在纳粹德国，同一股力量也在发挥作用，并导致了更严重的魔鬼一般的后果。〔14〕到了战后，这一不具有精神的文明并未停下，也不会停下统一全世界的脚步，“除非奇迹发生，世界各地的人们都同时改变心意，放弃文明之路和权力争斗——但这正是在‘生存意志’这一冷

〔13〕“当大厅已被夷为平地，能做的只不过是收拾埃登哈尔的残片”——这里借用了乌兰（Ludwig Uhland）的一首民谣：埃登哈尔的年轻领主使劲敲打保佑着自己好运的魔法杯，魔法杯破碎之后，他的家也遭到了毁灭。见《霸权与均势》，第 200 至 201 页。

〔14〕“在第三帝国，首次有某个大国、某个仍旧充满活力和生命力的国家，展开了殊死搏斗。”“当某个人进行殊死搏斗时，他本性中那些只是为了求生的狂暴力量就会令人感到恐怖地冲到前台。那些更加崇高、在幸福岁月里令他保持平衡的感觉被弃置一边。然而，通过这样极度痛苦的表现就评判这个人的本性，并将他此前的经历都解读为这些行为的序曲，这是多么的不公啊。只强调德国历史中导致近来事件的那些阴暗面，忽视在此之前的和谐时期，也是错误的。”见《霸权与均势》，第 223 至 224 页。

酷的恶魔鞭打之下，他们浑身战栗着堕入的处境”。[15] 在《均势，还是霸权》的结尾处，德约充分吐露了叔本华式的悲观情绪。这种历史观是悲凉的；否认其中蕴含着深重的无力感，是不诚实的。布克哈特是通往此类末世的最佳向导。在这样的时代里，人类的希望不在于科学的狂妄预言，而在于个人怀着启迪与忏悔的精神，滋养文化及个人生活之根基。

〔15〕《霸权与均势》，第 232 页。

五
冷战

（一）

德约作品传递出的政治讯息，及其对盎格鲁—撒克逊强权的无比崇敬，在英语世界中大受欢迎。但他作品中的形而上学意味——无疑还包括其华丽的修辞风格——却带上了过于浓重的条顿印记，难以获得外国人的欣赏。真正流行开来的主要是“侧翼势力”这一概念，但其源头往往遭到了遗忘。其他内容很少被人记住，尤其是侧翼势力旨在制衡的那一对象。对于盎格鲁—撒克逊人来说，“霸权”一词依旧那么格格不入，以至于从《脆弱的均势》这一英文版书名里消失了：在正文中则几乎全被“领导地位”或“主导地位”取代——不过这倒没怎么误读德约。 51

在这同一段战后岁月里，塑造美国国际关系思想的是另一位德国人。汉斯·摩根索（Hans Morgenthau）在魏玛德国被培养成一名法学家，后于1937年流亡至美国。他的观点受到的重大影响来自三处：尼采——他的“权力意志”学说吸引了年轻时的摩根索；施米特——摩根索试图精炼他提出的“政治”这一概念；凯尔森（Hans Kelsen）——他确立了摩根索的学术地位。和卡尔一样，摩根索也极其反对战间年代西方正统观念中道德化的理想主义情绪。
52 在于美国出版的首部作品《科学之人与权力政治》（*Scientific Man and Power Politics*）中，他向在外交事务思想中占据主导地位的法律主义、道德主义和感伤主义情绪发起了猛烈的攻击。这些情绪是堕落的中产阶级自由主义的产物，是将摧毁中产阶级自由主义的民族主义势力的保护者。此类威尔逊式幻觉的背后是对权力意志一无所知的科学的理性主义；而权力意志才是政治的本质和国家间争斗的驱动因素，这是一条放之四海而皆准的人类学法则：“人人都是政治支配的对象；与此同时，人人都渴望支配他人。”[1] 对权力的渴求无处不在且邪恶。那么，如何才能调和政治与伦理呢？“绝望地意识到，政治行为不可避免是邪恶的；尽管如此仍然去采取行动，此乃道德勇气。”这就是“人类存在的悲剧性矛

〔1〕《科学之人与权力政治》，芝加哥，1946年，第177页。

盾”。[2]

在美国，此类夸夸其谈——掀起这股潮流的是他的朋友尼布尔（Reinhold Niebuhr）——在当时十分典型，但摩根索的潜在讯息却冒犯到了这个国家。如果摩根索想要如愿以偿地在美国扬名立万的话，就不能这样对待美国的核心信念。两年后，随着冷战的开始，他也调整了自己的观点。《国家间政治》（*Politics among Nations*）令摩根索成名，成为大获成功、多次再版的教科书。他在书中重述了这一观点：国际政治依旧首先是且主要是你争我夺的各民族国家间为权力展开的争斗，其根源在于人性中不变的“支配意志”（animus dominandi）。在大众民主制出现之前，传统的均势机制、国际道德准则、法律以及公共意见，起着为“人皆相伐”这一逻辑刹车的作用。但到了 20 世纪中期，只剩下了美国和苏联这两
个超级大国，它们都装备着核武器，都高举着一种 53
甚至比 1914 年更加危险的、弥赛亚式和普世的大众民族主义。在这个已经经历过全面战争的时代，如何才能确保和平？裁军、集体安全，抑或联合国，这些希望都靠不住。世界政府是个合乎逻辑的答案，但这是以建立起能够克服对各国效忠的国际共同体为前提条件的，短期之内无从实现。实现大同的最

〔2〕《科学之人与权力政治》，芝加哥，第 194、203 页。

佳方式在于重振上一个时代迪斯累利或俾斯麦等伟大政治家风格的外交，令两极世界中各敌对的强权达成和解。

这段文字的不自洽是显而易见的。已经出现了两大相互对抗的弥赛亚式民族主义，这种局面要如何转化为世界政府？在摩根索所述的大众时代，难道有回归建立在全欧洲精英的团结一致基础上的贵族时代风格外交的希望吗？人类那不受历史限制的对支配地位的渴望又为何会在大同世界里逐渐消散？《国家间政治》一书中自相矛盾的部分源自其背后各种思想来源的不相容（起初是尼采，随后是施米特，最后是凯尔森），还源自摩根索希望掩盖这些痕迹：前两者在政治上具有爆炸性，后者作为自己早年的庇护者已太过碍事了。〔3〕摩根索公开声称，有

〔3〕性情使然，摩根索不愿意承认受到了他人的启发，或许这是因为他常常借鉴他人吧。对年轻时的他影响最大的要数尼采。见克里斯托弗·弗赖（Christoph Frei），《汉斯·摩根索：知识分子的传记》（*Hans J. Morgenthau：Eine intellektuelle Biographie*），伯尔尼，1993年，第100页及其后数页。在《国家间政治》一书中，他将尼采等同于希特勒和墨索里尼，并将他与圣奥古斯丁进行了对比，见第206页。他的作品中有着大量的这类例子：对认为利益能和谐一致的观点提出批评，却不提及卡尔；逐字地借用斯皮克曼对势力均衡的描述，等等。这一点与他的同辈人、以谦逊和诚实的学术态度而著称的赫茨形成了鲜明对比。赫茨同样受到凯尔森的熏陶，并与施米特有过接触，但他总是会承认受到了他们的影响。赫茨的思想也更加细致、更具独创性，他的现实主义理论与摩根索的零售式形而上学及后期的冷战姿态毫无关联。赫茨礼貌地表达了自己的异议，见其自传《幸存下来之后：这幅世界图景是如何成形的》（*Vom Überleben. Wie ein Weltbild entstand*），杜塞尔多夫，1984年，第160至161页。

一名德国思想家是自己的导师，即马克斯·韦伯，但他不仅对经济学一无所知——他的理论见解中完 54
全不见经济学的踪影——对社会学也是如此。构成其作品概念结构的是一种粗俗的心理学。他看重的只是令政治家们的决定显得高尚的韦伯式“责任伦理”概念。

那些更加传统的政治概念情况又如何呢？与该书的心理学框架相一致，摩根索以古怪的方式将“帝国主义”定义为“旨在推翻现状的任何政策”。其形式可能有三种：目标要么在于取得全球支配地位，要么在于成为“大概是大洲层面上的帝国或霸权势力”，要么在于取得更加局限于某个地方的优势地位。[4] 反过来，旨在维持现状的政策本身也可能变为帝国主义政策，由此对帝国主义政策作出回应，这就如同一战爆发前夕的状况一样，又如同凡尔赛体系本身——帝国主义政策创造出了新的现状，这回过头来又为自己孕育了新的帝国主义挑战。不过，这样的起伏变化已经过去了。在当前的状态下，“由

---

〔4〕《国家间政治》，纽约，1948 年，第 34 页。这一独特的概念源自他在二战前与施米特的接触，当时他写道：“一切外交政策都仅仅旨在维持、增进或是宣示其权势的意志。这三种政治意志的显现方式又表现为三种基本的经验形式：维持现状的政策、帝国主义政策，以及展现威望的政策。”见《政治概念》(*The Concept of the Political*)，贝辛斯托克，2012 年，第 118 页。这是其法语原作姗姗来迟的英语译版。原作为《政治概念与国际争端理论》(*La notion du “politique” et la théorie des différends internationaux*)，巴黎，1933 年。

强国与弱国之间的关系引发帝国主义”已不太可能了。[5] 美国本可以在拉丁美洲强制推行霸权，但它
55 克制着并未这样做，只是满足于局限在当地的优势地位。

然而，这些表述离那个时代的期待依然有些距离。美国难道能被视为与苏联不相上下的普世性权力意志的象征吗？摩根索在三年之后的《捍卫国家利益》（*In Defense of the National Interest*）一书中修正了自己的目标。他向读者保证道，两个超级大国当然是不能等量齐观的；现实主义外交政策必须做好对抗苏联的准备——它对美国的威胁比纳粹还要致命。[6] 在对抗苏联的战斗中，应该扫清民主制容易感染的意志扭曲和领袖缺位等障碍，并对国家肩负的使命作出冷静的评判。在可行时不应放弃谈判，但美国应坚守欧洲的军事守护者这一角色，并在亚洲发动有效的意识形态战争。

此时的摩根索已经能够接触到杜鲁门政府的外交建制了，他与艾奇逊有交流，并为国务院及五角大楼提供建议。然而对于摩根索而言，艾森豪威尔入主白宫却成了一件令人失望的事情。摩根索未能如己所愿地被征召，参与在佛朗哥的西班牙设立美

---

〔5〕《国家间政治》，第 36 页、第 45 至 46 页、第 35 至 36 页。

〔6〕《捍卫国家利益》，纽约，1951 年，第 69 及其后数页、第 91 页。

军基地一事的谈判，这令他深感愤懑，转而激烈地反对共和党政府，斥责其未能支持匈牙利事件中的反苏力量，未能支援苏伊士危机期间对埃及的远征，未能阻止莫斯科取得相对于美国的战略武器优势地位等失败。假如美国无法为欧洲的有限核战争制定好胜利的计划，那么它不就走上了一条注定要向敌人投降的道路吗？[7]

肯尼迪的胜选缓解了此类担忧之情。摩根索用 56
一部在思想上入籍美国的集大成之作预告了民主党新政府的上台。在《美国政治的目的》（*The Purpose of American Politics*, 1960）一书中，普世性的权力意志消失了。取而代之的是被摩根索称颂为美国持久志业的"自由中的平等"，他认为——美国这一社会不仅极其不同于，而且要优越于其他任何社会，其目标具有的"意义超越了美国的疆界，面向世界上的所有民族"；美国对中美洲及加勒比的干涉也是为了在那里创造出实现"自由中的平等"的条件。美国向来就是反帝国主义的；如今在反对苏联扩张的斗

〔7〕 关于摩根索的恐慌程度，见《美国外交政策的僵局》（*The Impasse of American Foreign Policy*），芝加哥，1962 年。他写道："1956 年 11 月的第一周将被铭记为美国外交史上最为灾难性的时刻之一"，"我们刚刚见证了在苏联的最后通牒面前西方立场突如其来和彻彻底底的崩塌"，"当苏联帝国开始解体时，美国却从一开始就放弃了动用武力，由此令苏联实际上可以为所欲为"，那么"我们难道不是走上了一条分期完成的投降之路吗？这条道路可能以绝望的核战争告终"。见第 25 页及其后。

争中，反帝国主义更是成了其核心的外交政策。[8]

至于越南？吴廷琰是个独裁者，但并没有必要对他的做派感到不快。不过，一旦民众对他过于不满，他就必须下台了，因为“只要美国愿意，就一定能够找到一名可以接管西贡政府的将军”。[9] 言犹在耳：数月之内肯尼迪政府便刺杀了吴廷琰，并安排了一名将军取他而代之。但在收拾了吴廷琰的三周之后，肯尼迪本人也遭受了同样的命运。此后，与“卡美洛”（译者注：“卡美洛”代指肯尼迪政府）有着良好关系的摩根索转而反对约翰逊进一步陷入越
57 南。这并不是说美国对印度支那的军事干涉是帝国主义性质的——美国的干涉只不过是一种“威望政策”，是他在 20 世纪 30 年代曾阐述过的追逐权势的手段中最温和的一种。美国与一场反殖民的革命为敌，而不是促使其摆脱苏联的影响，这或许是个悲惨的错误吧。此外，摩根索还敦促审慎地、出于道义地反对这场军事干涉。但这并不意味着摩根索的战略决心削弱了。1967 年时，以色列在中东的闪电

〔8〕《美国政治的目的》，纽约，1960 年，第 33 至 34 页、第 101 至 102 页、192 页。

〔9〕《越南与美国》（*Vietnam and the United States*），华盛顿特区，1965 年，第 24、32 页。

战令他激动不已;[10] 1969 年，他又在建议美国走上新的方向时认定，美国“最根本的利益”在于维系西半球“无可匹敌的霸权势力”这一独一无二的地位。[11] “霸权”起初被等同于帝国并遭到否认，此时又被洗清了这种名声，最后，终于成了这个国家的试金石。

（二）

在对国际关系的性质进行系统的理论概括方面，与摩根索相对立的努力来自另外一名欧洲人在哈佛逗留一季时完成的作品。雷蒙·阿龙（Raymond Aron）的巨著《和平与战争》(*Paix et Guerre*, 1962) 旨在将认识论、社会学、历史、道德和战略都纳入一篇划时代的论文之中。比《国家间政治》精妙得多的这部作品，同样在结尾处为如何进行冷战开出了处方。

---

〔10〕 他表示，以色列的胜利具有改变局势的意义，这场战争“像是《圣经》中的胜利一样”对他“产生了魔力。你可以把这想象成上帝的信徒在为犹太人而战”。见《德国犹太知识分子的悲剧》(“The Tragedy of the German Jewish Intellectual”)，收录于伯纳德·罗森贝格（Bernard Rosenberg）和埃内斯特·戈德斯泰因（Ernest Goldstein）编辑，《创造者和扰乱者：纽约犹太知识分子的回忆》(*Creators and Disturbers: Reminiscences by Jewish Intellectuals of New York*)，纽约，1982 年，第 78 至 79 页。

〔11〕《美国应执行的新外交政策》(*A New Foreign Policy for the United States*)，纽约，1969 年，第 156 页。

从历史上来看，可以区分出三类和平：均势和平、霸权和平或帝国和平。就均势和平而言，各国的实
58 力处于均衡状态；就霸权和平而言，某个国家支配着其他所有国家；就帝国和平而言，某个国家远胜过其他所有国家，以至于将它们都纳入了自己之中。〔12〕然而，这三类和平均不适用于冷战。这三类和平是根据权力分配的状况界定的，而西方与苏联的对抗却应被总结为一种“恐怖和平”，因为在核时代双方都可以向彼此施以致命一击，导致相互无力应对的极端状况。但这并不意味着冲突中的这两股势力是同质的，也不意味着只有二者达成和解才能保障未来的安全。

阿龙在两方面均对摩根索展开了抨击，指控他重复了可以追溯至特赖奇克的非道德主义观点，将各个国家的外交政策都视为具有大体相同的性质。此举是要抹去西方和东方之间巨大的道德与政治差异。外交是无法与意识形态割裂开来的：共产主义势力当然不会这样做，西方也不应如此。此外，在对抗的斗争中，任何时候都不应将“审慎”与“温和”或“妥协”混为一谈。冷战中西方的目标不应

〔12〕 阿龙在不知情的情况下使用了特里佩尔关于后者的说法。见《和平与战争》，巴黎，1962 年，第 158 页。

仅仅在于避免热核灾难，还应在于战胜敌人。[13] 为了捍卫西方并以之为榜样，这是起码的要求。

阿龙具有多种天赋，但对作者加以细致的阅读 59
并不是其中之一——鉴于他的成长经历，这一点是很突出的。[14] 当阿龙发表《和平与战争》之时，摩根索早已转而持有与他相同的立场。在这曲二重奏中，反倒是阿龙将在 20 世纪 70 年代冷不丁地重复摩根索在 50 年代曾产生的某些顾虑。《帝制共和国》(*République imperial*, 1973) 一书审视了二战以来美国的外交政策史，试图通过分析“imperial”这一形容词，并将其目标与看似类似的各种概念加以区分，

---

〔13〕《和平与战争》，第 654 页。他补充了一句：“或者说不被击溃。”没必要把胜利理解成卡托所设想的那种。西方的目标应该仅仅在于摧毁苏联体制——只要苏联仍致力于将其“社会主义”传播到全世界——而非苏联本身。若在 1945 年之后采取坚决行动，本可避免东欧共产化；若在 1956 年采取坚决行动，本可能解放匈牙利。但只要继续加强军事防卫，那么西方意识形态的优越性就足以令其实现自己的目的：“生存下去就是胜利。”见第 665 页、第 686 至 687 页。

〔14〕阿龙将摩根索与特赖奇克联系到一起，这一判断实在是谬以千里。尽管他与施米特有着非常好的交情，后者曾热情地赞扬《和平与战争》，但阿龙完全没有意识到施米特对摩根索的影响，毕竟精确地分析语义非其所长。摩根索自然会因阿龙对待自己的态度而感到生气，遂用对《和平与战争》不屑一顾的方式“投桃报李”。在早先的一篇文章中，摩根索曾称阿龙为“印象主义者”。单就这一点而言，该评价并没错，尽管摩根索处理起资料来源来要更加漫不经心。见“外交政策：保守主义学派”（“Foreign Policy: The Conservative School”），载《世界政治》(*World Politics*)，1955 年 1 月刊，第 284 至 286 页；以及《美国政治学评论》，1967 年 12 月刊，第 1110 至 1112 页。

来消除这一书名可能引发的误解。“帝国”（empire）意味着“该国在必要时多少具有不可抗拒的强加自己意志的能力”；“帝国主义的”（imperialist）是个贬义词。“帝制的”（imperial）一词所指则与之不同：与之相联系的不是强力，而是光荣。美利坚合众国并未成为“帝国”，其外交政策也不应被称为是“帝国主义的”。另一方面，“霸权”才是对美国在欧洲扮演的政治角色——保护这里的民主国家免受苏联入侵——的合理描述。在大西洋联盟中，“美国在真正意义上行使着霸权——或者用美国人自己的话来说就是，发挥着‘领导力’”。[15]

相较之下，应当承认美国在加勒比的外交政策是“帝国主义的”。但这只是例外。在其他地方，
60 美国的外交行为无疑可以被称为是“帝制的”，因为它的干涉遍及全世界，但又并未建立起一个“帝国”。但对任何传统意义上的19世纪强权而言，这一点或多或少都能成立。历史上的一切国家间体系都是等级制的，如果要把强权对较弱小国家的内部事务及对外政策的影响称为“帝国主义”，那么就像笛卡尔提出的常识一样，它也从未像今天这样如此普遍。诚然，有一个具体的问题仍悬而未决：美国的军事实力与资本主义扩张之间是何种关系？“美

〔15〕《帝制共和国》，巴黎，1973年，第260至264页、第176页。

国捍卫的是自由世界，还是向自由经济开放的世界？"[16] 对此很难给出断然的回答，因为这两大目标常常交织在一起。美国并非总是在保护那些具有自由机构的国家，有时候也会支持作为抵御共产主义的屏障的独裁国家；倘若美国不是在军事上占据至高地位，那么其他国家也的确有可能不会赞同美元在国际货币体系中占据特权地位、向华盛顿贷出其充当世界警察所需的外国货币。但总体来看，美国外交的终极目标就是遏制共产主义的扩散，美国军队的在场则创造出了令西欧和日本经济能繁荣长达半世纪的道德和政治氛围。[17]

那么，自由世界就一切安好吗？遗憾的是，人们有理由感到忧虑。在于 1974 年年初问世的该书美国版的前言中，阿龙宣称："我感到这次我可以直截了当地表示，欧洲可以把对由理性主导的外交政策
的希望寄托在尼克松和基辛格身上。" 但是，欧洲也 61
可能为他们和对他们而感到担心。尽管"在我看来，很少有理智的人会因尼克松总统对闯入和窃听民主党总部一事知情或是下了这样的命令而指责他"，但水门事件还是削弱了白宫执行强有力外交政策的能力。令人不安的还有尼克松基于多极世界中的对等均势这一令人困惑的概念"对理想中的和平作出的

〔16〕《帝制共和国》，第 187 页及其后数页。
〔17〕《帝制共和国》，第 214、317 页。

奇怪和荒唐的定义”。引人注目的是，他在向国会提交的一份报告中反复强调“克制”和“自我克制”等词汇——这两个词出现得比其他任何术语都更加频繁。[18] 毫无疑问，审慎是一种亚里士多德式美德；但美国外交是否变得只具有“消极的意识形态色彩”，目标仅仅在于阻止更多马列主义政党夺取权力？阿龙提醒读者注意，他曾写道：在 20 世纪，“如果强权不再致力于伟大的理念，那么它的实力就会被削弱”。缓和与苏联的关系，难道不正是冒了遗忘这一教训的危险吗？越战结束后美国民众和知识界的心态显现出了令人担忧的新孤立主义迹象。关起门来生闷气，这是美国负担不起的；它可是国家间关系角逐中的冠军，而“冠军就必须不断接受挑战”。[19]

阿龙以咄咄逼人的语气收尾，恳求美国肩负起在世界舞台的职责，这与当年的摩根索别无二致，但这种做法却使得他给出的各种定义面临着土崩瓦解的危险。在冷战中，美国霸权指的是领导而非命
62 令；但其终极目标应在于胜利。他在《和平与战争》一书开篇写下的格言遭到了遗忘：“既然历史上

〔18〕《帝制共和国》英文版（*The Imperial Republic*: *The United States and the World*, 1945－1973），恩格尔伍德·克利夫斯（Englewood Cliffs）译，1974 年，第 ix 至 x、156、161 页。这是该版本新增的内容。

〔19〕《帝制共和国》，第 305 页、第 327 至 328 页。

很少有霸权国家不滥用强力的例子，那么因胜利而取得了霸权的国家，无论其统治者的意图如何，都会被认为是侵略者。”〔20〕接下来的世纪将为这一判断提供佐证。

摩根索和阿龙写作的时间及对象都是冷战的高潮时期。几乎完全处于同一时代的这两人都是对一战仍有记忆、受到凡尔赛体系下的世界塑造的欧洲人。“霸权”一词属于他们继承而来的那套词汇，在他们的作品中不时出现，但又不会加以过分的强调——在专注于与“美好时代”或洛迦诺等国家间体系相去甚远的两极国际秩序、致力于自由与极权之战的那些文字中，这既不是可以省去的，也不占据中心地位。在总体导向位于别处的总体性论证中，其含义可以根据具体目标作出调整。

就当时而言，对该词更为严密的运用以及更加直接的关注很少见，并且只来自于对旧世界的研究。就在《帝制共和国》问世前不久，一位离群索居的美国政治学家查尔斯·多伦（Charles Doran）出版了一部对于下个世纪的问题更具警示性的作品。《关于“吸收”的政治学：霸权及其后果》（*The Politics of Assimilation: Hegemony and Its Aftermath*），审视了欧洲历次争夺霸权之举——哈布斯堡、波旁、拿破仑——所引发的回应；其关注点不仅在于这些举动是如何被

〔20〕《和平与战争》，第94页。

挫败的（在威斯特伐利亚是通过镇压，在乌得勒支是通过谈判，在维也纳则是通过维持秩序），还在于这些解决方案导致的结果。“帝国”和“霸权”是两个不可分离的概念。二者之间的区分在于其对臣服者所实行的控制种类不同：正式的与较不正式的，直接的与较间接的。霸权不是和平的，武装力量是
63 其首要构成要素，军事扩张则是其天然路径。对霸权势力的“吸收”——首先是霸权势力遭受失败，其次是其被纳入某种和平秩序——需要更加强大的武力，最后是政治技巧。从胜利者中间还可能涌现出未来的霸权势力，对原先的秩序造成最为严重的破坏。〔21〕那个时代首屈一指的两位战略思想家都没有注意到，自己的作品还应附上这样一段尾声。

〔21〕《关于“吸收”的政治学：霸权及其后果》，巴尔的摩，1971年，第20页、第202至203页。

六

美国霸权

（一）

就在阿龙完成《帝制共和国》手稿后不久，新 65
时代于 1973 年开启了，上述坐标也由此改变。布雷顿森林体系的终结、越战的失败、石油禁运，更不必提美国国内的政治动荡，引发了突如其来的“格式塔”转变，这使得霸权在美国的理论及政治争论中首度成为了核心问题。查尔斯·金德尔伯格（Charles Kindleberger）的经济史作品《大萧条中的世界 1929—1939》（*World in Depression* 1929-1939）出乎作者意料、与其意愿相背地加速了这场变革。该书认为，20 世纪 30 年代漫长衰退的根本原因在于，英国不再能够、美国尚不愿意承担起在危机中为世界经济提供必要稳定手段的责任。金德尔伯格解释称，亏本出售商品的市场、稳定的资本流、在紧急状态下保障流动性的机制——这些必要手段都是公共品，使所有人受益，尽管对其提供者而言，这意味着一定的负担。这也就是领导力。维多利亚时代的英国曾提供了这些，美国在二战之后也学会了这样做。但如今——他写作的时间是 1973 年，在尼克松令美
66 元与黄金脱钩之后——美国的领导力已渐行渐远。金德尔伯格只是在书的最后两页提到了这一观点，并未进一步展开。但机缘所致，其影响力被放大了。

三年前，斯坦利·霍夫曼（Stanley Hoffmann）——他出生于奥地利，在法国接受教育，是阿龙在美国最亲密的朋友——在《国际组织》（*International Organization*）这份期刊上发表了一篇文章。他注意到：世界政治已愈发受到跨国社会的渗透，跨国社会的各种机构和代理者——最显而易见的就是跨国公司——有着自己的规则；国家即使需要付出代价，也必须尊重这些规则；结果就是，各国之间展开竞争的"棋盘"数量增多了——不再局限于外交和战争，还包括了贸易、金融、援助、太空研究和文化。这样的进展带来了希望，因为这些"棋盘"不必动用强力，国家间爆发公然冲突的可能性便降低了，转而更愿意展开合作或是讨价还价。[1] 霍夫曼的两名学生立刻推出了一期专门探讨"跨国关系与世界政治"的《国际组织》特刊。这两名编辑罗伯特·基欧汉（Robert Keo-

〔1〕《国际组织与国际体系》（"International Organization and the International System"），载《国际组织》，1970 年夏季刊，第 389 至 413 页。

hane）和约瑟夫·奈（Joseph Nye）宣称，自己试图“挑战国际关系分析背后的基本假设”，他们认为，对世界政治的研究需要摆脱摩根索和阿龙代表的以国家为中心的范式，转而关注各种非政府的组织及关系的互动。[2] 敏锐地认识这些组织及关系，对于 67
确立和平、民主、福祉与正义的规范是至关重要的。

在这份和平展望中却出现了一丝不谐之音。特刊中论述跨国公司一文的作者罗伯特·吉尔平（Robert Gilpin）既不认为跨国公司的行为有多么独立于自己所处的国家，也不认为各国经济相互依赖程度的加深意味着政府在经济事务中的作用正在减弱——他的看法与此恰恰相反。吉尔平在《美国的权势与跨国公司》（*US Power and the Multinational Corporation*，1975）一书中更加详细地说明了这一观点，无拘无束地提及了英国和美国霸权。基欧汉和约瑟夫·奈则用《权力与相互依赖：转型中的世界政治》（*Power and Interdependence*，*World Politics in Transition*，1977）一书予以回应。他们试图表明吉尔平的观点有误导性，或者说不适用于海洋或金融等发展出了“复杂的相互依赖”规则的领域；在这些领域涌现出的“国际机制”并非出自任何一个主导势力之手。不久之后，基欧汉又将目标对准了他所谓的“霸权稳定理论”，

---

〔2〕《序言》，载《国际组织》，1971年夏季刊，第329至349页。其后便是总计400页的多篇文章，涵盖领域从经济学到科学，从宗教到太空，从和平到革命，但大多数文字都带有明显的商业倾向。

即这样一种观点：一个强有力的国际经济体系需要由某个霸权势力为其提供凝聚力和弹性。他尤其批评了金德尔伯格和吉尔平。经验表明，恰恰相反，对于稳定的经济秩序而言，霸权势力既不是必要条件，也不是充分条件；并不能轻而易举地将稳定经济秩序的变化与政治权力的转移对应起来。[3] 四年之后，基欧汉在《霸权之后》(*After Hegemony*) 一书中，充分展开了自己的观点。如果说战后的美国在贸易、金融和石油等领域有能力制定关于国家间关系的基本规则，那么随着西欧和日本的崛起导致美国经济的相对分量下降，这种优势地位在 20 世纪
68 60 年代中期之后便渐渐消失了。然而重大波动却并未接踵而至，因为国际关系已不再是争夺优势地位的零和博弈，而成为了经济交换主导的正和体系；在这一体系中，各国就关税和规则展开协商，达成互利的结果，维持和平的、各方一致同意的国际机制，没有哪个国家能够对其他国家作威作福。如今，在全新的以互惠调整和理性合作为基础的多边秩序中，美国尽管个头很大，但仅仅是一个伙伴。

---

〔3〕《霸权稳定论与国际经济体制的变化》（“The Theory of Hegemonic Stability and Changes in International Economic Regimes, 1967-1977”），收录于奥莱·霍尔斯蒂（Ole Holsti）、伦道夫·西弗森（Randolph Siverson）和亚历山大·乔治（Alexander George）编辑，《国际体系的变化》(*Change in the International System*)，博尔德，1980 年，第 131 至 162 页。这是对《权力与相互依赖》相关内容的扩充，见该书，波士顿，1977 年，第 42 至 49 页。

金德尔伯格完全不接受这种观点。在基欧汉看来，美国在战后扮演的角色符合对霸权的描述，但已不再必要。在金德尔伯格看来，则恰恰相反："霸权"一词是不可接受的，但美国所发挥的作用则是必不可少的。"'霸权'一词让我感到不适，因为其带有强力、威胁、施压等意味。"美国需要的并非霸权，而是领导力。此外，"我认为不必通过施压便可进行领导，不必对其他国家推推搡搡便可采取负责任的行动"。[4] 基欧汉相信在缺少提供领导力的强权——所谓"霸权势力"——的情况下，也能生产 69

---

〔4〕《等级制 vs. 惯性合作》（"Hierarchy versus inertial cooperation"），载《国际组织》，1986 秋季刊，第 841 至 842 页。金德尔伯格忘记了他在别的地方曾经写道："乍看上去，领导地位可能会被认为指的是说服真正具有独立性的其他人追随某种可能与其短期利益并不相符的行动。但正如下文将表明的，强力和收买均是其重要要素。若非如此，产出的公共品的数量就可能不足。"见《国际经济中的支配与领导地位》（"Dominance and Leadership in the International Economy"），载《国际研究季刊》（*International Studies Quarterly*），1981 年 6 月刊，第 243 页。金德尔伯格在这篇文章中明确表示自己受到了弗朗索瓦·佩鲁（François Perroux）作品的影响："佩鲁将'支配'这一概念引入了对经济问题，尤其是法国经济问题的讨论中。当某个国家、公司或是个人必须顾及另一个国家、公司或是个人的行为，而后者完全可以无视前者的行为时，后者就支配了前者。这是一个独特的法式概念，带有强烈憎恶美国在外汇、贸易政策、跨国公司等领域所谓支配地位的意味。"尽管金德尔伯格也承认有必要动用强力，但这一概念还是令他感到不适。佩鲁则在提出这一概念并点明其所指乃 1945 年后美国在世界经济中所处的地位时，称其纯属科学概念，不涉及任何"徒劳的论战""爆炸性的言语"，以及尤其不涉及帝国主义的"情绪化言论"。尽管如此，他的结论——没有承受战争创伤的占据支配地位的经济体或许"获益于巨额的'集体'租金"——还是注定会让年轻一代的美国同行感到不快。见《支配性经济体理论概要》（Esquisse d'une théorie de l'économie dominante），收录于《应用经济学》（*Économie appliquée*），第一卷，1948 年，第 246、269、283 页。

出国际公共品，但这只是幻象。他在书中也不得不动用大量“安全条款”这样一笔名符其实的“地下宝藏”来维持幻象。他宣称：“当论及各种机制时，我是个现实主义者。”〔5〕——但在描述这些机制时，他又像是个委婉主义者。

（二）

随着在美国政治学中首度变得常态化，“霸权”概念也带上了不同于此前任何版本的、最不可能扰乱本土自由主义情感的经济意味。在“稳定论”看来，在贸易、货币和商品等领域，霸权不是正在发挥作用，就是处于缺席状态：正如霍夫曼曾注意到的那样，交易过程不受强力的污染。不过他本人却无法跟随学生的脚步，直攀上“复杂相互依赖”这一阳光四射的高地——阿龙构成了途中的障碍：外交与战争是无法被弃置一旁的。不过，外交与战争也无法再像过去那样在分析问题时被当成决定性的因素了。“古典学派”曾相信，在普遍不安全这一
70 条件下追求权势，是所有国家最为紧要的任务。“现

〔5〕《无国际政府情况下的国际公共品》（“International Public Goods without International Government”），载《美国经济学评论》（*American Economic Review*），1986 年 3 月刊，第 8、11 页。

代学派”则认为，经济增长和国内福祉等目标已经取代了对权势的追求。霍夫曼在这两种立场间摇摆不定，结果就是，他的思想呈杂糅状。冷战不能被简单地描述为两个超级大国之间的冲突，因为战后经济体系并非“两极秩序，而是霸权秩序”，美国在该秩序中的地位可以与一个世纪前的英国相提并论——其支配地位不纯粹是剥削性的，不只是建立在物质优势基础之上，而是还给予了其他国家参与这一体系的理由。该秩序无疑正在成为过去时，但尚未被一个和谐的相互依赖机制取代。障碍在于诸多新重商主义行为。经济发展乃至合作并未给世界带来和平，核战争或许遥远，但在这个穷国比富国的战争决心更坚决的时代里，军事安全仍旧是所有国家的终极关切。

如此危险的状态需要的是一个“驯服了暴力及经济混乱的世界秩序”，“谦逊+”应该成为其公式。美国霸权终结了，美国应该怀着“谦逊+”的精神行事。这需要一批新的外交政策精英。但国家不应逃避自己的责任。霍夫曼将这本书命名为《至高地位或世界秩序》(*Primacy or World Order*)，但其潜在讯息却是，倘若美国走上正确的轨道，那么“至高地位”与“世界秩序”便可得兼。“非霸权的领导力”

便是正途。〔6〕和整部作品一样，霍夫曼在此也复制
了金德尔伯格青睐后者、耻于前者的立场；这样一
来，“霸权”的意义便发生了滑动：起初，它被局
限于大西洋共同体内部的经济关系；后来却心照不
宣地倒退至“整个世界的支配地位”这一意义，并
71 且在概念上未被加以厘清。“至高地位”这一程度
较弱的术语在书中既未被激活，实际上也未被运用，
只是为回避阐明“霸权”概念而装点门面之物。

三年之后，吉尔平将美国人的这场争论提升到了新的高度，他的《世界政治中的战争与变化》(*War and Change in World Politics*)一书如20世纪30年代末卡尔在英国所做的那样，与前论斩钉截铁地一刀两断（卡尔正是吉尔平最为重要的灵感来源）。该书对霸权的动态分析将军事、经济和文化权力统一了起来，霸权所处的国际体系则是由各国权势的差异性增长主导的。在均衡时期，占支配地位国家的权势和威望能够确保较弱小的国家服从于自己——如卡尔所言，“威望”就相当于国内政治中的“权威”，是国际关系领域的日常通货，使得诉诸暴力变得不必要。在和平与稳定的时期，各国的等级次序是清晰且不受挑战的。当威望排序、领土划分、经济地位、体系中的法律或非正式规则（这

〔6〕《至高地位或世界秩序》，纽约，1978年，第13至14、151至161、188、208页。

反映了占支配地位的一个或数个国家的利益）与权力分配状况的潜在变化出现脱节时，随着愈发强大的一个或数个敌对国家的兴起，便出现了结构性的危机。此类危机通常以争夺体系控制权的霸权战争告终，历任霸权势力便构成了国际关系中根本性的秩序规范。正如吉尔平指出的，这也是列宁和托洛茨基的观点：不平衡、相联系的发展成为了引爆大国冲突的火药。“关于国际政治变化的理论也必须是关于帝国主义与政治一体化的理论。”〔7〕

正如霍夫曼提出的反题所认为的那样，现代国 72
家并不寻求令自己的权势或福祉（国内稳定仰赖于此）最大化，而是如同处理一组无差异曲线一样，试图令各项不同的目标达成最优。经济增长是强军和令民众满意的条件之一，是任何霸权势力都需要满足的要求。但霸权地位终究会造成伤害。通常而言，随着帝国控制的程度加剧，保护成本会增加；对财富习以为常会导致消费占国民收入之比上升，投资占国民收入之比下降；经济、技术及组织技能的传播会削弱霸权势力的竞争优势，新兴国家能够享受到较低的成本、更多的利润，以及后发优势；最后且同样重要的是，盲目的自满心态以及认为本国的支配地位天然正义这一信念将变成一种习惯。

〔7〕《世界政治中的战争与变化》，剑桥，1981 年，第 13 至 15 页、23、31 页。

这些衰落征兆的迹象在美国均有显现。相对于美国用来维系国际秩序现状的经济实力而言，主导该体系的成本上升了。

这并不意味着又一场霸权战争将是可以避免的。核武器、经济相互依赖以及全球性生态问题改变了关于冲突与合作的算计方式。但战争无疑并未消失，各国变得较不自私，生活标准也更加接近了。正如卡尔曾写到的，国际关系的核心问题在于如何和平地改变由打造并从既存秩序中获利者主导的这一秩序。尽管冷战这一两极世界看上去相对稳定，但差异性增长这一动态机制已排除了稳定的可能性。与美国相比，漫长的经济停滞对苏联造成的威胁可能同样严重，甚至要更加剧烈。

73 基欧汉和同事们依然不为所动。次年，于棕榈泉召开了一场成果丰硕的闭门会议后，《国际组织》用又一份厚实的特刊为研究“国际机制”的十年献礼。但这一次又出现了一丝孤独的不谐之音。来自伦敦的苏珊·斯特兰奇（Susan Strange）评论道，“国际机制”这一概念只是美国学界的一时风尚，其出现是在水门事件的大麻烦、卡特连连犯错以及里根上台之际，对美国衰落之感作出的回应：面对白宫的民族主义转向，自由派扪心自问，该如何通过翻修“多边管理机制”——“国际机制”——“将伤害降到最低”。然而，他们的担忧却找错了对象。真实的美国并未衰落，只是自由派不乐于见到这样一个美国罢了：这是一个通过军事条约和开放市场建立起来的全球帝国。“这种特殊的不囿于疆界的帝国主义是许多作为自由主义者和国际主义者成长起来的美国学者难以接受的。美国霸权就像东印度公司时代的英属印度或1886年以后的英属埃及一样，是不囿于疆界的，但这仍是一种帝国主义。这一不囿于疆界的帝国在今天扩张得更广，甚至与英国当年对印度各土邦的态度相比，能更加容忍附庸小国的虚张声势。但这些事实仅仅意味着它面积更大、更加安全，不会受到一时的冲击或挫败的太多影响。”国际机构首先是执行美国意志的战略工具，也许还十分有益的是，能适应于盟友的目标，并象征着对更美好世界的渴望——各国政府对此表以敬意，但却毫不在意。与其敌手一样，美国也在不断加强武器积累和对控制区域进行军事干涉，美元继续主宰着国际金融，完成放松对市场管制这一工作的也不是私人部门，而是美国国家。尽管近来发生了一些变化，但美国仍是“体系中无可争议的霸权势 74
力”。[8]

十年之后，美国赢下了冷战。对于衰落的恐惧

---

〔8〕《当心这条龙：对体制分析的批判》（“Cave! Hic Dragones: A Critique of Regime Analysis”），载《国际组织》，1982年春季刊，第481至484页。

之情消散了，70年代那些紧张兮兮的术语不再适用了。基欧汉的搭档、两人中更具政治野心的约瑟夫·奈在卡特时期被提拔为国家安全委员会顾问，在即将到来的克林顿时代还将升任助理国防部长。在此之前，他将为那套术语撰写祭文。《注定领导》（*Bound to Lead*, 1991）乃新时代的宣言书。“霸权”这个令人困惑、不受欢迎的概念应该隐退了。美国从不曾是霸权势力，更不曾是帝国。“美国治下的和平”与此前的“英国治下的和平”一样，是个历史迷思。美国享有的是“软实力”：它强调的是融入，而非强迫，就如同命令这一“硬实力”同样重要。“如果某国能够令别国认为自己的权力是正当的，那么其意愿就将遇到较少抵抗。如果某国的文化与意识形态具有吸引力，别国就会更愿意追随它。如果某国能够制定与其社会相一致的国际规范，那么这些规范变更的必要性将会降低。对于那些鼓励别国以主导国家青睐的方式来引导或限制自己行为的机构，如果某国能够加以支持，那么它或许就不必动用许多代价高昂的强迫或是硬实力手段。”〔9〕幸好世界上没有别的国家像美国这样有福，既具备另外一种更加“坚硬”的贯彻自己意志的手段，还具备“软实力”。两种实力都十分强大的美国具有得天独

〔9〕《注定领导》，纽约，1991年，第19、108、65页、第31至32页。

厚的条件，以应对相互依赖的各种跨国挑战。美国
人需要克服自满心态和狭隘眼光。他们面对着只有 75
自己才能肩负的责任：领导一个亟需领导的世界。

七

消退

（一）

77 20世纪70年代美国学界围绕霸权稳定论和机制理论展开的交锋与外部世界并无接触，也没有意识到当时葛兰西遗产在全世界范围内的传播。[1] 在意大利，这一传播过程大体上可以追溯至由葛兰西曾领导的意大利共产党的政治演化所决定的那道轨迹。葛兰西去世后，他的《狱中札记》经由塔季亚娜·舒赫特（Tatiana Schucht）转交给了莫斯科，后又被陶里亚蒂带回意大利。陶里亚蒂接替葛兰西成为了意大利共产党的领袖，并且发现了札记中蕴含的

[1] 十年之后，在造出他最钟爱的那个术语时，约瑟夫·奈间接提到了葛兰西，但没有迹象表明他曾阅读过葛兰西的任何作品，就如同基欧汉不曾阅读过考茨基的任何作品一样——考茨基的“超帝国主义”观点曾在《霸权之后》中短暂出现过。

丰富思想财富。首度出版于 1948 年至 1951 年间的《狱中札记》是删节版。这些文字被恰如其分地呈现为献给所有意大利人的文化遗产，其对意大利社会、政治及文化史的探讨内容之丰富，葛兰西狱中书信之崇高（删节更多的版本更早之前便已问世），为意共赢得了无与伦比的威望，吸引了当时众多最为优秀的意大利知识分子的加入，并使其获得了其他任何西欧共产党都不曾享有的国内地位。

威望是一回事，目标明确的运用则是另一回事。78
葛兰西的思想尽管散布在断断续续的笔记之中，但与此前任何马克思主义思想都不相同的是，其目标在一定程度上在于将历史与策略统一起来，同时涵盖过去的前资本主义遗产、当下的资本主义模式，以及未来的社会主义目标。对于意共而言，重要的是葛兰西遗产中蕴含的战略意味。陶里亚蒂于 1944 年返回意大利，他宣布本党的反法西斯任务在于建立民主，而非社会主义；并且试图通过与天主教民主党——由此承认了与梵蒂冈签订的《拉特兰条约》——结盟来实现这一目标。于 1947 年被天主教民主党排挤出政府、于 1948 年的大选中遭遇惨败之后，意共在冷战高峰期并没有太重视“霸权/领导权”概念在葛兰西思想中的地位。该党在国内继续执行温和路线，在国外则继续忠于苏联及其正统教条。随着 1956 年匈牙利事件爆发、危机袭来，意共最著名的异见人士安东尼奥·乔利蒂（Antonio Giolitti）以葛兰西“霸权/领导权”概念的独创性为根据，退出了该党；他认为这一概念勾勒出了以工人阶级的生产力和议会民主机构为基础，在西方非暴力夺权之路。“‘无产阶级领导权/霸权’这一概念不是
79 ‘无产阶级专政’这一概念的同义词或变种。”[2]
陶里亚蒂的助手及继任者隆戈（Luigi Longo）则坚定地回应称，不能将无产阶级领导权/霸权与无产阶级专政对立起来，这两大目标是互补的。[3]

到了20世纪60年代，这样的态度已不可维持了。苏共二十一大在去斯大林化方面比二十大走得更远，弱化了各国共产党服从莫斯科的义务。就国内而言，在战后也已成为大众型政党的意大利社会党结束了与意共的联盟，与天主教民主党一道组阁。

---

〔2〕《改良与革命》（*Riforme e rivoluzione*），都灵，1957年，第24至26页、第29至37页及其后数页。1920年至1921年间，葛兰西曾与当时掌权的乔利蒂的祖父战斗过。乔利蒂在法西斯统治时期加入了意共，并在二战中领导了抗击轴心国战功最为卓著的游击队之一。他于1957年加入意大利社会党，并于1960年代进入中左翼内阁，随后在1980年代与克拉西决裂。在政治生涯的最后时期，他又以独立候选人的身份返回意共，并当选为参议员。

〔3〕隆戈，《新老修正主义》（*Revisionismo nuovo e antico*），都灵，1957年。他写道：“无产阶级领导权/霸权这一概念界定的是各种革新及革命力量的内部关系；无产阶级专政这一概念界定的是这些力量与保守及反革命势力之间的外部关系。两者绝不是相互排斥或对立的，而是相互联系和补充的。”见第36至45页。在听完了乔利蒂退党之前在意共八大上的演说之后，陶里亚蒂气冲冲地评论道：“别拿葛兰西开玩笑。”

不久之后，新一代工人、学生和知识分子又掀起了一场比意共立场更左的社会反叛。社会党和反叛者都对葛兰西作出了与意共的官方立场相左的解读。在这些新的状况下，意共开始转变自己的立场，认定葛兰西根本不是列宁主义者。意共理论家此时解释称，葛兰西所设想的工人阶级领导权/霸权是一项 80
和平的民主进程，是工人阶级在公民社会中逐渐在文化上占据优势地位的结果，是在议会选举中赢得多数这一成就。这种被称为“欧洲共产主义”的观念纯粹是共识性的，不带有任何强制的印记。为了绕开社会党，并平息更加左倾的一系列反叛，意共宣布要与天主教民主党达成“历史性的妥协”，以促进意大利的民主。意共遂于 20 世纪 70 年代中期表示支持安德烈奥蒂政府。

除了选票数量稳步下降外，这一计划一无所获。[4] 社会党知识分子充分意识到了意共的战略意图，向其操纵葛兰西形象的行为发起了猛烈的抨击，表明葛兰西矢志不渝地坚持着列宁主义信念。又过

---

〔4〕 意共知识分子将葛兰西的领导权/霸权概念弱化成了一时政治所需，对这种做法的批评见圭多·利戈里（Guido Liguori），《遭到非议的葛兰西》（*Gramsci conteso*），罗马，1996 年，第 196 至 197 页。大体而言，这是一部出自对意共结局——他后来在《意共之死》（*La Morte del PCI*）一书（罗马，2009 年）中叙述了这段经历——出自感到悲哀的意共忠实党员之手的记录战后半世纪内葛兰西思想在意大利传播过程的值得敬佩之作。利戈里于 2012 年再版了扩充和更新之后的这部作品。

了十年时间，被进一步削弱的意共再次转变了立场，其思想家宣称，该党这一次超越了葛兰西；葛兰西则又回到了原点，只不过正反面调了个位置——因为其必须承认葛兰西的确是极权文化的产物，而这种极权文化在意共的政策中已无立足之地。当意共于90年代解散后，其后继组织——这些组织一个比一个更忠于资本秩序——再也不曾提及葛兰西的名字。“葛兰西学院”幸存了下来。其主席解释称，葛兰西《狱中札记》的核心愿望便是“在美国的推动下，世界经济能够恢复相互依赖的状态”——真可谓“条条大路通华府”啊。[5] 幸好札记中没有提
81 及帝国主义。在该学院的另一位著名合作者看来，葛兰西在狱中显然已与共产主义分道扬镳，成为了一名自由民主主义者。[6]

葛兰西在自己的祖国最终竟获得了此种待遇，这正是拜意共对葛兰西思想的各种利用所赐。表面

---

〔5〕 朱塞佩·瓦卡（Giuseppe Vacca），《葛兰西的生平与思想》（*Vita e pensieri di Antonio Gramsci*），都灵，2012年，第149页。该书无意间几乎逐字重述了基欧汉和约瑟夫·奈的观点。更具经济计划性的世界性领导地位将由“最为现代的美国资产阶级”，而不是原始的、有着斯大林式粗糙手段的苏联/俄国承担；在美国的指引下，共产主义运动将如同“配角”一般，在这一演化过程中发挥颇具价值的“底层”作用。见第140页。

〔6〕 佛朗哥·洛皮帕罗（Franco Lo Piparo），《葛兰西的两座监狱》（*I due carceri di Gramsci*），巴里，2012年。在这本书中，葛兰西变成了自由主义安插进共产主义运动中的“特洛伊木马”，墨索里尼则保护狱中的他免受后者伤害。见第116、123页。这部作品被广为宣传，并赢得了一项文学大奖。

上看，这是策略使然；但葛兰西的概念屡屡被用作
为不断变化的各种目标服务的工具，以至于这已不
能被称为策略，而是沦为了随意共路线而摇摆的意
识形态点缀。围绕着葛兰西的声誉，建立起了一个
了不起的大众型政党——这是不小的成就。围绕着
他在狱中写下的文字，又涌现了汗牛充栋的作
品——截至 20 世纪 80 年代末，已有四千余部之多。
但当意共解散之时，它却从这一波三折的经历中获
益甚少；这些作品也大多只是评论，而非创造性的
运用。葛兰西的“策略”这一概念无疑取决于“领
导权/霸权”概念，但这也是嵌在一系列相互联系的
概念之中的，如阵地战/运动战、有机的危机、议会
主义、消极的革命、底层阶级、对知识分子的分类，
等等。葛兰西提出这些概念，是将其用作启发自己
探索意大利社会方方面面的工具——从统治者到被
统治者，从经济到阶级，从宗教到哲学，从城市到 82
乡村，从教育到文学，从民俗到艺术。但无人追随
他的脚步。葛兰西始于反思 19 世纪时加富尔与温和
党人的领导权/霸权地位，对 20 世纪的福特制也论
述颇丰。但“终其一生”，意共未曾推出有关天主
教民主党的任何一部严肃作品，也未对 60 年代意大
利劳动力和工业出乎其意料的转型进行过社会学研

究。对新现象的好奇已荡然无存。[7]

由于意共从不等同于意大利左翼——后者还包括许多其他重要派别，其中不少与前者有着尖锐的分歧——该党也就永远无法垄断葛兰西的遗产。20世纪六七十年代，在葛兰西的思想被当作一种妥协的意识形态加以全盘拒绝的同时，还涌现出一种对他的另类解读。这种解读围绕着在葛兰西早期在《新秩序》（*Ordine Nuovo*）周报上发表的作品中扮演关键角色的工厂委员会展开，将工人享有自主权的工厂委员会与在《狱中札记》中被抬高为“现代君主”的党对立起来。这类表述尽管常常足够热情洋溢，但仍然只是一种回应，并不足以平息葛兰西狱中文字修订版所掀起的阵阵波澜。总的结果就是，随着意共和这些刺耳之声的最终消退，葛兰西的遗产在自己的祖国枯竭了。

不受机构约束的对葛兰西遗产的创造性运用转移到了国外。要通过举例来说明这样的结果，不可避免地会有些武断。不过在可能的候选者之中，20世纪80年代以来的四种对葛兰西思想的挪用无疑是

〔7〕 唐纳德·萨森（Donald Sassoon）注意到了这些弱点，他的《陶里亚蒂与意大利的社会主义之路》（*Togliatti e la Via Italiana al Socialismo*）一书（都灵，1980年）总体而言洋溢着仰慕之情，但并非毫无批判。最终他也不得不对该党策略的成效表示怀疑，认为意共在获得梦寐以求的合法性的同时，可能会付出“沦为——照过去的说法就是——‘资产阶级另一备选政党’”的代价。见第378页。

杰出的——甚至可以说是最为杰出的。这四种挪用 83
共享着某种模式吗？引人注目的是，在某些方面的确如此。它们都出自远离故土的思想家之手；都诞生于英语世界——英国、美国、澳大利亚——从 20 世纪 80 年代中期到 90 年代中期，彼此间隔不到十年；都是高度个人化的作品，但又均是某种共同项目的成果；并且都是围绕着葛兰西的“领导权/霸权”概念展开的。

八
后续

（一）

85 葛兰西思想的外国归化版具有其意大利本土版所不具备的东西：对某国的社会及政治态势进行本质上的独创分析，为理解其潜在发展做出新的标记。英国就是首个例子。葛兰西思想在英国的传播始于20世纪60年代初、他在意大利之外仍声名不显之时。[1] 十年之后，雷蒙·威廉斯（Raymond Williams）的一篇论述文章成为葛兰西的作品产生重大影响的起点。威廉斯在文中不仅赞同，还发展了葛兰西的“领导权/霸权”概念，称其为“关于在比普通的意识形态更深的层面上充满于社会意识中的各种行为、

〔1〕 具体细节见戴维·福加奇（David Forgacs），《葛兰西与英国马克思主义》（“Gramsci and Marxism in Britain”），载《新左翼评论》，1989年7/8月刊，总第I/176期，第74至77页。

意义和价值的核心体系”。他强调称，此类领导权/霸权总是包括一系列需要被不断“更新、重新创造和捍卫”的复杂结构，主动适应于并尽可能地吸纳别的行为及意义。威廉斯进而辨识出了两种相对立的文化，它们分别属于某个阶级，而且都可以逃脱被领导权/霸权吸纳的命运，即“残余文化”和“新兴文化”——也就是说，前者根植于过去，后者根植于可能的未来。此外，还存在着其他常常能 86
够避免被领导权/霸权捕获的较不易分类的行为及意义，威廉斯坚持认为，这是因为根据定义，领导权/霸权就是选择性的：“在现实中，没有哪种生产方式，因而没有哪个占支配地位的社会或哪种社会秩序，因而没有哪种占支配地位的文化，能够穷尽人类的行为、能量与意图。”〔2〕

这些原则可以被当作对斯图尔特·霍尔（Stuart Hall）所取得成就的注解。来自牙买加的霍尔于1950年代初来到牛津大学学习英国文学。他于1957年创办了《大学与左翼评论》（*Universities and Left Review*），于1960年成为了《新左翼评论》（*New Left Review*）的主编，又于1964加入了伯明翰当代文化研

〔2〕《马克思主义理论中的经济基础与上层建筑》（“Base and Superstructure in Marxist Theory”），载《新左翼评论》，1973年11/12月刊，总第I/82期，第8至13页。扩充后的论证内容见威廉斯此后对霸权的论述：《马克思主义与文学》（*Marxism and Literature*），牛津，1977年，第108至127页。

究中心，并将在此后的十年时间里指导该机构的协同研究。从70年代中期起，霍尔开始分析英国政治的重大变化，并惊人准确地预言了其后果，迄今为止，这仍旧是最能体现葛兰西式社会问诊方法之洞察力的作品。[3] 1974年上台的工党政府执政一年之后，霍尔在一部名为《通过仪式抵抗》(Resistance through Rituals) 的合集中，参与合著了一篇对存在于(主要是，但并非全都是) 工人阶级青年中的亚文化分析之作，将这些亚文化视作某种占支配地位的文化内部潜在的反抗者；占支配地位文化的霸权从不可能达到稳定的平衡状态，也不可能具备充分的吸纳性，充其量只能达成某种动态平衡，但仍需不断地加以重塑，以控制那些与自己不一致的行
87 为。[4] 三年之后，另一部名为《管制危机》(*Policing Crisis*) 的合著将注意力对准了这个经济危机和社会动荡十分剧烈、小资产阶级反弹正因此兴起的时代里的历次道德恐慌——青年暴动、黑人移民、工

---

〔3〕 要想确信霍尔熟练地掌握了葛兰西的问题意识，见他后一个时期的作品，《葛兰西对于种族和族群研究的意义》("Gramsci's Relevance for the Study of Race and Ethnicity")，载《通信调查期刊》(*Journal of Communication Inquiry*)，1986年6月刊，第5至27页。对霍尔产生影响的其他人还包括阿尔都塞和普兰察斯 (Nicos Poulantzas)，关于后者，见《普兰察斯：国家、权力、社会主义》("Nicos Poulantzas: State, Power, Socialism")，载《新左翼评论》1980年1/2月刊，总第I/119期，第60至69页。

〔4〕 霍尔与托尼·杰弗逊 (Tony Jefferson) 编辑，《通过仪式抵抗》，伦敦，1975年，第38至42页及其后数页。

会斗争等令人感到威胁的幽灵。要求加强社会规训的声音越来越强烈，在野的保守党党魁由希思换成撒切尔，就已经反映了这一点。工党早先仅仅试图“管控异见”，此时随着民心的变化也转而采取更为强硬的压制措施，旨在促成这样的状况：“可以说，强制成为了确保同意的自然、常规手段。”但这不意味着英国面临着智利那样自上而下的暴力镇压。在后自由主义国家的一切形式都完好无损的情况下，更加强硬的政府能够依赖的是“迅速高涨、强而有力的民众合法性”。[5] 威权民粹主义的阴影正在逼近。

早在撒切尔于 1979 年上台前一个月，霍尔便警告称，社会民主主义已证明自己无法掌控这场战后格局的有机式危机；撒切尔主义则正在对这场危机作出强有力的回应。掺杂着货币主义—新自由主义和有机式托利主义等相互矛盾思想流派的撒切尔主义，试图构建出某种葛兰西意义上的新常识。通过将“自由”等同于“市场”、将“秩序”等同于“道德传统”，撒切尔主义将前者提供的机遇与后者代表的价值观捆绑打包，供民众消费。这是一项霸权式的计划，其吸引力在围绕着卡拉汉治下学校系 88

〔5〕 霍尔、查斯·克里切（Chas Critcher）、杰弗逊、约翰·克拉克（John Clarke）和布赖恩·罗伯茨（Brian Roberts），《管制危机》，第 307 至 316 页。

统的失败展开的公共辩论中已可见一斑。[6]

撒切尔掌权之后，霍尔于接下来的十年间进一步发展了这些论点。他还准确地预言了撒切尔的第二次及第三次大选胜利。正如20世纪20年代的意大利一样，英国左翼也遭遇了持续的失败：葛兰西留下的大量概念便与当地经验直接产生了联系。的确，撒切尔从未赢得多数选民的支持，她的支配地位也总是受到许多人的质疑，但她却凝聚起了从银行家到专业人士、从小企业主到熟练工人的一大批社会代理人，这构成了葛兰西意义上的“历史集团”。撒切尔主义凭借直觉认识到了各种社会利益常常是相互矛盾的，意识形态不必是前后一致的，身份往往都不是稳定的；并且利用这三点塑造出了能够体现其霸权地位的新的受欢迎的话题。正如葛兰西所言，这种霸权势必含有一个经济内核：为伦敦金融城实行金融去管制和公共事业私有化，为中产阶级减税，为熟练工人涨工资，为大批群众出售市政住房。能够概括以上这些行为的，则是葛兰西“消极革命”的撒切尔版本：许下将在这个对于在战后令德国和日本重新精力焕发的第二轮资本主义转型一无所知的国度实现被拖延已久的现代化这一

---

〔6〕《右转大戏》（“The Great Moving Right Show”），收录于《艰难的复兴之路》（*The Hard Road to Renewal*），伦敦，1988年，第39至56页。

意识形态诺言。撒切尔成功的秘诀就在于“倒退式的现代化”这一悖论。[7]

以任何标准来衡量，对撒切尔体制的上述分析都很具说服力。当然，任何国际框架都未被提及，例如里根巩固了他在美国的统治（其基础要更加广 89
泛），新自由主义药方则传遍了发达的资本主义世界。但任何对时局的政治解读都不可能做到事无巨细，而霍尔的解读则是为了服务于一个目标：找到抵抗和推翻英国保守党政权的最佳方式。他认为，要做到这一点，就必须在其擅长的领域与其交锋，即提出另一种现代性的愿景，更加慷慨、激进地从过去的禁锢中解放出来。必须在公民社会的所有领域展开交锋，必须就国家机器展开争夺，对传统上被认为不具政治意义的领域与问题——性别、种族、家庭、性、教育、消费、休闲——不得采取漠不关心或不屑一顾的态度，对工作、工资、税收、医疗或交往等问题同样如此。必须尊重市场的弱小一端，这里的工匠资本主义提供了多样性与选择，而且左翼永远不应让自己“与民众的愉悦脱节”。左翼的目标应该在于匹配其对手的雄心：不是改革，而是转变社会。

在意大利，继承了葛兰西思想的大众型政党却

[7] 《葛兰西和我们》（“Gramsci and Us”），收录于《艰难的复兴之路》，第 162、164、167 页。

导致这笔遗产变得枯竭，对自己所处的社会并未作出多少独到的分析，也未提出前后一致的改变社会的策略。英国的情况则与之相反：出现了对社会的独到分析，也提出了与之相适应的改变社会策略的某些元素，但却没有将其付诸实践的工具。霍尔的干预措施发表在弱小的英国共产党的期刊上；该党则和意共一道走向了欧洲共产主义及自我的灭绝之路。这样一来就只剩下了工党，但霍尔对其并不太确信。虽然批评了工党狭隘的国家统制主义观念和对民主参与本能一般的敌意——就更别提民主动员了——但霍尔还是以“相对现代”为理由，几乎是明确地对该党领导层清洗掉党内被认为甚至更加落后的一群左翼人士的决心表示了支持；而且虽然不
90 无疑虑，他起初还是为布莱尔献上了溢美之词[8]——不过霍尔最终得出了这样的结论：总是把“现代”二字挂在嘴边的新工党令人失望，它扩大而非取代了撒切尔主义的总体参数。葛兰西思想在英国的首位接受者汤姆·奈恩（Tom Nairn）在自己的作品中更加深刻地洞悉了工党的本质，这本可以令

---

〔8〕 从“展现了非凡的政治勇气”，到“真正的人道”。见《处于精神崩溃边缘的各党派》（“Parties on the Verge of a Nervous Breakdown”），载《声响》（*Soundings*），1995 年夏季刊，总第一期，第 23、26 页；《一出无所作为的大戏》（“The Great Moving Nowhere Show”），载《今日马克思主义》（*Marxism Today*），1998 年 11/12 月刊，回归特刊，第 14 页。这些文章尽管提出了许多尖锐的批评，但认为新工党仍“享有我们的充分支持”。

霍尔免于失望。[9]

从促使霍尔提出那一计划的时局中发现另一面的也是奈恩，而霍尔自始至终都没有发现这一点。对于身处意大利的葛兰西而言，任何彻底的霸权都有着一项重要的成分，即创造出一种“民族—民众”性的意志与文化。但在霍尔对葛兰西的理解中，“民众性”彻底地遮蔽了“民族性”。当奈恩出版《英国的瓦解》（*The Break-Up of Britain*，1977）一书时，也就是霍尔对于战后格局的瓦解提出解释的同时，“联合王国”的统一便已开始松动，撒切尔更是使其陷入了紧张状态，但霍尔对此几乎毫无觉察。或许有理由能解释这一点。正如奈恩所解释的，英国不是也从不曾是一个民族：这是一个诞生于现代早期的复合王国；在属于它的时代过去之后，又发展成了一个强大的帝国。但撒切尔主义所鼓吹的那一依旧是帝国式的身份——航行于南大西洋的英国航母正是其象征——却开始变为应对来自帝国其他地方移民的多元文化的“不得已而为之”之物；这些 91

〔9〕 奈恩，《工党的性质》（“The Nature of the Labour Party”），载《新左翼评论》，1964 年 9/10 月刊，总第 I/27 期，第 38 至 65 页，以及 1964 年 11/12 月刊，总第 I/28 期，第 3 至 62 页；《工党帝国主义》（“Labour Imperialism”），载《新左翼评论》，1965 年 7/8 月刊，总第 I/32 期，第 3 至 15 页；《英格兰工人阶级》（“The English Working Class”），载《新左翼评论》，1964 年 3/4 月刊，总第 I/24 期，第 43 至 57 页；《休·盖茨克尔》（“Hugh Gaitskell”），载《新左翼评论》，1964 年 5/6 月刊，总第 I/25 期，第 63 至 68 页。

移民虽不免要臣服于大不列颠的历史性吸引力，但不像英格兰人那样能够吃苦。这位具有不仅是自己母国、更是整个加勒比地区命运意识的牙买加人，会回避缠绕住民族——葛兰西意义上的“民族”——咽喉的这一解不开的结，也就不太令人意外了。〔10〕

撒切尔曾无比自豪地吹嘘英国在世界上的地位，即声称英国人在“自由优先”方面为所有人作出了

---

〔10〕“我不是，也永远不会是‘英格兰的’”，他后来在一次最具个人色彩的有关其牙买加家庭背景和对英国这一帝制社会的感受的访谈中这样说道。见戴维·莫利（David Morley）和陈光兴编辑，《霍尔：文化研究中的批判性对话》(*Stuart Hall: Critical Dialogues in Cultural Studies*)，伦敦—纽约，1996 年，第 490 页；另见霍尔的讲义,《协商加勒比身份》（“Negotiating Caribbean Identities”)，载《新左翼评论》，1995 年 1/2 月刊，总第 I/209 期，第 3 至 14 页。他为拉斐尔·萨缪尔（Raphael Samuel）于 1981 年编辑出版的“历史车间”（“History Workshop”）系列作品《人民的历史与社会主义理论》(*People's History and Socialist Theory*）撰写的《关于解构〈民众性〉的笔记》(“Notes on Deconstructing the‘Popular’”）一文引用了葛兰西的“民族—民众性”概念，但讨论仅限于连字符后的部分。相较之下，萨缪尔在接下来编辑的三卷本《爱国主义：塑造及打破英国民族身份》(*Patriotism: The Making and Unmaking of British National Identity*, 1989）中以自我批评的态度解释称，“历史车间”在令“文化民族主义情绪复苏方面发挥了一丝作用”，试图将“外国词语从我们的纸面上驱逐出去”。如今它更加青睐“英国的”而非“英格兰的”一词，认为前者对新来者和局外人更加友好，并且继续坚定地与“霸权这一葛兰西提出的”精英主义概念保持距离（预见到了詹姆斯·斯科特后来对这些观点的反对）。英国新左派早期的两位核心人物霍尔与萨缪尔之间的关系是十分有吸引力的研究课题。霍尔最为出色的作品便是致这位亡友的悼词：《拉斐尔·萨缪尔：1934-1999》(“Raphael Samuel: 1934-1999”)，载《新左翼评论》，1997 年 1/2 月刊，总第 I/221 期，第 119 至 127 页。

表率，但这最终导致了她的失败。随着她帮助推动的欧洲一体化进程变成令她深陷其中的陷阱，一位行事更加细腻的意大利统治者以认为撒切尔牢牢掌握着权力的霍尔无从设想的方式促使她垮了台。回过头来看，这样的结果是否暴露了霍尔对撒切尔主义治下霸权的论述中的裂纹？在一定程度上，的确如此。今日将“联合王国”扭曲至变形的两股张
力——被夹在爱丁堡和布鲁塞尔之间——在当时便 92
已清晰可见。相应地，尽管他强调指出 20 世纪 70 年代发生了朝着“强力”的集体转向，但他在 80 年代的写作却低估了强力对于撒切尔掌控英国所发挥的作用。在掌权之初的起伏不定之后，两次决定性的胜利使她掌握了至高权力，但这两次胜利都是暴力的产物：一是镇压矿工的罢工，二是马岛这场殖民战争。这两起事件都未受到霍尔的足够重视。在新工党掌权之后，类似的盲区再度出现了。他将布莱尔政权称作“一出无所作为的大戏”，但这种说法并不明智：这个政权很快就将手持枪炮，去普里什蒂纳和巴士拉大有作为了。与对强力的低估相反的是，霍尔在论述撒切尔取得的“同意”时，意识形态对人心的俘获总是被过度强调，对民众的物质引诱却遭到了忽视。此外，各种意识形态主题本身也变得太容易与社会现实相脱节——这种做法不是公然的，而是不经意的——就仿佛可以在一位足够

熟练的魔法师的魔杖指挥之下，随意漂往任何政治方向一样。霍尔本人从未也不可能会迈出这一步，但他却为这种做法稍稍打开了大门。

二

在这方面，同时进行的另一项事业因其方法而留下了自己的痕迹。在20世纪60年代末，也就是霍尔从牙买加来到英国的约二十年后，一位与他年龄相仿的移民从阿根廷来到了英国。埃内斯托·拉克劳（Ernesto Laclau）曾在布宜诺斯艾利斯学习过历史，还曾是豪尔赫·阿韦拉多·拉莫斯（Jorge Abelardo Ramos）——拉莫斯几乎是那一代社会主义思想家中从40年代庇隆开始执政起便呼吁支持他的唯一一位——创建的小规模的独立左翼国民党中的一位斗士。[11] 在动身来到牛津大学后，拉克劳用英语发表的首部作品是对于翁加尼亚（Juan Carlos Onganía）独
93 裁统治及1969年5月反对该独裁统治的“科尔多瓦

〔11〕 见拉克劳自己的评论：《对我们时代革命的新反思》（*New Reflections on the Revolution of Our Time*），伦敦—纽约，1990年，第197至201页。

风暴”背后的阿根廷社会形势的经典马克思主义分析。[12] 为了在埃塞克斯大学获得教职，他从历史转攻政治专业，随后他推出了由四篇论述文组成的合集《马克思主义理论中的政治与意识形态》(*Politics and Ideology in Marxist Theory*)，独创且批判地运用了阿尔都塞的概念，对霍尔思考撒切尔主义产生了重大影响。[13]

此时，拉克劳已经与另一名移民、来自比利时的尚塔尔·墨菲（Chantal Mouffe）开始了密切的合作。墨菲是哲学专业出身，也曾在哥伦比亚大学哲学系任教。拉克劳与墨菲于 1985 年合作出版了《霸权与社会主义战略》(*Hegemony and Socialist Strategy*）一书，大胆地用后结构主义对马克思主义传统施加影响。在政治上，他们支持欧洲共产主义；但在理论观点上，他们已声明自己是后马克思主义者。拉克劳和墨菲审视了第二国际和第三国际的历史，他们的结论是，二者都受困于这一幻象：不同意识形态对应于不同阶级；由于经济原因，历史发展必然导致社

---

〔12〕《阿根廷——帝国主义策略与五月危机》(“Argentina—Imperialist Strategy and the May Crisis”)，载《新左翼评论》，1970 年 7/8 月刊社论，总第 I/62 期，第 3 至 21 页。

〔13〕《马克思主义理论中的政治与意识形态》，伦敦—纽约，1977 年。霍尔对拉克劳的后期作品持有更多的保留意见，见《论后现代主义与“连接”——访问斯图尔特·霍尔》(“On Postmodernism and Articulation. An Interview with Stuart Hall”)，收录于《霍尔：文化研究中的批判性对话》，第 146 至 147 页。

会主义胜利。二者都无法解决的问题是，不仅在作为历史的革命主体承载着这一被认定的必然性的工人阶级内部存在着分歧，而且还存在着不构成工人阶级的非资产阶级。从普列汉诺夫到拉布廖拉（Antonio Labriola），从伯恩斯坦到考茨基，从卢森堡到托洛茨基，对这些问题作出的回应都是不自洽的。超越了这些失败的首个（尽管仍很狭隘）举动来自列宁，他提出的无产阶级领导权/霸权概念，将无产阶级的目标与农民的要求部分地联系到了一起。但真正实现突破的要数葛兰西，他在两方面深化了列宁的概念：首先，将“霸权/领导权”由单纯的政治
94 概念转变为一种道德上和智性上的领导地位；其次，认识到霸权的主体不能是任何在社会—经济方面已预先确立的阶级，而必须是在政治上被建构出来的某种集体意志——这股力量能够将彼此之间并不一定有关联并可能存在尖锐分歧的各种古怪要求综合起来，凝聚成一个民族—民众性的统一体。

拉克劳和墨菲认为，这是一项重大进步。但葛兰西仍保留着从构造上来看无产阶级是“根本阶级”的想法，他还认为在西方可以将共识性的“阵地战”与强制性的“运动战”结合起来，这种立场未能彻底与布尔什维主义分道扬镳。前进之路在于抛弃“阶级本质主义”的一切残余，放弃任何关于“运动战”的想法。并非不同的利益催生出不同的

意识形态，而是不同的话语创造出了不同的主体位置。当下的目标不应是社会主义，而应该是“激进的民主”；由于资本主义孕育了不民主的从属关系，因此社会主义仍是“激进民主”的一个方面，但不应将二者的关系颠倒过来。[14] 拉克劳接下来的作品《论民粹主义理性》(*On Populist Reason*) 中更是完全没有提及社会主义，民粹主义则取代霸权，成为了指代将各种民主要求——这些单个的要求完全可以被纳入反民主话语之中——统一为集体意志这一具有内在偶然性的过程的更确切、更有力的能指。于是，
由一系列共同符号以及对某位领袖的共同情感凝聚 95
起来的起义民众便能跨越二元对立的分界线，对抗支配其社会的强权。

最初提出于撒切尔和里根时代的这份正式方案预计到了三十年后欧洲的事态发展：去工业化令工人阶级萎缩、分裂，留下了一幅更加碎片化的社会图景和数量繁多的各种运动，这些左右翼兼而有之的运动以人民之名向既存秩序发起了挑战。在欧盟

---

〔14〕《霸权与社会主义战略》，伦敦—纽约，1985 年，第 178 页。

各地，“民粹主义”都成为了困扰精英的问题。[15]霍尔预见了撒切尔主义在80年代的兴起。同样令人印象深刻的是，拉克劳和墨菲预见了2008年之后新自由主义引发的反应。在这样的情况下，拉克劳和墨菲实现了霍尔无法实现的目标：他们的见解被享有大众支持的政治势力采纳了。在西班牙，“我们能”党——该党在拉丁美洲也势头正猛——的领导人明确地将拉克劳和墨菲提出的霸权式民粹主义这一处方作为本党策略的基础。[16]对于一个学术性常

---

〔15〕关于这一点，见马尔科·德拉莫（Marco D'Eramo）带有严厉批判态度的对当下这种谩骂局面背后历史的重建：《民粹主义与新寡头》（“Populism and the New Oligarchy”），载《新左翼评论》，2013年7/8月刊，总第II/82期，第5至28页。以及墨菲近来一篇热情洋溢地为这一术语辩护的文章：《民粹主义时刻》（“El Momento Populista”），载《国家报》（*El País*），2016年6月10日。后文对墨菲有不公之处，与那些与拉克劳合作的作品一道，她的作品构成了一个独特的体系——尤其是那些与施米特交锋、决心在民主政治体系内将对立性矛盾转化为竞争性矛盾的作品。

〔16〕见伊尼戈·埃雷洪（Íñigo Errejón）与墨菲的对话：《构建“人民”：霸权与民主的激进化》（*Construir Pueblo. Hegemonía y radicalización de la democracia*），马德里，2015年，多处。两位作者解释称，自己都是在拉丁美洲经历真正的政治觉醒的——对墨菲而言是哥伦比亚，对埃雷洪而言是玻利维亚；见第72至73页。而在阿根廷，拉克劳也并非一位不受尊重的先知。他在晚年受到克里斯蒂娜（Cristina Fernández Kirchner）的敬重，并且也对她报以热烈的支持。见保守派愤慨的人物简介：《埃内斯托·拉克劳：分裂阿根廷的思想家》（“Ernesto Laclau, el Ideólogo de la Argentina Dividida”），载《每周新闻》（*Noticias de la Semana*），2014年4月13日；以及罗宾·布莱克本（Robin Blackburn）生动且充满感情的悼文：《埃内斯托·拉克劳：1935至2014年》（“Ernesto Laclau 1935-2014”），versobooks.com，2014年4月14日。

常艰深得令人望而生畏的理论体系而言，按照任何
标准来看，这都算是不小的成就。但政治上的有效 96
性是一回事，学问上的说服力又是另一回事了。二
者之间的矛盾在这一案例中体现得尤为明显。

与 20 世纪末的总体潮流相一致，理论的语言学转向主张的是一种将意义与任何稳定的指涉对象切割开来的话语理念主义。就这一案例而言，结果就是，各种理念与要求被如此彻底地与社会—经济环境剥离开来，以至于在原则上这些理念与要求能够被任何代理者挪用，用来进行任何一种政治构建。将各种要求联系到一起，这种做法的适用范围原本就是无限的；一切都是有可能的：“剥夺剥夺者”也可以成为银行家的格言，将教会持有的土地世俗化也可以成为梵蒂冈的目标，摧毁行会也可以成为工匠们的理想，大量裁员也可以成为工人阶级的主张，圈地也可以成为农民的目的。这种主张本身就会令自己陷入失败。不仅仅是任何东西都可以被引导到任何方向上，一切事物还都成为了这种联系的表现。首先，霸权和民粹主义先后被呈现为许多种政治中的一种；接下来，经过典型的膨胀过程，二者成为了所有种类政治的定义——由此也就令自己变得多

余了。[17]

如果说此类夸张之词还可以被解释为顺应潮流的姿态，那么拉克劳和墨菲作品中的其他特征更能说明问题。和意共的传统一样，在这里，霸权也被当作一种“没有地形的策略”加以推进。尽管民族—民众性被当作一项重要目标，但作品并未相应地对任何一种民族图景作出过描述，这与拉克劳转变为后马克思主义者之前对阿根廷庇隆主义的深入、
97 细致分析形成了鲜明的对比。[18] 移居国外无疑是导致这种变化的部分原因，这反过来也使得此种离开了故土的策略在他国如此成功。但还有部分原因在于概念上的逻辑。一旦霸权变得具有自发的民粹主义性质，在归纳社会形势的特征时就不必准确了。拉克劳曾评论道，“无论左翼还是右翼，民粹主义话语总是不确切和变动不居的”；但这种“含糊和不准确”并非认知上的失败，因为社会现实本身就是

〔17〕 于是：（1）首先“霸权是一种政治关系，一种——如果人们有此意愿的话——政治形式”；随后它变成了“政治场域”本身；这场游戏有着“这样一个名字：霸权”；见《霸权与社会主义战略》，第 139 页。（2）首先，“很简单的是，民粹主义是建构政治的一种方式”；随后“民粹主义理性就等于政治理性”——当然，难道民粹主义不就是“政治行动的条件”吗？见《论民粹主义理性》，伦敦—纽约，2004 年，第 19、225 页。

〔18〕《马克思主义理论中的政治与意识形态》，伦敦，1977 年，第 176 至 191 页。“庇隆主义中工人阶级的巨大影响力赋予了其特殊的能力，令其能够成为一场持久的运动”；政治话语的“连接方式则是双向的”，一方面是民众的理念，另一方面是生产关系中的结构性地位。见第 190、194 页。

如此异质和起伏不定。[19] 因此，也就不必要——或者说是不可能？——像马克思对法国、列宁对俄国以及葛兰西对意大利那样，作出细致入微的分析。墨菲在西班牙的对话者对“99%对1%”这一“占领华尔街”运动的口号赞赏有加，并解释称，“霸权话语不是统计性的，而是操演性的”。[20] 对于这样的操演而言，具体会构成障碍，含糊才是美德——也就是产生政治效果的条件。

出于民粹主义的理由，需要对敌人作出最为含糊的划分，因为如果太过确切或太过现实地具体说明何为敌人，就可能导致撒下的霸权询唤之网过于狭隘了，从而暴露出那些夸张的百分比乃实属虚构。“我们能”党号召“人民”（la gente）起来反抗“建制”（la casta），但该党智囊埃雷洪就谨慎地拒绝分析“建制”究竟包含哪些成分。[21] 很容易理解在这方面沉默不语的政治动机，但要在理论上对其作出解 98
释，就做不到了。葛兰西对霸权的反思始于对意大

〔19〕《论民粹主义理性》，第118页。

〔20〕《构建“人民”》，第105页。对同一种对比和“操演性”这一概念的运用，见第118、121页。

〔21〕墨菲对如此轻快地运用前一词表达了些许疑虑。在英语世界中，这就相当于奥巴马钟爱的“家伙”（folks）一词——例如他那令人难忘的对本国安全部门所作所为轻描淡写之语：“是的，我们折磨过一些家伙。”在捍卫自己运用“建制”一词的方式时，埃雷洪表示，“其动员力就在于其含义的模糊不清”。见《构建“人民”》，第121至122页。

利统一运动中统治集团的分析，而在拉克劳和墨菲的作品中，这些上层人物几乎消失了，只化作“制度”或“制度体系”等最为单薄的抽象名词，再无进一步的说明，仿佛只要对这些下层人物与之对抗的势力加以刻画，就会起到削弱士气的效果一样。因此顺理成章的便是，尽管正式说法与之相反，但实际上，霸权变得只涉及被统治者了。例如，“不从大量民主要求中构建出民众性的身份，就不可能有霸权”。〔22〕葛兰西对此将感到震惊。阻挠这种霸权式统一的是“制度性分化”，即匿名的、在阴影中进行的“分而治之”。〔23〕历史上那些典型的霸权形式——它们总是属于统治阶级——被打发到了幕后。

于是，《论民粹主义理性》一书便未对那些用来说明自己论点的政治经验进行“资产—负债”分析；因为如果要这样做，那么在对19世纪末的美国、20世纪的阿根廷，或是其他任何地方的分析中，除了考虑应如何自下而上地构建新的主体位置以外，还需要考虑此种“民粹主义断裂”在怎样的客观条件下才会出现（拉克劳和墨菲也承认，客观条件对于“民粹主义断裂”的出现是必要的），及其发展轨迹会造成怎样的客观结果。然而，堪称暴

〔22〕《论民粹主义理性》，第95页。

〔23〕或者更少见的说法是，“制度性的总体化”；由此否认在共同体外部存在任何空间。见《论民粹主义理性》，第80至81页。

露了拉克劳与墨菲思想症状的是，对于1890年代美国民粹主义的命运，他们只生硬地写下了九个字："制度性分化大获全胜。"〔24〕在他们的叙述中，陶里亚蒂、铁托都是值得赞扬的民族主义—民粹主义者。至于说为何陶里亚蒂失败了，而铁托却成功了， 99
则超出了他们简要叙述的范围。既然询唤就是一切，那么定义就无足轻重了。"我们能"党可以在某天拒绝社会民主主义，也可以在另一天宣称自己乃新型社会民主主义。〔25〕这或许算得上是新生期的问题吧，但毕竟距离那位曾被关押在巴里的囚徒已相去甚远。

（三）

去世之后，葛兰西的命运在亚洲发生了急剧性的转折。1947年，一名年轻的印度共产党员、孟加拉族斗士来到巴黎，担任苏联于冷战在欧洲爆发后创建的世界民主青年联盟的干部工作。拉纳吉特·

〔24〕《论民粹主义理性》，第208页。

〔25〕巴勃罗·伊格莱西亚斯（Pablo Iglesias），在马德里丽兹酒店的演讲，2016年6月5日。三周之后，选民又被惊呆了。讽刺的是，埃雷洪拒绝接受墨菲将"我们能"党称为民粹主义政党的说法，理由是这一术语在媒体上带有毒性——或许也正是因此，该党才在最后关头选择戴上冈萨雷斯及其后代那令人宽慰的三角帽，但收效甚微。

古哈（Ranajit Guha）时年 25 岁。接下来的六年时间里，他就如同从前的共产国际特使一般，周游于中东、北非、东欧、西欧、苏联和中国。此后他回到孟加拉地区，先是在磨坊和码头工作，接着又在当地大学里教授和研究历史。1956 年他因苏联入侵匈牙利而退出了印度共产党，三年之后又来到了英格兰，在曼彻斯特和萨塞克斯任教长达二十年时间。1970 年至 1971 年间，在印度休养的他恰好见证了孟加拉地区纳萨尔派农民起义遭到残酷镇压的过程。在这场起义中，自 1964 年起便分裂为亲苏和亲华两派的印度共产主义者展开了合作。[26] 从此以后古哈
100 便决心研究农民抵抗运动，他于 70 年代末在萨塞克斯大学召集了一批非常年轻的印度历史学家，计划出版一份新的期刊，即《底层研究》（*Subaltern Studies*）——这一名称便阐明了其灵感来源。古哈后来写道："我们渴望向葛兰西学习。但我们依靠的完全是自己，丝毫都没有借助于两大主流共产党。"这一计划一直与这两个派别保持着距离："对我们而言，它们代表的都是延伸至左派—自由派的印度权力精

---

〔26〕 关于这段轨迹，见帕尔塔·查特吉（Partha Chatterjee）介绍古哈的序言，《历史细语》（*The Small Voice of History*），拉尼凯特，2009 年，第 1 至 17 页。

英本身。”〔27〕

在著名的开场宣言中，古哈抨击印度独立运动那惯常的民族主义史观局限于精英政治，他呼吁将底层阶级——工人、农民、城市中的非产业穷人，以及下层小资产阶级——当作一个自主的领域，对其斗争展开研究。许许多多印度底层民众的生活和意识被印度资产阶级的官方叙事排除在外，后者无法将前者纳入自己的领导，这代表着“该民族自立尝试的历史性失败”。〔28〕

在接下来的三十年间，《底层研究》的这一纲领为南亚历史学刻下了不可磨灭的印记，通过书写类似于汤普森（E. P. Thompson）的作品、而非伯明翰学派的“自下而上的历史”，对民众抵抗的各类形式进行了独创研究。在古哈于80年代末不再掌舵之后，就像霍尔或是拉克劳的作品那样，这份期刊也发生了类似的改变。在后结构主义的冲击下，它愈发转向权力与文化的话语建构，而不是物质对意识或行动的决定作用。尽管该期刊仍反对独立后印度官方追求现代与进步的说辞，将其驳斥为英属印度 101

〔27〕《葛兰西在印度：向一位教师致敬》（“Gramsci in India: Homage to a Teacher”），载《现代意大利研究期刊》（*Journal of Modern Italian Studies*），2011年，第2期，第289页。

〔28〕《论殖民时期印度史学的某些方面》（“On Some Aspects of the Historiography of Colonial India”），载《底层研究》，德里，1982年，第1期，第1至8页。

留下的意识形态遗产——这倒是与霍尔或拉克劳的显著差异。最终，其立场沦为了对农民社群持感情用事的态度，并滑向了新本土主义。〔29〕

比这些青年历史学家要年长一代、成长于国际共产主义运动尚未分裂这一环境中的古哈，则并未怎么改变。《殖民时期印度农民起义的基本方面》（*Elementary Aspects of Peasant Insurgency in Colonial India*）于1983年初、首期《底层研究》发行的几个月后问世，这是他之前十年的工作成果。该书体现了历史学家身上罕见的多种天赋：能够进行强有力的理论表述的头脑、细致入微的经验研究、充满自信的大范围比较，就更不必提那令人难忘的尖锐文字了。

《殖民时期印度农民起义的基本方面》旨在表明英属印度时期农民反抗地主、放高利贷者及官员的各种概念与行为的“自主性、一致性和逻辑性”。古哈所分析的不是一系列起义，而是一系列抵抗的形式：从“否定”开始，历经“模棱两可”、“情态”、“团结”、“传播”和“地域”。在进行这些论述时，古哈令人敬畏地纯熟运用着极其丰富的思想

〔29〕 关于该期刊早期编辑对这种“内卷化”态度的批判，见苏米特·萨卡尔（Sumit Sarkar），《〈底层研究〉中底层的衰退》（“The Decline of Subaltern in *Subaltern Studies*”），收录于维纳亚克·查图尔维迪（Vinayak Chaturvedi），《勾勒〈底层研究〉与后殖民》（*Mapping Subaltern Studies and the Postcolonial*），伦敦—纽约，2000年，第300至323页。

资源：一边是普罗普（Vladimir Propp）、维谷斯基
（Lev Vygotsky）、洛特曼（Yuri Lotman）和罗兰·巴特
（Roland Barthes），另一边是希尔顿（Rodney Hilton）、希
尔（Christopher Hill）和列斐伏尔（Henri Lefebvre），中
间则是列维-斯特劳斯（Claude Lévi-Strauss）和格卢克
曼（Max Gluckman）、迪蒙（Louis Dumont）和布尔迪厄
（Pierre Bourdieu），就更不必提贯穿其间的毛泽东
了。〔30〕他的控制目标在于为印度农民平反，恢复其 102
作为自己历史的主体和自己抵抗的发动者这一身份。
但和许多追随者不同的是，古哈无畏地刻画了殖民
时代印度农民在这两方面的局限，拒绝将起义者的
团结一致归因于“伪造的世俗主义”，并指出：在

〔30〕列出这些名字不是仅仅为了炫耀——在后来的作品中这种做法倒是很常见——而是因为他们实打实地与古哈的研究目的相关。詹姆斯·斯科特在为《殖民时期印度农民起义的基本方面》二十年后再版所撰写的极为优雅、大度的前言中——他自己的作品风格恰恰相反——表示：“一本具有非凡独创性和勃勃雄心的书可以被比作一座造船厂。衡量其影响力的方式就是看看有多少艘船从其船坞驶出。单单按照这一标准，古哈的《殖民时期印度农民起义的基本方面》就具有巨大的影响力。上千艘船上都飘扬着他的旗帜。鉴于这一事实——这位造船工精于造船哲学，而非刻板的设计——从这座造船厂能够驶出设计风格如此多样、前往未知港口、载有全新和充满异国风情货物的船只，也就不足为奇了。我想，这位造船工甚至都认不出来某些船只竟是受到了自己的启发；事实上，他或许还想断绝与某些船只的关系。然而，这正是伟大的建造大师不可避免的命运：他的理念成为了造船的常规和惯例，常常不会再提及他的姓名。尽管他常常会感到遭到了误解和窃取，但这种命运无疑要好过遭到无视。”见《殖民时期印度农民起义的基本方面》，德勒姆，1999年，第 xi 页。

操纵之下阶级感情可能会变为种族感情；农民中“不仅会产生反叛者，还会产生通敌者、告密者和叛徒”；而且武装暴动常常发动于“单一种姓定居点”，也就是说不可避免地是少数村庄。[31] 他的眼光可不像年轻一代那样理想化。

于是他在《殖民时期印度农民起义的基本方面》之后推出了《无霸权的支配》（*Dominance without Hegemony*）这部言简意赅的杰作，也就是是顺理成章的了，这或许是受到葛兰西激发的作品中最为惊人的一部，其主题是英属印度时期以及为从英国殖民统治下获得解放而斗争时期的权力结构。在对其进行描述时，古哈建立起了一套十分清晰、有力的分析模式，以至于他可以轻描淡写但理由充分地表示，自己希望能够凭此解决葛兰西写作中那些含糊不清的问题。当然，殖民时期的印度存在着令人眼花缭乱的各种不平等关系，但所有这些都涉及“支配”
103 （D）与“从属”（S）的关系，这二者又分别是由另一组互动的元素组成的：前者由“强迫”（C）与“说服”（P）组成，后者由“勾结”（C*）与“抵抗”（R）组成，如下：

[31]《殖民时期印度农民起义的基本方面》，第173、177、198、314页。

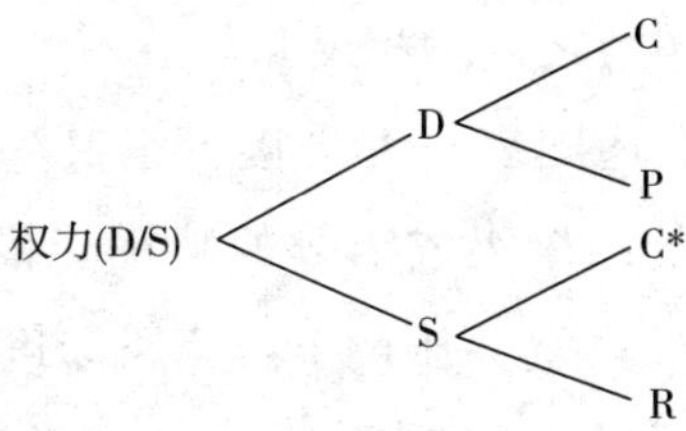

在任何社会中、任何时间点上，D/S 的关系都跟随权力的“有机构成”变化而变化——古哈将权力与资本类比，借用了这一术语；权力的“有机构成”又取决于 D 中 C 与 P、S 中 C* 与 R 的相对分量。他认为，相对分量究竟如何，向来是偶然的。当 P 超过 C，即“说服”超过“强迫”时，这样的支配状态便叫作“霸权”。古哈继续说道：“经过这番定义，‘霸权’便成为了一个动态概念，并且使得哪怕是‘说服’所占分量最大的支配结构也总会且必然会遭遇抵抗。”但与此同时，“由于我们理解的这种‘霸权’是 D 的一种特殊形式，D 又是由 C 和 P 组成的，因此在任何一种霸权体系中，P 之于 C 的优势都不可能达到令后者归于零的地步。假如这种情况发生，那么也就无所谓‘支配’，因而也就无所谓‘霸权’了”。他指出，这一概念“避免了葛兰西将支配与霸权作为对立物并置的做法”，这种做法“太过经常地为‘非强迫性国家’这一荒诞 104
不经的自由主义想法提供理论借口，尽管葛兰西本

人的作品意图与之截然相反”。[32]

凭借着上述图表，古哈接下来又列出了英国统治下D和S的四个组成部分的特征。根据定义，在殖民国家中C肯定会压倒P：英属印度自夸“拥有世界上规模最大的常备军之一，一套详细的刑罚制度，以及一支高度发达的警察力量”，为首的则是一支享有应急权力的官僚队伍。一旦英国的强权稳定下来，成为一个“受管制的帝国”，“征服”这一特征就被“秩序”这一特征取代，除了进行常规性的压迫之外，还介入公共卫生领域，实施强制劳动，征召兵力，等等。然而，秩序并非独自发挥作用，而是与印度本土的一项互补性特征——“惩罚”（*danda*）——进行互动，将一切基于强力与恐惧的传统权力形式都视为神圣意志在国务中的显现。另一方面，D的另一组成部分P追求的是与臣服者建立非对抗性关系。就此而言，英属印度的特征是“改善”：西式教育，资助印度的文学、艺术创作，东方学遗产计划，行政机构中的吸纳，农村的父权制，现代基础设施建设，等等。“法”（*dharma*）这一本土的印度教信条又对其构成了补充，其含义是将各人在种姓社会中履行分配给自己的职责视为一项道

---

〔32〕“简言之，从‘支配’推演出的‘霸权’概念有着双重优势，既能避免滑向自由主义乌托邦的国家概念，又能将权力再现为必然由且不可简化地由强力和同意所规定的具体的历史关系。”见《无霸权的支配》，马萨诸塞州剑桥，1997年，第20至23页。

德义务。在泰戈尔或甘地那里，该理念与阶级调和这一现代信条能够完美地相适应。

至于说 S，其组成部分同样有着殖民的和被殖 105
民的两个版本。无论是“服从”这一始于休谟、经由早期边沁传承下来的英国信条（甘地在阿姆利则惨案发生前便很推崇这一信条），还是可追溯至《薄伽梵谭》(*Bhagavad Gita*) 的“忠诚”(*bhakti*) 这一印度意识形态，都在潜移默化地培养“勾结”精神。另一方面，“抵抗”可以被包装成“合理的异议”这一英式术语。该术语始自洛克，常见于（大多是）遵纪守法的游行、示威、请愿等场合的自然权利等自由主义观念；还可以被包装成“合法抗议”这一本地术语，指的是起义、逃役、静坐示威、罢工等群众行动，这些行动不是受权利观念的启发，而是受到对统治者未履行保护和扶助被统治者这一道德义务的满腔怒火的驱动。

英属印度的权力是建立在 C 之于 P 的巨大优势基础上的，是一种“无霸权的支配”。反抗这种权力的民族运动情况又如何呢？既然国大党并不执掌国家权力——它渴望于此，但尚未成功——代议制选举又局限在狭小的范围内，那么其声称赢得了民众的赞同就只能落脚于对民众的动员。然而，这种说法在许多方面都是虚假的。民族运动的确真正激发起了群众的热情，但由于其资产阶级领导层无法将工人或农民的阶级利益整合进这场运动之中，这种或那种形式的强迫就会不可避免地贯穿其始终了。毁坏物品、暴力恐吓、对某些种姓施加制裁——这些做法成为了“斯瓦德希”运动早期的标志。到了不合作运动时期，甘地又建立了一套惩戒制度，道貌岸然地主张动用“灵魂的力量”，但其目的却在于镇压任何难以驾驭的或是平等主义的民众情绪，并将其蔑称为“暴民政治”。领导印度独立运动的精英也曾争取过霸权，但对任何一丝自发迫切行动
106 迹象的镇压使得他们只得诉诸强制手段；但被镇压者还是完成了报复：最后精英终归无法遏制住自己一直都在否认、从来无力超越的各种集团主义（communalism）势力。[33] 就 R 而言，P 同样未能盖过 C。印度次大陆上的统治者和未来的统治者都处于“霸权赤字”的状态。

对以印巴分治收场的这场民族运动作出此番控诉，是有力且公正的。但古哈将这一判断延伸至国大党对独立后缩水版印度的统治，却并不适当。[34]

---

〔33〕《无霸权的支配》，第 131 至 132 页。

〔34〕 在这些表述中出现了不同寻常的不确切之处，这或许是对于民族运动的怀旧之情留下的一丝反常的痕迹。在《无霸权的支配》中，他曾说道，“在民族计划中，强力与说服展开了竞争”，但并未具体说明除了负面后果外，这一竞争还导致了哪些结果。见第 151 页。三十年之后，他又提及了“在独立运动中因获得了民众的同意而力量大增的领导地位”，但“新主权国家的领导层未能将这份同意注入自己的霸权之中”。见《葛兰西在印度：向一位教师致敬》，第 294 页。

他清晰地认识到并公正地坚持表示，国大党掌权之后全盘接管了英国留下的强制机器，并且当自己的统治面临抵抗时，也残酷无情地动用同一套军队和警察暴力手段来进行镇压。但他忽视了后帝国时期的印度国家机器及公民社会为国大党提供的新的说服手段。此时，普选权已经实现；按照英式规则——多亏了这种规则——定期举行的选举，使得接近半数的选票能够兑换为绝对多数议席。而议会所体现的人民主权性则是英属印度不具备的；这可谓是资本主义的合法性结构中最为重要的共识机制。此外，既然国大党的印度教性质与此时印度的民族构成更加契合，种姓结构能够跨越语言或族群障碍， 107
为其确保选民的支持，宗教也就不那么具有分裂性了。在这样的情况下，国大党便继承到了真正的霸权。或许这样的结论，及其在当下印度民族主义浪潮中的余波，令人太过难以接受了。

在20世纪70年代为写作《殖民时期印度农民起义的基本方面》一书做准备时，古哈介入了印度的政治舞台。他猛烈地抨击国大党统治之下的酷刑与压迫。[35] 到了80年代，随着《底层研究》开始出版，他在政治方面也沉寂了下来。二者之间存在

〔35〕 见古哈发表于1971年至1979年间的五篇文章，其中首篇是《论酷刑与文化》（“On Torture and Culture”），收录于《历史细语》第五部分，第560至628页。

联系吗？或许，孟加拉地区纳萨尔派运动被镇压，浇灭了他对于有生之年印度群众能够挣脱那一假冒成其解放者的权力结构桎梏的全部希望。沉默不语或许表明了这样一种信念：在这样的一片荒芜之中，葛兰西所设想的任何策略都是不可能成功的。不过，这样的结论丝毫无损《无霸权的支配》一书在智性上的雅致和在政治上的毫不妥协。

（四）

乔瓦尼·阿里吉（Giovanni Arrighi）出生于葛兰西去世的那一年。在他的作品中，此前一直相分离的关于霸权的两大思想流派——分别视其为阶级之间的权力关系和国家之间的权力关系——首次稳固地合流了。从联合利华公司的管理岗位，到在罗得西亚开展团结工作，再到在意大利组织工人斗争和研究卡拉布里亚农民的流动情况，这道不同寻常的人生轨迹赋予了阿里吉独特的丰富经验，涵盖了跨国公司、反帝解放运动、工厂起义、土地与劳工。就在霍尔研究撒切尔主义、拉克劳研究民粹主义、古
108 哈研究印度农民起义的差不多同一时期，阿里吉也完成了《帝国主义几何学》（*The Geometry of Imperialism*, 1977）一书。阿里吉试图用一系列涵盖了英、德、

美帝国这一序列以及与之相应的资本的历次转型的自洽命题，将霍布森（John A. Hobson）和列宁提出的另类范式整合起来。作为对批评意见的回应，阿里吉在写于1982年的后记中反思称，要是将他曾加以讨论的帝国主义先后各个阶段称为“霸权周期”就更好了；他的文本可以被解读为对这一理论的勾勒。[36] 同年，他为《全球危机的动态机制》（*Dynamics of Global Crisis*）这部合集撰写的文章——这篇文章借鉴了他担任“葛兰西小组”负责人时产生的想法，“葛兰西小组”是20世纪60年代末、70年代初意大利澎湃的工人、学生革命浪潮中的一支——清晰地表明，他已经开始将霸权的国家间维度和国内维度融合进了单一框架之中。[37]

此时阿里吉已经前往美国，在宾汉顿大学与沃勒斯坦（Immanuel Wallerstein）交流所受的影响，并获得新的启发：阿里吉将葛兰西传给了沃勒斯坦，沃

〔36〕《帝国主义几何学》，伦敦，1983年，第172至173页。

〔37〕见《霸权的危机》（“A Crisis of Hegemony”），收录于萨米尔·阿明（Samir Amin）、阿里吉、安德烈·冈德·弗兰克（Andre Gunder Frank）和沃勒斯坦编辑，《全球危机的动态机制》，纽约，1982年，第108页及多处。1972年时，他曾在一篇意大利语文章中预测经济即将下行，数年之后这篇文章被译成了英文，见《迈向资本主义危机理论》（“Towards a Theory of Capitalist Crisis”），载《新左翼评论》，1978年9/10月刊，总第I/111期，第3至24页。关于阿里吉对那段岁月的回忆，见《资本的曲折道路》（“The Winding Paths of Capital”），载《新左翼评论》，2009年3/4月刊，总第II/56期，第65至68页。

勒斯坦则将布罗代尔（Fernand Braudel）传给了阿里吉。多年之前身在科森扎之时，阿里吉便萌生了用一部作品将亚当·斯密与马克思、马克斯·韦伯和熊彼特（Joseph Schumpeter）糅合起来的梦想。在《漫长的20世纪》（*The Long Twentieth Century*，1994）一书中，他以标志性的清晰、简练风格，将理论与历史融为一体。和葛兰西一样，阿里吉也认为，霸权兼
109 具强力和同意。但与同时代人不同的是，阿里吉认为关键不在于意识形态，而在于经济。在国际上，霸权的条件在于更高级的组织、生产和消费模式，这不仅促使霸权势力的理念和价值观得到顺从，而且也使其他国家普遍将霸权势力作为楷模加以模仿。反过来，通过为国际体系制定可预测的规则，并管制对该体系的共同威胁，霸权会令所有国家的统治集团获益。应该将这个意义上的霸权与纯粹的“剥削性支配”作对比。在“剥削性支配”的状态下，某个强大的国家通过暴力手段，强行令其他国家服从自己或是进贡，不对其给予补偿。在一国之内或是各国之间，霸权是“占据支配地位的群体通过将引爆冲突的所有问题置于一个‘普遍性’平面之上而获得的一种额外权力”。在国际上，这指的是任何能够“可信地声称自己推动了统治者之于臣民的集体权势普遍扩张”或是“可信地声称自身权势相对于某些乃至其他所有国家的扩张符合所有国家臣民

的普遍利益”的国家所获得的领导地位。[38] 通常而言，要想实现这些声称的内容，不能只靠对既存的国家间体系进行管理，还要使其发生转变，从而促成资本主义与地域主义的新颖结合：在企业层面上是独立但相互联系的资本积累机制；在国家层面上则是空间扩张。

这就是《漫长的 20 世纪》一书对世界历史上历次霸权的分析框架。分析了在意大利文艺复兴时期的城邦国家威尼斯和热那亚这两个原初霸权之后，
阿里吉又讨论了他眼中的三大现代霸权。首先是 17 110
世纪的荷兰共和国，接下来是 19 世纪的英国，最后是 20 世纪的美国。[39] 推动这一序列的是马克思的公式“M-C-M”所阐明的资本积累周期。资本主义扩张起初是物质性的，对商品生产进行投资，并且征服市场，最为先进的企业集中于霸权势力国内。渐渐地，竞争会使得利润下降，因为任何资本集团

---

〔38〕《漫长的 20 世纪》，伦敦—纽约，1994 年，第 28、30 页。

〔39〕将《帝国主义几何学》中未提及的荷兰霸权加入这一序列中，是阿里吉与沃勒斯坦之间的互动所结出的成果之一。在后者的《现代世界体系》（*The Modern World System*, 1974）第一卷中，并未出现“霸权”一词。在出版于 1980 年的第二卷中，“霸权”被定义为某个核心国家在生产、商业和金融领域之于其他国家的全面优势地位。就荷兰霸权而言，还要辅以海权、科技优势、些许社会流动性，以及更高的工资，这使得作为国家基础的所有者与生产者利益能够达成平衡。见《现代世界体系》第二卷，第 38 至 39 页、第 61 至 71 页、第 113 页。到了纪念阿里吉的第四卷于 2011 年出版时，该作品已不需要对霸权加以阐述了——沃勒斯坦表示，这一概念已被认为是理所当然的了。见第 xii 页。

都无法掌控敌对资本集团占据的空间，在这里敌对资本集团通过研发技术或产品促使最终价格下跌。此时，霸权势力的资本积累——以及更加普遍的资本积累——便会转为金融扩张，敌对国家为争夺流动资本而展开领土扩张。随着敌对关系愈发激烈以及军事冲突的爆发，霸权崩溃了，演变为一段系统性的混乱。最终，新的霸权势力会从混乱中脱颖而出，在新的基础上重新开启物质扩张的周期，足以满足所有其他国家的利益，以及这些国家中部分或全部臣民的利益。在这一序列中，相继而起的每次霸权都会变得更加广阔，比上一次霸权享有更加广泛而有力的基础：荷兰共和国仍只是介于城邦国家
111 和民族国家之间，英国是个民族国家，美国则是涵盖整块大陆的国家。

我们如今处于这段历史的哪个阶段？阿里吉很早就认为，二战后美国霸权之下资本主义的物质扩张在60年代末便逐渐停止了；自从70年代的危机以来，物质扩张就被金融扩张周期取代，美国则利用这次金融扩张来为自己的世界强权地位“续命”。[40] 阿里吉同样很早就预测道，此次金融扩张

---

〔40〕 在这一方面保守派思想家戴维·卡莱奥（David Calleo）对他产生了重要影响。卡莱奥的《美国霸权之外》(*Beyond American Hegemony*, 1987）一书对霸权稳定论以及宣扬该理论的英美辩护时提出了引人注目的历史性批判，阿里吉从中借用了“剥削性支配”这一概念，并在自己的作品中赋予其重要地位。

将是不可持续的，其最终破灭之时，将爆发一场终结美国霸权的危机。此后将怎样？阿里吉在 1994 年就观察到，美国霸权那可预见的黄昏期有着前所未有的特征：与荷兰或英国霸权的黄昏期不同的是，美国的财力与军力之间差距巨大。尽管随着世界的钱柜转移至东亚，美国已跌落为债务国，但它依旧保有在全球占据压倒优势的武装力量。这样的情况此前从未发生过。这是否意味着，随着这一霸权势力的消亡，又一段系统性的混乱即将到来？

并不一定。在稍后的作品中，阿里吉考虑了这一想法：世界也许终能逃脱资本及霸权周期的逻辑及其毁灭性的后果。布罗代尔曾教诲称，不应将资本主义等同于为市场进行生产——资本主义是一种高居其上的金融上层建筑，需要依靠国家权力才能运转。那么，亚当·斯密——他对贪婪的商人或是侵略成性的殖民者可不抱好感——曾设想过的那种
市场社会能成为替代马克思所描述过的资本的平等 112
主义选项吗？东亚在前现代、西方帝国主义入侵之前独特的发展模式是否预示着，这样一条道路是可行的？中华人民共和国在 21 世纪惊人的经济增长——经济总量超越美国已是指日可待——根源是否在于重拾了先前年代的发展态势？〔41〕 最终只能给

〔41〕《亚当·斯密在北京》(*Adam Smith in Beijing*)，伦敦—纽约，2007 年，第 24 至 39 页、第 57 至 63 页、第 314 至 336 页。

出试探性的答案，但方向大体如此："以东亚为中心、以对世界上各种文化及文明的相互尊重为基础的世界性市场社会的兴起"，以及"一个在社会上和生态上可持续的发展模式的出现"，乃是阿里吉的最后希望之所在。[42]

阿里吉最初计划的执行过程中出现了一道鸿沟，这是合乎逻辑的。对于他在70年代中期、前往美国之前计划实现的融合而言，劳工居于核心地位；但到了《漫长的20世纪》里，这一点却消失不见了。他曾表示，要将其纳入当时他尚知之甚少的由金融化这一动态机制主导的结构中，实在是过于困难了。[43] 但到了《亚当·斯密在北京》这部续集中，依旧不见其踪影。空白背后乃失望之情。在60年代和70年代初动荡不安的意大利，他曾见证过二战后最为桀骜不驯时的西方工人阶级；在写作《漫长的20世纪》时，他也依旧保持着对全球劳工命运的深切关注。在《漫长的20世纪》出版的四年前，他在一篇引人入胜的文章中重述了自《共产党宣言》发表以来的劳工史。马克思之所以将工人阶级视为资本主义的掘墓人，是因为其兼具现代工业赋予的集
113 体力量，以及资本主义为利润而生产、导致其贫困

〔42〕《漫长的20世纪》，2010年版后记，第385页。

〔43〕《资本的曲折道路》，第73至74页。讲述故事另一面的工作，要由他的搭档西尔弗来完成。见《劳工的力量》（*Forces of Labor*），纽约，2003年。

化这一逻辑使其遭受的社会苦难——前者乃肯定性的，使其有能力推翻资本的力量；后者是否定性的，促使其这样做。

然而，马克思认为工人阶级兼具的二者，被历史分隔了开来。发达的工业令斯堪的纳维亚与英语圈，以及战后的西欧与日本的工人阶级客观的社会力量达到了最高程度，但他们却选择了伯恩斯坦的改良主义道路。经济发展水平较低的俄国及东方其他国家，物质上的苦难却为列宁的革命之路创造了主观条件。然而自 70 年代的经济下行期以来，随着向南方外包削弱了西方的工人阶级，工业化强化了东方的工人阶级，这两条道路都遭遇了危机，长期以来一直处于两极分化状态的全球劳工的构成也开始发生重组。波兰的“团结工会”运动以及韩国或巴西的罢工浪潮都标志着全球状况正在拉平，这意味着马克思的愿景有可能得以实现。[44]

经过新自由主义主宰的十年——“团结工会”运动消退了，整个西方的工会化程度都在急剧下滑——这样的前景仍有可能实现吗？阿里吉与贝弗莉·西尔弗（Beverly Silver）在合著的《现代世界体系中的混乱与治理》（*Chaos and Governance in the Modern*

---

〔44〕《马克思主义的世纪，美国的世纪：塑造与重塑世界劳工》（“Marxist Century，American Century：The Making and Remaking of the World Labour”），载《新左翼评论》，1990 年 1/2 月刊，总第 I/179 期，第 29 至 63 页。

World System）一书中态度要更加谨慎，但并不沮丧。的确，如今的“国际体制是对劳工不利的”，但波拉尼（Karl Polanyi）所谓的抵抗商品化的反制运动不也正在进行之中吗？毕竟，欧盟 15 个成员国中，13 个都是社会民主派掌权。“伴随着八九十年代全球金融扩张的是社会运动——尤其是劳工运动——的弱
114 势，这在很大程度上是一种‘辐辏性’现象。”阿里吉和西尔弗认定，新一波社会冲突的浪潮即将到来。[45] 这样的期望在《亚当·斯密在北京》中也有回响，这部作品简短地触及了中国农村及城市的骚动，但对于全书的论证而言，此部分仍处于相对微弱和边缘的位置。

阿里吉思想的这种波折部分地源于其在意大利的最初“母体”。他于 70 年代初领导的那个团体是广阔的“工人主义”派别的一部分，其中一个重要的流派——马里奥·特隆蒂（Mario Tronti）是其最具影响力的理论家——对目光远大的罗斯福治下美国劳工在福特主义的森严壁垒中取得的成就备感仰慕。阿里吉继承了这一派意大利传统中对罗斯福新政的高估，认为正值巅峰的美国霸权有能力向外投射一种新政式的全球福利模式，就好像华盛顿真的呼应了“所有国家臣民的普遍利益”一样。他忘记了自

---

〔45〕《现代世界体系中的混乱与治理》，明尼阿波利斯，1999 年，第 12 至 13 页、第 282 页。

己曾提出的警告——“占据支配地位的集团声称自己代表普世利益的说法差不多都是欺骗性的”，〔46〕进而误判了产业工会联合会和联合矿工工会的成就，这为他后来将目光远离劳工埋下了伏笔。与此同时，在他丰富的政治经历中，总是存在着另一支反叛的力量和另一股政治变革的源泉；他在索尔兹伯里和达累斯萨拉姆都曾见证过这些，也一直对此满怀深情。毕竟，全球各国之间的不平等要比西方发达国家内部各阶级之间的不平等严重得多。第三世界是不会轻易屈服的。马克思的预言并未在底特律实现， 115
但亚当·斯密的直觉却可能在北京成真。

阿里吉的早年经历对其后期作品还产生了另一影响。与工人主义派别的总体状况不同，他所领导的团体明确表示自己深受葛兰西的影响。但在对“工人自主权”进行理论阐述时，其主要侧重点并不是葛兰西的《狱中札记》，而是他入狱之前执掌《新秩序》周报时关于工厂委员会的作品。作为对意共将《狱中札记》当作自己的工具这一做法的回应，“葛兰西小组”对遭到其他工人主义派别公然蔑视的“民族—民众性”主题并不感兴趣。阿里吉也受此影响。在将葛兰西的思想从一国之内的各阶

〔46〕《历史上资本主义的三大霸权》（“The Three Hegemonies of Historical Capitalism”），载《（布罗代尔中心）评论》[*Review*（*Fernand Braudel Center*）]，1990 年夏季刊，第 367 页。

级这一平面推广至各国之间的国际体系时，他对其遗产的改造比任何人都更加激进和更具创造性。尽管最终成果包含国内和国际两个层面，但谁居于优势地位，却是不言而喻的：国际体系优先，组成体系的各国远居其后。《现代世界体系中的混乱与治理》一书评论道："我们对于单元层面上各种进程的兴趣严格地局限于霸权变迁时期这些进程作为体系变革源头之一的作用。"〔47〕 因此在他受到葛兰西影响的作品中，各国总是薄弱的一环，其中霸权势力的结构很少获得重视。

阿里吉成功地将葛兰西的领导权/霸权概念从国家内平面推广到了国家间平面，但也为此付出了相应的代价。他读过古哈的作品，在描述美国实力的衰落时常常加以引用——美国强权也成为了一种
116 "无霸权的支配"。〔48〕 但国内和国际这两个平面是有区别的。一国之内各阶级的关系被包含在一个共同的法律和文化框架之内，而在各个国家之间并不存在这样的框架。因此在国际政治中，古哈所谓"霸权的有机构成"总是很突出，"强迫"之于"说服"的比重远比国内政治中要高。战争依旧是国家间关系的典型介质——一位诺贝尔和平奖得主（此

---

〔47〕《现代世界体系中的混乱与治理》，第 35 至 36 页。

〔48〕《现代世界体系中的混乱与治理》，第 27 页、第 243 至 245 页；《亚当·斯密在北京》，第 15 至 151 页、第 178 页。

处指美国总统奥巴马——译者注）就正在进行七场战争；如今制裁则构成了强迫性稍弱一丝的补充手段。阿里吉将美国诉诸武力之举视作其霸权已经消退的信号，但从历史上来看，这只不过是行使霸权的常规操作；与此同时，与之相呼应的经济封锁也从未像今天这么成功。他对时间点的判断可能并不准确，但这并不意味着他的预言就是错的。尽管如此，在被如此广泛持有的这一观点中，总是少了些能够避免将愿望误以为真的防护措施。

九
倒转

(一)

117 如今，只在一个国家的官方话语中，“霸权”一词乃重要术语。在中国古代，在一段追溯起来要比“霸权”一词于古希腊诞生更加古老的历史中，该术语攀升到了如此高位，颇具意味；这与该术语在西方的命运形成了鲜明的反差——二者的关系或许并非直接的，但是十分相关。延续了三百年的西周于公元前 8 世纪崩溃，后继而起的东周变成了由在愈发有名无实的王室权威下你争我夺的各个封建诸侯拼凑而成的一个王国，其周边则仍仅处在半汉化的状态。在这样的情况下，于公元前 7 世纪涌现出了握有至高武力、受到较弱小者支持，并正式保护王国抵御外部或内部威胁的诸侯，其地位受到周天子的事后追认：这种诸侯被赐予“霸”这一新称号，周天子则被用“王”这一传统头衔相称。“霸”——据说，逐渐涌现出了“五霸”；“五”可是个神奇的数字——统领由盟友组成的联盟，召集大会，并举行缔约和起誓的典礼。这种模式与古希腊城邦联盟的相似性促使西方历史学家很早便将“霸”一词译作“霸主/霸权者”（hegemon）。[1] 118

随着周王室日渐式微，各方诸侯积累的领土和武力已足以建立起彼此敌对的、完全成熟的国家。到了孔子身处的公元前6世纪，“霸”这一称号已经退出了舞台，但对于“霸”的记忆一直贯穿了随后长达250年的无政府的战国时期。这时的中国分裂成了许许多多弱肉强食、不断相互征战的军事政体。对这种状况感到沮丧的诸子百家试图通过将过去周王朝仍一统天下、不受挑战的局面理想化，来提供解决问题之道。但在这样的价值—秩序中，却难有“霸”的容身之地，因为“霸”就意味着本应该是统一、完整的权威遭到了削弱、分裂。对于“霸”，孔子仍感到喜忧参半。当被问及如何看待“首霸”齐桓公残酷无情的得力助手管仲时，他闪烁其词地

〔1〕 在欧洲各语言里，这种现象似乎是独立发生的。比较下列文献：爱德华·帕克（Edward Parker），《古代中国简史》（*Ancient China Simplified*），伦敦，1908年，第33、38、72、97页；亨利·马斯佩罗（Henri Maspero），《古代中国》（*La Chine antique*），巴黎，1927年，第245至249页及多处；奥托·弗兰克（Otto Franke），《中华帝国史》（*Geschichte des chinesischen Reiches*），第一卷，柏林，1930年，第160至162页及多处。

表示："管仲相桓公，霸诸侯，一匡天下，民到于今受其赐。"但当被进一步问道管仲的道德品质时，孔子只能感慨道："如其仁，如其仁……"[2]

两个世纪后，在战国时期的一片混乱中，孟子的态度要更加坚决：尽管后继者更加糟糕，但"霸"仍是令人憎恶的。"以力假仁者霸，霸必有大
119 国，以德行仁者王，王不待大……以力服人者，非心服也，力不赡也；以德服人者，中心悦而诚服也。"他又更加明确地补充道："五霸者，三王之罪人也。"[3]

由此形成了一组尖锐的二元对立："霸"的原则是欺骗和暴力，"王"的原则则是人道和儒家的最重要美德"仁"。到了公元前3世纪之初，荀子的态度变得更加微妙了。由于当时各个诸侯的道德品质甚至比"霸"还要低得多，于是便需要将权力区分为三类，将"强"也纳入其中。"王夺之人，霸夺之与，强夺之地。""强"仅仅凭借残酷的强力进行统治，会导致他人的憎恨和自我的毁灭；当不存在真正的"王"时，"霸"在经济和政治方面则可以发挥相对建设性的作用。但另一方面，真要赞美霸主，又是可耻的，因为"彼非本政教也，非致隆高也，非綦文理也……彼以让饰争，依乎仁而蹈利者

〔2〕《论语·宪问》。
〔3〕《孟子·公孙丑上》《孟子·告子下》。

也”。依靠“霸”，实在是不得已而为之。尽管与孔
子和孟子相比，荀子更具现实主义色彩，但他也退
回到了标准的虔诚立场，赞颂“霸”的对立面：“彼
王者不然：仁眇天下，义眇天下，威眇天下……故
天下莫不亲也……以不敌之威，辅服人之道，故不 120
战而胜，不攻而得，甲兵不劳而天下服……”〔4〕

要怎样做才能实现此种奇迹？“故修礼者 121
王。”〔5〕在那个暴力横行的时代，王国一片安宁这一与现实相反的图景被提炼了出来；这个王国的统

---

〔4〕《荀子·王制》《荀子·仲尼》《荀子·王制》。荀子对“霸”描述中的矛盾之处在先秦文本中都很常见，其最主要原因无疑在于编写和保存这些文本的方式：要么是在其名义作者去世之后完全由其他不同作者完成的，例如《论语》《孟子》，以及更为典型的《管子》；要么是遭到了后人的篡改，例如《荀子》和《韩非子》。通过分析文字风格来将这些文本的不同层次区分开来的工作似乎尚未展开。在某些情况下，之所以会出现这些矛盾，原因很可能在于，从孔子起这些文人为了赢得谋士职位，需要将作品献给不同的掌权者。司马迁笔下的商鞅——后人将其视为残酷无情的法家理论家——为成为秦孝公（始皇帝的祖父）的谋士而付出的努力就充分体现了这种可塑性：“孝公既见卫鞅，语事良久，孝公时时睡，弗听。罢而孝公怒景监曰：‘子之客妄人耳，安足用邪！’景监以让卫鞅。卫鞅曰：‘吾说公以帝道，其志不开悟矣。’后五日，复求见鞅。鞅复见孝公，益愈，然而未中旨。罢而孝公复让景监，景监亦让鞅。鞅曰：‘吾说公以王道而未入也。请复见鞅。’鞅复见孝公，孝公善之而未用也。罢而去。孝公谓景监曰：‘汝客善，可与语矣。’鞅曰：‘吾说公以霸道，其意欲用之矣。诚复见我，我知之矣。’卫鞅复见孝公。公与语，不自知厀之前于席也。语数日不厌。景监曰：‘子何以中吾君？吾君之懽甚也。’鞅曰：‘吾说君以帝王之道比三代，而君曰：‘久远，吾不能待。且贤君者，各及其身显名天下，安能邑邑待数十百年以成帝王乎？’故吾以彊国之术说君，君大说之耳。然亦难以比德于殷周矣。’”《史记·商君列传》。

〔5〕《荀子·王制》。

治者是代表着道德权威和实用智慧的循循善诱的圣王，他能够将“天下”统一起来。由于在中国的思想世界中不存在可以被当作终极价值标准的宗教超越性原则，于是便由一段被神话了的历史——“三王”这一黄金时代——来取代其功能，自孔子的时代起便被视作一种想象出来的绝对标准。在这种回望式的凝视中，权力显得是毫无摩擦的：只要礼仪再次得到遵守，等级次序再度获得尊重，那么社会与其统治者就将和谐一致。

直到那个时代最为有力的思想家、出自截然不同的法家传统的韩非子出现，这种迷信才被抛诸脑后。在他看来，过去并非评判杰出与否的标准：人曾经仅仅以采食果实为生，甚至都不会用火加工食物；先例并不是知识或行动的根据。[6] 对“三王”
122 的迷信是盲目的，对礼的执迷是徒劳的。“故明主急其助而缓其颂，故不道仁义。”[7] 比荀子年轻一代、出身贵族家庭的韩非子，抛弃了荀子的“王道、霸道、强道”三分法，转而提出了“主道”，将法家和道家思想融入同一套统治理论，将暴力与意识形态、强迫与同意纳入一个单一的、相互联系的体系。在这一综合体中，确保民众服从的不是礼的魔力，

[6] “宋人有耕田者，田中有株，兔走，触株折颈而死，因释其耒而守株，冀复得兔，兔不可复得，而身为宋国笑。今欲以先王之政，治当世之民，皆守株之类也。”《韩非子·五蠹》。

[7] 《韩非子·显学》。

而是兼具强制性和教化性的法律这一非人格化的权威；通过谨慎地施行“无为”，可以确保掌控执行法律的官员。[8] 在给秦王嬴政的上书中，韩非子敦促他进攻中原——这里被称为“天下”——的“合纵”诸国，由此夺取至高权威，成为将此前被争鸣的百家分裂并对立之物统一起来的人格化身。嬴政应该将成为“霸王”作为自己的目标，也就是说，兼具“霸”的强力和“王”的说服力。

秦王嬴政统一中国之后，更加青睐自己发明的“皇帝”这一新称号。但随着秦帝国在他死后崩溃，占领了秦国都的叛军将领项羽没有自立为皇帝，而是自称“霸王”。随后他败于并死在自己的对手、
汉帝国的建立者刘邦手下。在这个新的朝代，前朝 123
的意识形态遗产并未像（传说中）儒家学说遭到始皇帝的镇压一样，遭到粗暴的压制，而是演化成了带有某些儒家色彩的法家与道家元素的松散混合体，即所谓的“黄老思想”。其政治见解体现在《管子》这部大杂烩般的作品中。这部书被神秘地归在齐桓公之相、生活在五百年前的管仲名下，大部分内容完成于公元前2世纪，最终整理成书则是在公元前1世纪末。在这部书中，“王”和“霸”像在《荀子》

[8] “人主之道，静退以为宝……道在不可见，用在不可知。虚静无事，以暗见疵。见而不见，闻而不闻，知而不知。”《韩非子·主道》。这一典型的道家段落原文是韵文。

中那样规律地依次出现，不过此时这曲“三重奏”（或“四重奏”）中的第三个术语已不再是位居“王”“霸”之后的“强”，而是与秦以后的时代相适应，变成了位居其前的“帝”。在这些段落中，《荀子》中围绕着“霸”模棱两可的意味消散了，“霸”不再带有负面气质。[9] 其他段落则先是列出了“王”和“霸”共同的统治条件，随后又具体说明了各自的特殊条件。在另外一些段落中，就和《韩非子》的情况一样，这两个术语融合成了“霸王”这个复合词。[10]

然而，随着汉朝逐渐实现了以低税收和大地主为基础、以士绅平衡朝廷与军队的新的均衡状态，儒家意识形态——这是为文人设计且天然与其意气
124 相投的——开始覆盖和包裹沿袭自秦、并继续作为内核的法家实践行为。在这一综合体中，战国时期的“百家”——以及“黄老思想”——渐渐地被成为正典的儒家正统排挤到了被遗忘的状态。不过，这是个渐进的过程。在公元前1世纪中期时，汉宣

---

〔9〕 例如：“无为者帝，为而无以为者王，为而不贵者霸，不自以为所贵，则君道也。贵而不过度，则臣道也。”《管子·乘马》。“王主积于民，霸主积于将战士，衰主积于贵人，亡主积于妇女珠玉，故先王慎其所积。”《管子·枢言》。

〔10〕 关于此类用法，尤其见《管子·霸言》。这一篇的名字可能是前一篇的名字“霸形”的误置。见艾琳·里基特（Allyn Rickett）对未完成的《管子》译本中的相关评论，普林斯顿，1985年，第348至355页。

帝依然斥责了太子认为仅凭“礼”、而非兼行“霸道”和“王道”，便可统治帝国的想法。〔11〕而且“霸王”这一称谓直到唐朝及其后，依然不时地保留着中性或褒义的意味。

随着新儒家在公元12世纪末的兴起，一切都改变了。北宋时期，朝廷里相互敌对的势力用实用的眼光看待“王”“霸”之别。属于改革派的王安石承认后者应遭到贬低，但也认为不应再按照已不切实际的古代标准来衡量前者；属于保守派的历史学家司马光则认为，“霸”和“王”仅仅表明了不同的等级，实行的是同一套统治之术，不带有道德意味。〔12〕随着宋朝被女真驱逐至并偏安于长江以南，加之文人纷纷对何为导致失败的原因提出质问，儒
家思想中强调抽象的形而上道德主义，既敌视务实 125
的治国之术、又敌视审美情趣的一个流派占据了上

---

〔11〕马克·爱德华·刘易斯（Mark Edward Lewis），《早期中国的写作与权威》（*Writing and Authority in Early China*），奥尔巴尼，1999年，第351、493页：“当（太子）成年时，他温和且仁爱，并且热爱儒家学说……一次，他在宴席上劝汉宣帝道：‘陛下，您动用刑罚太重，应该任用儒家学者。’汉宣帝不悦地回复道：‘汉室有着自己的统治之术，兼具王道和霸道。我们怎么能简单地依靠礼教和周制呢？’”

〔12〕见彼得·博尔（Peter Bol），《“我们的这种文化”：唐宋时期的思想转型》（*“This Culture of Ours”: Intellectual Transitions in Tang and Song China*），斯坦福，1992年，第227、229页。这一时期最重要的文人、诗人、政治家苏轼用另外一种方式将“王”“霸”之别相对化了：统治者应该根据个人能力来决定行“王道”还是“霸道”。见第265至266页。

风。由这场变革的引领者朱熹加以系统化的“道学”将原则与结果对立起来，首次将《孟子》奉为经典，将其列为“四书”之一，并建立起了以“四书”为基础的科举制度，“霸”也就此不可逆转地沦为了遭到谴责的对象。对美德的培养不应被对利益的追逐玷污；后者源自私利，不可能产生任何积极的结果。管子那些所谓的成就不过是昙花一现，后世的统治者多多少少都遭到了法家学说的腐蚀，于是也就堕落得更加严重了。

朱熹的学说在其有生之年遭到了激烈的抵制。他在思想上最主要的对手陈亮断然将社会功效置于个人品质之前。不仅仅是笼罩在传奇迷雾之中的管子，就连汉朝和唐朝的开国之君汉高祖与唐太宗——两人在夺取权力的过程中都有着屡屡行使暴力和背信弃义的著名事迹——也都是兼具“王道”与“霸道”的英雄人物，为社会带去了历史性的益处。将“王道”与“霸道”对立起来是没有意义的：一切成功的统治都建立在于二者间达成平衡的基础之上。朱熹惊恐地发现，在浙江学子中有一群“后生辈糊涂说出一般恶口小家议论，贱王尊霸，谋利计功”，便就将品性与功利结合起来这一致命的尝试向陈亮提出了警告。[13] 这成为了很长一段时间内的最后一次此类对话。1238 年时的一份皇家诏书确立了朱熹学说——如今命名为“理学”——的正统地位，他本人也成为了孔庙中供奉的对象。1313 年时，朱熹所确立的四书——《孟子》随即被删去了 126
不合时宜的段落——成为了科举制度的基础。从此以后，亦褒亦贬的评价便不复存在了。“霸”成为了自私与暴力的同义词，“王道”和“霸道”分别代表了善恶两极。这层意思也渗入了民众语言之中；“霸”成为了口语中对盛气凌人者的称谓；在 18 世纪中叶的小说《红楼梦》中，薛宝钗那令人厌恶的兄弟、品行不端的薛蟠，绰号就是“霸王”，其中“王”字加重而非抵消了“霸”字的负面意义。

（二）

理学加冕为国家正统学说并未导致明清时期的儒家文化为朱熹的体系所专美。尽管遭到朱熹的蔑视，但文学仍在蓬勃发展，不一样的哲学观点得以表达，新的学科——尤其是本质上更具历史意识的

〔13〕 霍伊特·蒂尔曼（Hoyt Tillman），《功利主义儒家：陈亮对朱熹的挑战》（*Utilitarian Confucianism, Ch'en Liang's Challenge to Chu Hsi*），马萨诸塞州剑桥，1982 年，第 182 至 183 页。

一种语文学——也得以涌现。但政治思想的确枯竭了，满洲人的严酷压迫与审查使得意识形态上对新儒家那静态、道德主义的抽象秩序的顺从变得变本加厉。

在同一时期的日本，儒学却走上了截然不同的方向。自 12 世纪以来，统治日本的便是武士，而非官员。这个封建社会有着有名无实的皇室，但并未形成中央集权官僚制的国家。一系列幕府将军——日本军阀的最高等级——掌握着最高政治权力。经过长达 150 年的相互厮杀，德川幕府于 17 世纪初平定了日本，建立起稳定的幕藩体制。在这一体制中，儒家思想首次生长出了颇具日本本土色彩的根系。
127 但孕育这些思想的环境却与中国有着巨大的差别。日本没有科举制度，没有祖先崇拜，也没有孔庙。传统上，为权力提供合法性的是佛教——在日本比在中国要根深蒂固得多——或神道教。于是，儒家知识分子——通常是社会地位下降的医生、僧侣或武士——起初便只处于边缘位置，还容易被指控为不爱国的中国中心主义者。不过，中国文化在日本一向享有崇高的声望；而且在争夺对幕府影响力的过程中，儒家知识分子还可以借助比任何对手都远为博大精深的学识。尽管从未被赋予中国同侪那样的地位，但到了第四代或第五代德川幕府统治时期，儒家知识分子便已经被纳入了统治体制之中，与此同时，由于权力不掌握在中央集权的官僚体系手中，日本儒家知识分子的结构也要比中国文人自由得多。幕府身旁还存在着一个虽无实际权力但仍享有象征性光环的皇室，除此之外，幕府直接掌控的领土也不超过全国的三分之一，其他领土则掌握在各个大名手中；他们拥有自己的收入来源和武士队伍，虽向幕府将军效忠，但却独立地统治着自己的领地。另外，到了一定的时候，与清朝专制者相比，日本的封建秩序在江户和大阪允许更具活力的商业文化存在。在上述更加丰富多彩的环境中，独立的思想也享有更加广阔的空间。

在这样的情形下，中国的思想源头无法为日本儒家知识分子所面对的政治问题提供太多指导。在中国的经典文献中，国家的统一是一项绝对价值——自秦朝以来，这一价值便表现为中央集权的帝制国家这一实际形式。不过，如果说国家的分裂
是绝不可接受的，那么推翻一个朝代却并非如此：128
天命是可以被收回的。这是一项租约，而不是不可收回的权力头衔，在叛乱成功之后是可以移交的。日本的情况却与之恰恰相反。主权被一分为二，分属实际上掌控着国家的军事统治者以及有名无实的天皇，理论上是由后者将权力授予前者。另一方面，皇室尽管并无实权，但其谱系却是不得打断的。中国的皇帝自称为“天子”，但这一头衔只具有隐喻

意义，没有人会把它当真，“天”本身仍然只是个抽象概念。相较之下，日本天皇则是天照大神与其弟的子孙——在官方神话中，他们具有朝鲜血统。这一超自然的宗教起源使得真正取其而代之——而不是夺其实权——变成了一项禁忌。应如何将此种主权分裂之下固有的紧张态势理论化？对儒家而言，手边便有“王”“霸”二分法可供使用。是否应该将其分别映射到天皇和幕府将军身上？如果是的话，那么对于其价值，是应该维持还是修改呢？或者说，主权分裂本身就是不正常的现象，不应赋予其合法性，而是应对其加以批评和克服？

在长达两百多年的德川幕府统治时期，日本知识分子在奋力处理这一系列问题时创造出了清朝环境下不可能产生的鲜活、丰富的政治思想，当然“王道”和“霸道”的意义及内涵也不可避免地发生了改变。一开始，著名儒家学者、通常都会回避治国问题的伊藤仁斋（Ito Jinsai）的态度再正统不过了。他表示：“王霸之别是儒家的首要原则。”更具独创性和政治意识的荻生徂徕（Ogyu Sorai）在云游中
129 国时开创了点评韩非子的先河，[14] 并抨击孟子对
“王道”和“霸道”进行道德化的对照。他写道：

---

〔14〕 见贝蒂尔·伦达尔（Bertil Lundahl），《韩非子：其人与其作品》（*Han Feizi: The Man and the Work*），斯德哥尔摩，1992年，第88页。

"真王与霸的区别只在于与历史时代相关的等级不同"，而与人性或统治方式无关。他继续写道，如果说霸不得不动用强制力，"这也是不得已而为之的"；因为毕竟，"孔子甚至连一尺封地都没有，也就不可能执掌权力。纵然某个人品德高尚，但他又怎么可能避免动用武力呢"？[15]

除了德川幕府的创立者家康外，荻生徂徕对日本过去及当下军事统治者的文化水平都评价甚低，称其为"无教养"。他并未明确地根据前述理由为幕府统治止名，毕竟将"霸"这个词运用到幕府将军身上还是太危险了。不过既然他已明确表示自己认为就政治而言天皇一系已不复存在，并且纯粹从权力运用的结果出发来对其作出评判，批评者便毫不犹豫地抨击他差不多就是个"霸儒"，像"霸"一样通过假装仁爱来推行颠覆。[16] 我们完全有理由认为，他那对当时社会问题深感不安的未出版的政治论文，正是要冒险这样去做——尤其是考虑到他提出的这一警告："尽管大名都是将军的封臣，但有些人在内心里却可能将天皇当作真正的君主，因为

〔15〕 孟子对"霸"的谴责在此遭到了驳斥，被认为是对一位辩士的误读，见《荻生徂徕的哲学杰作：弁道与弁明》（*Ogyū Sorai's Philosophical Masterworks*：*The Bendo and Benmei*），火奴鲁鲁，2006 年，第 334 至 337 页。司马光的影响是显而易见的，他或许还受到了陈亮的影响。

〔16〕 见塔克为《荻生徂徕的哲学杰作：弁道与弁明》所作的序言，第 80 页。

他们的头衔是通过天皇诏书授予的，任命书也是由
130 朝廷发布的。如果他们继续仅仅因为害怕将军的权势才认为自己是将军的封臣，那么今后就可能出现麻烦。”〔17〕此后，荻生徂徕的学生太宰春台（Dazai Shundai）又提出，在寻常年代，孟子提出的准则可以被当作精美的政治膳食，但沉疴还需法家提供的猛药：能够最好地服务于一切政府的首要功能，即保障民众物质福祉的，是“霸道”而非“王道”。日本皇室只不过是“一根悬空的线”，无力回应社会的需要；回应了社会需要的幕府将军则配得上“名主”这一称号。

上述思想家都从未真正地接近过权力。相较之下，身为德川幕府第六代和第七代将军顾问的新井白石（Arai Hakuseki）则是幕府机制核心层的一员。他对阐释经典文献不感兴趣，转而撰写了一部从中世纪开始的日本政治史，德川之前的一系列统治者——平氏、室町、足利、织田和秀吉——都被视作“霸”：他们虽然尊重皇室，但却被掏空了其权力，以至于新井白石在叙述中基本可以将其忽略。然而，这些统治者自己并未成为君主，从而使得在儒家那里找不到依据的主权分裂局面一直延续下去。

〔17〕《政谈》[*Discourse on Government*（*Seidan*）]，威斯巴登，1999年，第192至193页。荻生徂徕在结尾处写道：“我甚至不允许学生记下我叙述的内容。我自己用苍老的眼睛和卑微的毛笔将其写下。在幕府将军屈尊研读本作之后，我希望它被付之一炬。”

要怎样修改“名”，才能令其副“实”呢？新井白石的解决方案是将幕府将军向“王”的方向提升，驱散皇室的光环，但又并不真正将其废黜；这是因为在寺院的权势被粉碎之后，皇室的宗教权威仍是必要的。但这种做法本身也面临一个问题，因为在 131
秦以后的儒家世界秩序中，“王”只是周边王国如高丽和暹罗的统治者，他们要向中国皇帝纳贡。这种地位是德川幕府的任何一位将军及新井白石本人都无法接受的——在新井看来，日本是优于任何其他国家的“东方之国”。[18] 德川幕府第八任将军放弃了将“王”“霸”这两套体系融合于幕府体制之内的任何尝试。

在截然相反的方向上，山县大二（Yamagata Daini）对天皇的衰落表示哀叹，称其形如京都的“囚徒”，甚至连周游自己的省份都做不到。他引用孔子的话“天无二日，土无二王”，并质问道：“我们应该选择哪一边？一边能带来荣耀，但很贫穷；一边能带来财富，但毫无威望。权威分裂了，因为民众不能二者得兼。一方必须成为君主，另一方必须成

〔18〕 欧洲研究现代早期日本思想的作品中最为出色的一部，其主题便是新井白石的生平和思想。见凯特·维尔德曼·中井（Kate Wildman Nakai），《幕府政治：新井白石与德川幕府统治的前提条件》（*Shogunal Politics: Arai Hakuseki and the Premises of Tokugawa Rule*），马萨诸塞州剑桥，1988年。上文已概述了其研究成果。

为臣民。"[19] 幕府将军应该帮助皇室，而不是挪用其权力。他还暗示称，在极端情况下，此类篡夺权力的行为会像在中国那样，引发一场成功的叛乱。形势尚未发展到这一步，但分裂的主权是不自然、不稳定的。要想令国家康复，名与实、头衔与权力，都应该围绕着天皇重新统一起来。山县大二遭到了既存秩序维护者的嘲讽——"尽管幕府将军掌控了
132 全国，但他仍坚守臣民身份。这项举世无双的优美的日式习俗是你们这些儒家学者不懂得欣赏的。异国学说的信奉者，管住你的舌头吧！"——他最终被幕府处决。[20]

另一方面，海保青陵（Kaiho Seiryô）将荻生徂徕和太宰春台的思想激进化，他放弃了有着良好社会关系的武士出身，转而成为了一名独立学者，进而使用加强版的孟子式二分法重新评估了局势。对于

---

〔19〕 见鲍勃·若林（Bob Wakabayashi），《重建对日本皇室的忠诚：山县大二〈柳子新论〉》（*Japanese Loyalism Reconstructed: Yamagata Daini's Ryūshi shinron of* 1759），火奴鲁鲁，1999 年，第 133 至 134 页。"侍奉统治者时的奸诈行为违背了良知和先贤那永恒不变的道德信条；迫使臣民为两位主人服务是缺乏仁爱的表现，民众不会接受这种行为。如今我们将任何侍奉两名男性的女人叱骂为'荡妇'，但对侍奉两位主人的臣民却毫无反应。想必肯定存在许多贞洁的女性，却毫无忠诚的官员。"

〔20〕 松宫观山（Matsumiya Kanzan），同上，第 135 页。四分之一个世纪过后，水户学派的藤田幽谷（Fujita Yūkoku）对官方立场作出了评论。德川幕府是"霸"，但其行为如同"王"一样，并且正确地拒绝接受此类头衔："行'王道'的'霸'，难道不优于行'霸道'的'王'吗？"

一个不面临外部压力或危险的安宁的帝国而言，“王道”是再好不过了；它适用于一位“平静、耐心的老人”。当安全不复存在、满是冲突与竞争时，所需要的则是“霸道”，以及截然不同的另一类统治者；他应具备“罕见的才智，就如同钻头一样锋利，光芒无比炫目”。[21] 只有这些才适用于日本。接下来，海保青陵又出人意料地将幕府视为如同领退休金者一般的“王”，而将大名提升到实际上或者潜在地更具活力的“霸”这一位置之上。他对儒家观念的反转及改头换面还不止于此。竞争是“霸”的生命线。但竞争的主要形式并非军事，而是经济。敌对关系的根本介质并非军队或武器，而是生产与贸易。这是因为财富乃权力的根源。每一位大名都应当试图将自己的财富最大化。海保青陵将一切社会联系——领主与封臣、主人与仆人、买家与卖家——都视为经济交换。各种关系无非就是各种商品，别无他物。“普天之下皆商品。”社会分层仅仅是习惯 133
的产物，儒家对私利的据斥只不过是欺骗穷人的世故把戏，礼乐都是“儿童的玩具”，各种道德价值则如同厨房里悬挂的种类繁多的锅一样，是有着不

〔21〕 见安尼克·堀内（Annick Horiuchi），《海保青陵，或曰审时度势的重要性》（“Kaiho Seiryô, or the Importance of Discernment”），收录于博特（W. J. Boot），《对现代早期日本思想史的批判性解读》（*Critical Readings in the Intellectual History of Early Modern Japan*），莱登，2012 年，第 485 至 486 页。这是西方研究海保青陵的一篇杰作。

同用途的工具。很难想象，还有谁能够比海保青陵更加彻底地颠覆儒家学说。

在松平定信（Matsudaira Sadanobu）于1790年进行的宽政清洗中，荻生徂徕的学说因遭到幕府反对而失势。这场清洗确立了朱熹版本新儒家学说的正统地位。太宰春台的学生海保青陵在镇压的前一年便离开了江户，尽管勇敢无畏，但他仍然谨慎地在外省四处迁徙，逃脱监视，并撰写笔记及发表讲话。在他之后，异端思想将愈发带有本土色彩，亲近皇室这一方；并随着对德川幕府在面临西方入侵之际无动于衷的不满情绪与日俱增，最终演化为声势浩大的“尊皇攘夷”意识形态，推动了发生于1867年推翻幕府统治的叛乱。〔22〕在幕府统治的最后岁月里，幕府将军首度被广泛地贴上了“霸”这一标签，带有明确无误的耻辱意味。1855年时，反抗幕府惰性统治的年轻人中最具有思想才华的一位——吉田松阴（Yoshida Shōin），发表了一系列论孟子的演说，要求实行根本性的变革，并邀请同样来自长州藩的较年长的学者山县太华（Yamagata Taika）作出回应。对方表示，“在我们国家如今有很多人将幕府视为‘霸’，各位大名则是皇室的仆人”——这正是荻生徂徕担心有朝一日将出现的情况；“之所以会产

〔22〕讽刺的是，和这一时期的许多爱国主义话语一样，“尊皇攘夷”这一口号也来源于先秦时代的中国。

生这种错误的看法，是因为信奉中国学问的学者在
提及我国事务时坚持使用中国古代的术语”。正如官 134
方公告所言，日本的情况与之相反，是天皇以具有合法性的方式将权威授予了幕府将军，用山县太华的话来说就是：“我国的情况不同于中国，在这里不存在‘霸’。在中国，‘霸’指的是各位诸侯中国势强盛的一位，他凭借军事实力来支配其他诸侯，并成为其盟主。当今的幕府不只是一国之主，全国的土地和民众都处于其权威之下。因此不能将幕府称为‘霸’”；大名则“均是幕府将军的封臣”。对此，吉田松阴反驳道，历任幕府——和中国古代一样，也有“五霸”：源氏、足利、织田、秀吉、德川——的行为正如朱熹所描述并谴责的“霸”一样；这其中只有真心尊敬天皇的秀吉罪过稍轻。[23]四年之后，吉田松阴遭到了处决。但在明治维新终结了主权分裂的状况后，他作为一名烈士得到了缅怀。

然而，有着悠久历史的“王”“霸”两分法并未就此失效，而是以两种在政治上针锋相对的方式继续存在着。随着明治寡头们无视《五条御誓文》

---

〔23〕《吉田松阴全书》(*Yoshida Shōin zenshu*)，第二卷，东京，1934 年，第 504 页、第 400 至 401 页。此处以及此前引用的藤田幽谷的那段话，要特别感谢中井的帮助。另见托马斯·胡贝尔（Thomas Huber），《现代日本的革命性起源》(*The Revolutionary Origins of Modern Japan*)，斯坦福，1981 年，第 63 页。

中制定宪法和设立议会的诺言，一场民权运动遂于19世纪80年代兴起，寡头们不得不动用武力镇压了此次反抗。在这场危机期间，一名在山村教书、无家可归的年轻知识分子千叶卓三郎（Chiba Takusaburo）
135 萌生了为国家详细地草拟一部自由主义宪法及议会制度方案的想法，以实行一种新颖的“王道”。他拒绝“堕落的儒家和乡村的无知者”将王道扭曲为路易十四式绝对主义君主专制的做法，将“国王永远不死”这一格言转变为“人民永远不死”，并在自己的文章开头便解释称，“王道”甚至根本不需要一名君主，一块没有国君的土地便可实现“王道”。[24] 一文不名的他于一年后去世。在骚乱平息后出台的明治宪法所奠定的政治秩序，其逻辑恰恰与千叶卓三郎的愿望截然相反。

但“王道”在日本的最终意识形态样式，正是在全新的国家机器所推行的帝国主义扩张中出现的。来自忠于德川幕府某藩的南部次郎（Nanbu Jiro）曾在

---

〔24〕《王道》（“The Way of the King”），载《日本学志》（*Monumenta Nipponica*），1979年春季刊，第71、63页；色川大吉（Irokawa Daikichi），《明治时期的文化》（*The Culture of the Meiji Period*），普林斯顿，1985年，第104页。千叶卓三郎在后记中写道：“你也许要问，我为何写下这篇论‘王道’的文章。这也许是因为我精神有些失常，也许只是为了乐趣吧。很有可能我是那些过时了的中华古典学者之一，我们了解古代，但对于当下却一无所知。又或者我是那些不了解政治的日本国学学者之一吧，这些人只知道存在着皇室，却不知道存在着人民……我希望这篇文章能像船一样，载他们通往了解政治的彼岸。”

明治时期担任过驻华领事，目睹了满清的腐朽，遂开始提出需要用某种共同的愿景来统一亚洲；这一愿景应出自儒家经典所支持的那种仁爱的“王道”，而不是西方列强所追求的支配他国这一“霸道”。他的思想令年轻的军官石原莞尔（Ishiwara Kanji）着了迷。石原莞尔口后成为了“九一八”事变的策划者，又在1935年被任命为参谋本部作战课课长。后来他又成为了太平洋战争的反对者，并因激烈地抨击东条英机而被开除军籍。作为日本皇军中最具末 136
日情结和最特立独行的人物，石原莞尔将德国的“战争艺术”与日莲宗相结合，在其多产的作品中，推行“王道”成为了日本在满洲一项激动人心的使命：将清朝末代皇帝溥仪奉为满洲乃至东亚仁爱的统治者，领导这片土地抵御西方——就更不必提苏联了——那残酷无情的霸道。〔25〕 同样活跃于满洲的前自由主义知识分子及记者立花白木（Tachibana Shiraki）动用了相同的二分法，提出了同一个概念的平民版本。这一概念成为了关东军意识形态武器库的

---

〔25〕 马克·皮蒂（Mark Peattie），《石原莞尔与日本和西方的对峙》（*Ishiwara Kanji and Japan's Confrontation with the West*），普林斯顿，1975年，第33至34页、第55至57页、第160页、第316至329页。

常规组成部分。[26] 在于 1939 年被排挤到边缘之后，他仍远未放弃这一愿景，并主张通过建立一个东亚联盟来将其实现。但他的设想却因其日本性不足、与 1940 年提出的“大东亚共荣圈”不一致而引发了当局的怀疑。随着他反对的太平洋战争于 1945 年结束，关于“王道”的一切想法都化为了泡影。他最终成为了东京审判时的一名辩方证人，指出大洋彼岸推行霸道的势力在广岛与长崎同样犯下了罪行。

（三）

在 19 世纪末、20 世纪初的中国，政治思想的空间发生了变化。中国文化里的政治思想对“强制”与“说服”的区分比西方更早、更敏锐、更系统。而在古典时期，霸权意味的是前者，而非后者。不过，这种区分是在中华文明无人能及的时期形成
137 的，霸权这一概念仍然完全是针对内部的——由于不存在任何国家间秩序，它也就不可能应用于外部。按照儒家的风格，朝贡体制被理想化为周边各国向

〔26〕 见林肯·李（Lincoln Li），《现代日本思想中的中国因素：以立花白木为例》（*The China Factor in Modern Japanese Thought: The Case of Tachibana Shiraki* 1881-1945），奥尔巴尼，1996 年，第 105 至 107 页；关于立花白木作为关东军理论家在占领满洲时期发挥的总体作用，见该书第 45 至 63 页。

中央王国的帝威致以敬意。就概念而言，这正是霸权的反面。不过一旦当中国沦为西方帝国主义的猎物，这一术语就可以立刻套到其捕食者身上。

孙中山于 1924 年在神户发表演说时呼吁亚洲人民挣脱西方压迫的枷锁，为了自由与独立共同斗争。他解释称，如今两种文明正在发生冲突；在过去的数世纪中，欧洲文明的基础乃强力文化，即飞机、大炮和炸弹。用古人的话来说就是，西方代表的是“霸道”。这种统治方式向来是东方看不起的，因为存在着一种比它优越的亚洲文明，其价值观乃“仁、义、德”，古人将这种秩序称为“王道”。“王道”与“霸道”形成了鲜明的对比。在一千年的时间里，中国在世界上一直占据着至高地位，就如同今日的美国与英国之和一样强大。那么，中国与较弱小国家的关系又如何呢？中国会派出陆军或海军迫使其臣服吗？绝非如此。这些国家每年都自愿向中国进贡，将被允许进贡视为一份荣耀，将未能进贡视为耻辱。王道之下，这些国家一代又一代地进贡下去；这不仅包括尼泊尔等国，甚至还包括遥远的欧洲国家。然而，如今亚洲人民难道仅仅依靠“仁”就能重获独立吗？这是不可能的。日本和土耳其武装了自己，中国人民也必将凭借武力为自己复
仇并赢得自由。在这场斗争中，全新的俄国摆脱了西方，138
加入了东方的“王道”行列。日本又如何？它已熟知了

西方的强权统治，但仍保有东方正义统治的特征。摆在日本人民面前的问题是，该国是成为西方的走狗与鹰犬，还是成为东方的强力支柱？[27]

在孙中山发表这番言论的同时，他所使用的术语在中国国内正在渐渐消失。随着君主制度被推翻——他为此付出了巨大的心血——再引用“王道”概念已变得过时；随着民国的巩固，抽象的现代政治概念渐渐兴起，促使“霸”的概念从人转向体系，就此消除了“道”这一传统概念，“霸”也就变成了“霸权”——在西方也是如此，后者成为了远为更加常见的术语。这一术语曾出现于宋代少数几本鲜为人知的点评春秋时期的作品之中，但在反对《凡尔赛条约》的五四运动之后才开始大量涌现，到了20世纪30年代已经在政治词汇表中有了一席之地，虽然地位尚不显赫。

二战之后，情况发生了改变。在1946年接受安娜·路易斯·斯特朗（Anna Louise Strong）采访时，毛

---

〔27〕“泛亚洲主义”（Pan-Asianism），收录于《中国与日本——天然的朋友，非天然的敌人》（*China and Japan—Natural Friends, Unnatural Enemies*），上海，1941年，第141至151页。出于外交考虑，孙中山演说的译文删去了多处表述，例如倒数第二句的“走狗”一词。“王道”和“霸道”分别被译作“rule of Right”和“rule of Might”，前者有时还被译作“the Kingly Way”。这部合集出自汪伪政权之手，它充分利用了孙中山在逝世之前、即神户演说发表四个月之后多次呼吁日本帮助和表示对日友好的言论。在结尾处，汪精卫还歌颂了“中国与日本的共同命运”。

泽东谴责美国在世界各地设立基地的扩张主义举动
是在追求全球霸权，这是共产党话语中首次出现这
一术语。[28] 在中华人民共和国的词汇表中，“霸 139
权”一词一度处于闲置状态。但随着中苏爆发激烈
的意识形态及外交冲突，它成长为指代两个超级大
国相似特征的术语：美苏两国都被认为是在追求全
球霸权。当中华人民共和国终于在 1971 年年末恢复
联合国合法席位后，其代表团在联合国大会上发表
的首次讲话中称赞“越来越多的中小国家”正团结
起来反对“一两个超级大国的霸权及强权政治”。
随着中苏关系的恶化，毛泽东在 1973 年元旦那天指
示中国人民要——对谋士向明朝开国皇帝朱元璋的
谏言稍作改动——“深挖洞、广积粮、不称霸”。
次年 2 月毛泽东解释称，正如 60 年代普遍认为的那
样，存在着“三个世界”，但其构成发生了改变：
美国和苏联乃“第一世界”；欧洲、日本、加拿大、
澳大利亚等“中间元素”乃“第二世界”；除了日

〔28〕《和美国记者安娜·刘易斯·斯特朗的谈话》，载《毛泽东选集》，第四卷，北京，1961 年，第 100 页。当时官方版本将“霸权”一词译为“domination”。

本之外的全亚洲、非洲及拉丁美洲构成了“第三世界”。[29] 一则权威评论立刻将毛泽东的这番话称为对“霸权主义”的谴责。“主义”这一后缀表明，其语义进一步升级了。此后，“反对殖民主义、帝国主义和霸权主义”就成为了中华人民共和国的一句
140 常见口号，被国家领导人在社论、讲话、文件和声明中反复提及：这是1974年4月邓小平首次出席联合国大会时发言的主旨，他提到了“各国人民反对帝国主义、特别是霸权主义的斗争”；这也是次年周恩来在全国人民代表大会上讲话的主题之一；霸权主义的危害还被写入了1975年的中华人民共和国宪法，并且直到今天，这些语句依然保留在宪法之中。[30]

随着“改革开放”时代的到来，出现了官方色彩较淡的政治写作空间以及提出自己方案的思想家。自90年代中期以来，这些人中最引人注目的要数阎学通。他于加州大学伯克利分校获得博士学位，后

---

〔29〕《关于三个世界划分问题》，1974年2月22日。最初诞生于法国的“三个世界模式”是这样进行划分的：以美国为首的资本主义国家构成“第一世界”，以苏联为首的共产主义国家构成“第二世界”，殖民地和半殖民地构成的“第三世界”。在毛泽东逝世后，1977年11月1日的《人民日报》前所未有地用全部版面讨论了“三个世界理论”对于抗击两个超级大国霸权主义的意义。

〔30〕 1975年和1978年的《宪法》都宣布，中国将维护“无产阶级国际主义”，反对“霸权主义”。在1982年邓小平主导修宪之后，前者消失了，但后者保留了下来，在2004年的《宪法》中也依旧存在。

在国家安全部下属某智库工作达十年时间，现任清
华大学国际关系学系主任。在他于美国留学的 80 年
代末、90 年代初，邓小平重新阐述了苏联解体
后——此时只剩下一个超级大国了——的中国外交
政策。在一系列指示中，最著名的一句话是“韬光
养晦”；其他指示还包括毛泽东在 1973 年时提出的
“不称霸”这一口号。[31] 在接下来二十年的多数时
间里，要求中国保持低调这则教诲得到了良好的遵 141
循。阎学通则试图提出另外一项更具雄心的议程：
在新世纪，中国可以将世界领导地位作为自己的目
标；为此，需要以某种大战略和理论作为其基础。

阎学通提出的理论试图将他在伯克利吸收的美式国际关系学与先秦经典融合起来。从前者之中，他选取了摩根索式现实主义；从后者中，他选取了适合于其目标的无论什么内容。他认为，对于当代国际关系专家研究的学问而言，语义和历史方面的准确性是无关紧要的，于是便随心所欲地从古代经典中选择、糅合各个段落及术语，并将其现代化，心照不宣地在新世纪借用了孙中山的做法。90 年代

[31] 常常被错误地表述为邓小平的“二十四条指示”，就好像它们是一次性下达的一般，但实际上是官方将不同时期的评论整理到了一起，包括“冷静观察、稳住阵脚、沉着应对”（1989 年 9 月，柏林墙倒塌之后）；“中国将绝不称霸”（1990 年 12 月，对中国是否应接受“第三世界”领导地位这一问题的回应）；“韬光养晦”（1992 年 4 月，苏联解体之后）——这一成语可以追溯至六朝时期乃至更早。

的中国知识界有过一段复辟主义风潮，经常可见对清朝或袁世凯的“建设性君主制”的怀念之情。在这样的氛围下，在阎学通的构想中，“王道”便可作为最高政治理想东山再起了。另一方面，“霸道”则被相对化了。适合指导现代的，不是孟子那僵化的二分法，而是荀子的三分法。霸权要劣于王道，但优于仅凭强力的“强道”；它享有王道的某些积极特征，曾受到荀子的赏识。二者都需要经济和军事实力作为坚实的物质基础。荀子正确地意识到了，将二者区分开来的正是一项具有决定性的因素：政治实力。从古至今，政治实力都主导着另外两种实力。“政治实力”当然是个现代术语，但古人早已把握了其实质：在他们看来，政治实力在于“德、仁、道、义、法、善与圣”——简言之就是道
142 德。[32]“王”之所以优于“霸”，决定性因素就在于，前者具有更高的道德：“王”的仁爱高于“霸”（充其量）的可靠。于是就和当下的情况一样，优秀的国家是由受到有才华的大臣支持的圣明领袖统治的国家。

阎学通承认，就国际问题而言，荀子就不那么有远见了，他对军事和经济实力在国家间关系中比在国内关系中更加重要这一点估计不足。但他意识

〔32〕《古代中国思想与现代中国力量》（*Ancient China Thought and Modern Chinese Power*），普林斯顿，2011 年，第 115 页。

到了，对于社会内部的秩序和各国之间的秩序而言，等级制都是至关重要的；不同分量的国家，总是会推行不同的责任，从西周时期的五律，到当今的联合国安理会，都是如此。此外，重要的是，荀子对王霸之别的描述把握住了美国当下的角色与中国未来的潜在角色之间的差别。美国无疑是全球性的超级大国，对其他大大小小的国家都行使着军事和经济霸权。[33] 即使两国间的差距正在缩小，但中国的物质力量尚不能与之匹敌。但正如过去一样，中国应当将道德领导力作为自己追求的目标。在这一具有决定性意义的方面，中国在国内领域已经开了一个好头，即将经济发展置于政治改革之前，这样的侧重是“被发展中国家普遍接受的”，从而令中国“在改革领域占据了至高地位”。[34] 不过，中国过于看重经济成就对于取得国际领导地位的作用了。国际领导地位只能是政治性的，因而也就是道德性的。向中国读者提出这些理念的三年之后，在将其
以书的形式出版时，为了令西方读者更好地理 143
解——以及更容易接受——中国占据全球至高地位的前景，阎学通对用词作出了改动。为了符合西方的胃口，中国立志追求的“王道”被重新命名为

---

〔33〕 此时，葛兰西作品的中文版本已开始编辑出版，这促使其主要译者田时纲用“领导权”这一新词代替已不再流行的“霸权”一词。

〔34〕《古代中国思想与现代中国力量》，第 69 页。

“人道权威”，而且这一委婉之词还穿越回了古代。[35] 随着习近平就任国家主席并呼吁实现民族复兴，阎学通对于中国走上一条新的、更加勇敢的道路的希望也增加了。他向英语读者解释称，中国不再受制于邓小平的“韬光养晦”战略，转而寻求“有所作为”。当中国取代世界霸主地位之时，“人道权威”的曙光也将降临。要实现这一点，中国需要放弃不结盟的原则，寻求在海外设立基地，并对发展中国家给予军事而非经济援助——不过依旧永不称霸，而只是通过高举联合国及国际法律规范的旗帜，以及帮助惩罚那些违犯者，来展现自己在友好的各国间的道德领导力。[36]

阎学通由此建构出了西方为美国至高地位所作辩护词的镜像。所谓“人道权威”，就相当于“美国领导地位”或是其修订版本“自由主义霸权”——参见约瑟夫·奈、霍夫曼和伊肯伯里（John
144 Ikenberry）。他意识到了对于欧美智库中自己的对话

---

〔35〕 比较一下文章的初版《荀子的国际政治思想及启示》，载《国际政治科学》，2008 年冬季刊，第 135 至 165 页；以及用词委婉的第二版，《荀子的国家间政治哲学及其对今天的启示》，收录于《古代中国思想与现代中国力量》，第 70 至 106 页。

〔36〕 见《从“韬光养晦”到“有所作为”》，载《国际政治科学》，2014 年夏季刊，第 153 至 184 页；《问与答：阎学通敦促中国采取更加咄咄逼人的外交政策》（“Q and A：Yan Xuetong Urges China to Adopt a More Assertive Foreign Policy”），载《纽约时报》，2016 年 2 月 9 日。

者而言“自由主义霸权”一词所具有的正面价值，于是便再次修改了术语，解释称自己希望中国成为通过人道举止和高尚道德来结交更多朋友的“新型霸主”。[37] 阎学通并未完全颠覆自己的立场，因为自孙中山以来（或者说，在更加虚无缥缈的层次上来说，自甘地以来），东西方声称自己的价值体系更加优越时，其含义从来不曾相同过。阎学通展望中的独特之处在于“思想决定社会现实、道德主导变革”这一儒家信条。在“改革开放”时代，其含义则是：“导致国际权力变迁的根本原因在于领导人的思想，而非物质力量。”[38] 无论为外国读者作了何种改装，“王道”道德主义总归有着相同的根源。阎学通声称自己信奉这样一种摩根索式的现实主义：在卡尔的反讽面前安之若素，依旧欣然地将权力的运用归结于道德，而不是否认道德在权力运用过程中的作用。

---

〔37〕《阎学通论中国现实主义、清华国际关系学派，以及和谐之不可能》（“Yan Xuetong on Chinese Realism, the Tsinghua School of International Relations, and the Impossibility of Harmony”），载《理论对话》(*Theory Talks*)，第 51 期，2012 年。

〔38〕《古代中国思想与现代中国力量》，第 67 页。

十

交织

（一）

145 在西方，在阿里吉提出相互交织的霸权理论的同时，另一位左翼思想家也独立地提出了相同的构想。1981 年至 1982 年间，曾在国际劳工组织工作了四分之一个世纪的加拿大人罗伯特·考克斯（Robert Cox）发表了两篇论文，提出了以葛兰西的遗产为基础的国际关系研究新方法。他在 1987 年时又用《生产、权力与世界秩序》（*Production*, *Power and World Order*）一书充实了自己的观点。和阿里吉一样，考克斯也将全球性霸权定义为某个主导阶级内部霸权的外部扩张，从而将其崛起的能量释放到国境之外，并通过声称自己是普遍利益的代表，创建出一套足以确保较弱小国家和阶级顺从自己的国际体系。要想达成这一成就，便需有赖于任何权力结构都含有

的三股基本势力协调一致：物质能力、理念，以及
制度。就“英国治下的和平”这一典型案例而言，
也就是：海权、自由贸易这一自由主义意识形态，
以及伦敦金融城的调节功能。[1] 这一结构总是以处
于特定生产关系中的各种社会力量为基础。一旦社 146
会力量发生了变化，就会对整个体系造成影响。典
型案例就是，正如卡尔所表明的，随着欧洲的重工
业化，产业工人阶级兴起。他们要求获得福利，为
受到保护而施压，这激化了国家间的敌对关系；一
战由此爆发，终结了英国霸权。这些最为强大的国
家当时正在经历一场深刻的社会—经济革命，并促
使其全部后果都显现了出来。它们通过将“意识形
态的和主体间的元素与赤裸裸的权力关系”结合起
来，获得了超越任何帝国主义的霸权。这就是美国
在二战之后享有的地位。

尽管考克斯和阿里吉都未曾试图引用对方，但二者的表述十分相近，不过毕竟不是完全相同。这源自其出身背景和所面向读者的差异。无论观点有多激进，考克斯深受其工作的影响——国际劳工组织可不是葛兰西小组——其学术风格也更加正规。虽然对“解决问题”和“批判”作出了区分，但他

〔1〕《社会力量、国家与世界秩序：超越国际关系理论》（“Social Forces, States and World Orders: Beyond International Relations Theory”），载《千禧年》（*Millennium*），1982 年，第 2 期，第 1240 页。本文是他的理论宣言。

对前者并未感到不自在。他的作品总是和那些旨在维护他所批判的结构的文章共同出现在合集或是期刊中，其首要受众也总是国际关系学界专业人士，而不是更加广泛的左翼政治读者。相较之下，与阿里吉相比，他的行文更加明确、更加系统地带有葛兰西色彩。[2] 不过，更加重要的差异还在别处。两人的薄弱环节都是对方擅长之处。考克斯未提及金
147 融化这一长时间段理论，也未提及资本主义与地域主义的辩证法——民族国家在他的作品中没有分量，他也未对其历史进行探索。另一方面，考克斯对阶级的讨论更加深入、细致——他更多地使用了葛兰西的“历史集团”概念——作为霸权体系中的规训性元素，国际规范及制度在其作品中的地位也更加重要。重要的是，在生产结构变得愈发跨国的当代，在体系的最高层相应地涌现出了一个管理阶级；霸权秩序则将跨越国界的各种社会力量梳理出新的等级次序。考克斯不仅细致地考察了支配集团和从属集团，还区分了经过始于 20 世纪 70 年代初的十多年衰退、于里根时代最后几年在世界各地出现的各

---

〔2〕 见《葛兰西、霸权与国际关系》（“Gramsci, Hegemony and International Relations: An Essay in Method”），载《千禧年》，1983 年，第 2 期，第 162 至 175 页。这篇论文原本于 1981 年提交给了美国政治学协会。

种生产类型。[3]

在这样的新形势下，美国的霸权状况如何？与阿里吉一样，考克斯在当时也总结称，鉴于持续的危机和不断出现的混乱征兆，美国正在衰退为只具有纯粹的支配力的情况。但在接下来的几年间，他将修改这一判断。然而，其作品的思想来源并不总是会引向同一个方向。在考克斯的思想中，受葛兰西影响直接或间接激发的“新葛兰西学派”的特点体现于强调跨国阶级集团及其与霸权势力的连接。
该思想传统中对 2008 年至 2009 年间金融危机过后 148
全球各种势力最为成熟的分析得出了不同的结论。来自英国、自认为受到考克斯影响的理查德·索尔(Richard Saull) 在一篇论述文中对这一时代作出了令人惊叹的反向解读。与阿里吉的看法相左，他认为美国霸权并不处于任何致命的衰退状态。[4] 金融化催生了一种更加危机四伏的资本主义，但当 2008 年

---

〔3〕 在《生产、权力与世界秩序》一书中，考克斯区分出了 20 世纪末十二种不同的“社会关系模式”：维持基本生存、农民—地主、原始劳动力市场、家庭、自我雇佣、企业劳动力市场、两党制、企业社团主义、三党制、国家社团主义、群体、国家计划。见第 32 至 103 页。这一分类带有其国际劳工组织工作经历留下的印记，但精神更接近于阿里吉早期关于罗得西亚和卡拉布里亚的作品，而不是其后期作品。

〔4〕《重新思考霸权：不均衡发展、历史集团与世界经济危机》(“Rethinking Hegemony: Uneven Development, Historical Blocs and the World Economic Crisis”)，载《国际研究季刊》(*International Studies Quarterly*)，2012 年 6 月刊，第 323 至 338 页。

的危机爆发后，美国及其 G7 伙伴展现出了合作应对危机的能力。迄今为止，尚无证据表明经济强权正从美国转移至他处。中国并非促成这种转变的竞争者，因为其增长模式仍然依赖于向美国出口，这就将北京拴在了从属于华盛顿的位置上。要想向基于国内消费的增长模式转型，就需要令中国经济进一步自由化，但这可能引发资本外逃、导致社会紧张加剧。中国未对“美国治下的和平”构成真正的威胁，任何来自国家间的传统挑战也都做不到这一点。这是因为美国的霸权体系主要不是通过强制性或威权性手段获得保障的，而是通过将其不公正的社会力量模式嵌入别国国内的经济安排以及与之相关的意识形态、文化和政治规范之中。

二战之后，占据支配地位的美国打造出了一个将以福特制大规模生产模式和日益增长的消费为中心的西方工人阶级纳入其中的历史集团，再辅以反共意识形态。渐渐地，公司这一微观层面上出现的新型生产方式及社会关系——而不是其他国家深思
149 熟虑的战略——破坏了这种局面。然而，这“光荣三十年”有机配方的破产并不意味着美国霸权的衰落，因为到了 80 年代，另一个历史集团又成形了。这一历史集团将更多发展中国家纳入其新自由主义安排之中，将越来越广泛的区域和人口吸收进资本主义的生产关系。在西方，通过对工会的打压和将

工作外包，有组织的劳工被逐出了这一历史集团。但通过新型劳动分工、宽松的信贷、变得习以为常的负债，以及来自东亚的廉价商品，工人依旧被整合进了该体系。东亚的情况同样如此，个人消费与自由选择等新自由主义恩赐，辅以各色民族主义，对工人阶级的某些成分并非没有吸引力。

然而最为重要的是，巴西、印度和中国的新兴中产阶级也被纳入了正在兴起的、带有新自由主义印记的跨国集团之中。在巴西，金融化、资产投机以及对奢侈品的狂热追求；在印度，大公司对全球大品牌的收购以及心理上与华盛顿的亲近——这些都是该阶层的特征。这三个国家都在从美国引入和吸收曾塑造了西欧和日本的福特制时代的那一套生产过程、消费模式及技术创新。但与西欧和日本不同的是，中国、印度和巴西均保留了自主性，在地缘政治上不受美国掌控；其社会的大部分也远未被整合进新自由主义世界秩序之中。美国霸权那复杂的等级体系无法涵盖全球，但它已足够稳固。

二

和考克斯的整体眼光一样，上述诊断的长处也 150
在于其对 21 世纪资本文明霸权的跨国维度——而非

国际或国家维度——及其凝结成的新自由主义意识形态的认知：借用同一学派另外一位理论家那清晰生动的公式就是，根据情况所需，要么是“规训性的”，要么是“补偿性的”。[5] 对这三个维度连接处的表述则没有那么成熟，跨国维度往往会导致另两个维度的轮廓显得含混不清，就仿佛是前者将这二者都包含在内，反而使其特性——二者都具有强制性权力；而根据韦伯的定义，跨国维度是不具备这种权力的——变得模糊了。一位中国思想家——他关于本国的作品也记录下了相当多索尔所描述的进程——将表明，这样的错误并不是不可避免的。在汪晖看来，政治的去政治化是当下时代的标志。也就是说，任何有能力实现有别于现状的另类方案或是为其而战的民众代理者都被取消了，从而能够更好地伪装出代议制的样子，并去除其内部的分裂与冲突。这种政治是去政治化的，但并非去意识形

[5] 斯蒂芬·吉尔（Stephen Gill），《推动欧洲一体化的新葛兰西式方法》（“A Neo-Gramscian Approach to European Integration”），收录于阿兰·卡弗拉尼（Alan Cafruny）和马格努斯·莱德尔（Magnus Ryder）编辑，《被毁坏的堡垒？新自由主义霸权与欧洲的转型》（*A Ruined Fortress? Neoliberal Hegemony and Transformation in Europe*），拉纳姆，2003 年，第 65 至 67 页。作为索尔援引的另一主要对象，吉尔在离开撒切尔治下的英格兰之后，移居多伦多，加入了考克斯的行列。和索尔不同的是，他认为美国如今充其量只是享有“后霸权世界里的至高地位”，见《新世界秩序中的权力与抵抗》（*Power and Resistance in the New World Order*），纽约，2003 年，第 118 至 120 页、第 140 至 141 页、第 180 页。

态化的。恰恰相反，它是彻头彻尾的意识形态。只需要考虑汪晖所分析的霸权的三个平面中的第一个——国家层面，及其在撒切尔的英国和里根的美国这两个于随后数十年间席卷世界的新自由主义的发源地凝结成的意识形态——就足够了。撒切尔把握住了去政治化的政治的精髓，炮制出了新自由主义最为著名的口号："没有其他选择"。也就是说，除了由不受管制的金融市场进行统治之外，没有其他选择。资本的统治就是自由的统治。不过，这还
远不是撒切尔和里根政权唯一的意识形态工具。这 151
句口号本身太过干瘪、太过生硬、太过直击现实，因而总是需要某种能够包裹和柔化自己的意识形态元素作为补充。在英国，起到这一作用的是民族主义与撒切尔所谓的"家庭价值观"；在美国则是民族主义与宗教。这种双重意识形态乃霸权在国家层面的典型配方。历史上看，最早、最为持久的此类结合出现于中国。对此，当代人只需要想想数百年间国家权力所处的状态——根据"儒表法里"这一著名公式，正如历史学家何炳棣所言，儒家起装饰作用，法家发挥实际功能——便足够了，就更不必提其可能的现代变种了。

汪晖所描述的去政治化的世界中霸权的第三项成分是跨国成分，或曰全球性成分；该成分不是运转于国家或国际层面上的，而是跨越一切文化及社

会边界的——又如何？如他所言：“霸权不只与国内或国际关系有关，还与跨国及超国家资本主义紧密相连。还必须在全球化的市场关系这一领域内对其进行分析。”在这一领域内，其实质是什么？“市场—意识形态工具最为直接的表现形式是媒体、广告、‘购物的世界’，等等。这些机制不仅是商业的，还是意识形态的。其最为强大的力量在于它们
152 诉诸‘常识’和普通需求，将民众转变为消费者，使其在日常生活中自愿地跟随市场逻辑。”〔6〕

在此，消费主义被认为是全球性资本霸权的要害所在。但在这一层面上，当下霸权的结构同样是双重的。消费的确是对日常生活进行意识形态捕获的场所之一。但资本主义归根结底还是一项生产体系；在工作中和闲暇时，其霸权都经过马克思所言“枯燥的强制性异化劳动”被再生产出来；这种劳动一刻不停地促使其主体适应既存的社会关系，消磨其想象一种不一样的、更好的世界秩序的精力及能力。新葛兰西学派所关注的霸权的跨国形式之基础正在于这种生产与消费相交织的——其中某一方是对另一方半真半幻的补偿——双重存在结构。

---

〔6〕《去政治化的政治：从东方到西方》（“Depoliticized Politics, from East to West”），载《新左翼评论》，2006 年 9/10 月刊，总第 II/41 期，第 42 页。

十一
持续，还是衰退？

（一）

以上就是对冷战结束后美国在世界上所扮演角 153
色的批评之声。爱国者对此又作何感想？在美国战胜苏联的前夕，约瑟夫·奈曾斥责“美国治下的和平”是一种迷思，对霸权的谈论是一种思想混乱。正如金德尔伯格所指出的，用来描述美国对国际社会所作贡献的正确术语是“领导地位”。然而一旦美国成为了唯一的超级大国，如此清爽、不会令人心生任何对强力的疑虑的用语，是否还足以涵盖其新的地位？还有一些缺少其道德感、更加无菌的术语可供使用，也受到了某些人的青睐，例如“至高地位”或是“单极性”。但不为约瑟夫·奈的指责所动，大量频频提及“霸权”一词的书籍和文章于20世纪90年代涌现了出来，令那些术语全都黯然失色了。主流思想家——只要他们当时不在某届政府中任职——尚有待作出调整。在约瑟夫·奈出版《注定领导》的十年之后，约翰·伊肯伯里勾勒出了一部含糊其辞、具有症候意义的作品。《胜利之后》（*After Victory*, 2001）一书回顾了二战之后美国在构建新的国际秩序方面取得的巨大成就，即将联邦
154 德国和日本纳入由其领导的经济和安全体系之中。这保障了西方的和平与繁荣。作者认为，如今美国在处理落败的苏联集团时，也将复制这一成就。美国曾经是或者当下正是一个霸权势力吗？乍看起来，这一用语实在是不恰当。霸权秩序是等级制的；而且无论是具有公然强制性的，还是相对而言更加友善的，“本质上都是建立在不加制衡的权力基础上的”。这与“宪政秩序”大为不同，在后者中，“经过同意的法律及政治机构起着分配权利、限制权力的作用”，驯服权力“以削弱其重要性”。[1] 战后秩序本质上是宪政性的，美国为自己施加了一系列约束，使其无法重新成为友爱的各民主国家中一支不对称的强权。然而，尽管已经对“霸权”和“宪政秩序”作出了区分，但针对美国使用“霸权”一词并非全无道理。人们必须承认，美国霸权的确存在。但美国不仅是“勉为其难的”，还是非常“开放和投入的”，它允许其他国家在其促成的繁荣与和

〔1〕《胜利之后》，普林斯顿，2001年，第27至29页。

平中发出自己的声音。[2] 尽管如此，这仍然是一个“宪政秩序”，其基础之一北约——本质上这是“一个防御性的实力集合体”——如今已开心地实现了东扩。由于其全部成员都是多元民主国家，俄罗斯外交部也只能评论称，此举“事实上排除了推行咄咄逼人的外交政策的可能性”。[3]

一年之后，面对同一个问题，伊肯伯里变得更加肯定了。此时他解释称，宪政秩序与霸权秩序并不矛盾，前者恰恰是后者最为有用的润滑剂。这是因为其通过一方面将支持者锁定在各种安排之中，另一方面减少强制推行秩序的成本——否则该成本就会落到霸权者身上——“宪政机制能够保护霸权 155
力量”。最终，霸权者建立起的各种机构和关系不可避免地会为其带来越来越多的回报。“电脑软件是个恰当的比喻。微软等软件提供商在取得了最初的市场优势后，会鼓励基于微软操作语言的软件及程序扩散开来。这回过头来又会催生大量极度依赖微软格式的软件提供商和用户”；以及“考虑到转而使用另外一种格式，即使会更具效率，也会耗资巨大，因而对微软的忠诚度也会越来越高”。

同样地，“美国霸权秩序的”——如今可以直呼

---

〔2〕《胜利之后》，第 53 页及其后数页、第 200 至 205 页。

〔3〕《胜利之后》，第 19 页，安德烈·科齐列夫（Andrei Kozyrev）亲口所言。

其名了——“基本组织发生任何重大变化，都会对愈发广大的组成该秩序的个体及团体造成越来越高的成本。即使它们对美国并不特别忠诚或亲近，即使它们其实更青睐一套不同的秩序，也会有越来越多的人与该体系的利害相关”。这是因为，“如果体系发生剧烈变化，那么越来越多的人生活会被扰乱”。在这个意义上，“美国战后秩序是稳定的和在增强的”。〔4〕这样的结果当然能够令美国感到满意，但这也响应了当时更为普遍的要求。其他国家之所以接受美国强权，是因为“美国‘计划’与更深层的现代化力量是一致的”。〔5〕

156 这本书的其他作者也持有相同的看法。不再有必要否认美国霸权了；它需要得到认可。“我强调霸权，并非要对其进行激烈的批判。”一位作者仍感到有必要解释一番，“因为美国霸权是格外友善的。它不只允许较弱小的国家对霸权势力施加相对较大的影响，还比任何其他选项更加出色地促进了人类的

〔4〕《民主、机构与美国的克制》（“Democracy, Institutions and American Restraint”），收录于伊肯伯里编辑，《无可匹敌的美国：势力均衡的未来》（*American Unrivalled: The Future of the Balance of Power*），伊萨卡，2002 年，第 234 至 235 页。

〔5〕见《无可匹敌的美国》一书的结论：促使单极秩序保持强健的因素不只有美国的自我克制，还包括“美国内部体制——以及其公民的和多元文化的身份——与现代性这一长期计划的高度一致”。见第 296、310 页。

兴旺，即自由与繁荣。”〔6〕另一位作者评论道，美国霸权的确尚未统治全球：亚洲最大的两个国家仍身处美国安全体系之外。因此美国还面临着“完成霸权”的挑战：将中国和印度纳入美国秩序，同时避免疏远日本。要做到这一点并不容易。但该地区各国之间的历史宿怨和相互疑惧，令它们有理由寻求与美国建立特殊关系，这就为美国成功地完成这一任务创造了条件。诚然，“没有人会热爱一个全球性霸权势力。但美国霸权足够友善，因而至少是可以容忍的——即使对那些有着大国抱负的国家而言，也是如此”。〔7〕

世纪之交事实上的共识就是如此。“领导地位”或许正在向“霸权”转变，批评者时而会赋予后者负面含义，但尽管它带有很强的威权意味，与旧术语相比，这个新词同样带有“自由地给予好处，心甘情愿地接受指导”——离群的心怀不满者除外——的意思。然而，从2001年年末开始，这一语义上的均衡局面不得不经受9·11事件、入侵阿富

〔6〕 约翰·M. 欧文四世（John M. Owen IV），《跨国自由主义与美国优势地位，或曰：在旁观者眼中它显得友善》（“Transnational Liberalism and American Primacy: or, Benignty Is in the Eye of the Beholder”），收录于《无可匹敌的美国》，第241至242页。

〔7〕 迈克尔·马斯坦杜诺（Michael Mastanduno），《亚太地区的不完全霸权及安全秩序》（“Incomplete Hegemony and Security Order in the Asia-Pacific”），收录于《无可匹敌的美国》，第203页、第209至210页。

汗、伊拉克战争以及随后一切事件的冲击。结果就
157 是潜在的进一步转变。真的能够将“霸权”与“帝国”区分开来吗？一位古典历史学家承认，早在古希腊这就已经是个问题了；当时人们无法否认帝国乃霸权“邪恶的孪生兄弟”。[8] 很快又有大量作品涌现出来，分别拥抱、抨击或是否认美国在世界各地的各种帝国行动或帝国野心。[9]

又过了十年时间，与这一新形势相适应，伊肯伯里将宪法用语换成了议价用语。“霸权秩序的独特之处在于，这是经过讨价还价才实现的秩序，由处于领导地位的国家提供服务与合作框架。作为回报，它要求较弱小的和次等国家参与其中并顺从自己。”美国霸权在定义上便是自由主义的，是以共享的规则及互惠互助为基础的：“美国塑造了并支配着国际秩序，并且保证其他顺从的政府从中获益。与帝国相比，这一协商而来的秩序有赖于处于领导地位的国家和其他国家就体系的规则达成一致。”的确，自由主义国际秩序中含有美国与边缘国家之间不对等的庇护—侍从关

---

〔8〕 威克沙姆，《霸权与希腊史学家》，第 23 页。

〔9〕 截至 2009 年的参考资料见保罗 · K. 麦克唐纳（Paul K. Macdonald），《遗忘历史者注定要重复历史：帝国、帝国主义及当代围绕美国强权的争论》（“Those Who Forget Historiography Are Doomed to Republish It：Empire，Imperialism and Contemporary Debates about American Power”），载《国际研究评论》（*Review of International Studies*），2009 年 1 月刊，第 45 至 67 页。这篇文章将各种人士分为帝国的狂热拥护者、批评者和心存疑虑者。

系，“在该秩序的边缘地带还潜伏着‘制衡与命令’等其他机制”。[10] 但原则与现实之间总归会存在差距。美利坚帝国并不存在。

2001 年之后共和党政府的外交政策改变了这一
结论吗？该外交政策试图“重组全球安全体系”， 158
“拥抱了后威斯特伐利亚世界的逻辑，并且向世界提出了新的霸权议价条件”。然而，这种做法不幸地将美国置于它向其他国家施加的规则之上，令其他国家较难接受新的议价条件。于是，其他国家便试图“减少合作”。沮丧的伊肯伯里一时失言，惊呼道：“实际上，这就是帝国。”但话刚一说出口，他便压抑住了自己的情绪。小布什在“9·11”之后将美国的单极强权转变成了“非自由主义霸权”：那个不起眼的前缀足以对二者作出区分，同时又为美国通过重新致力于“自由主义秩序构建这一大战略”来恢复传统上享有的“威望与尊重”留下了余地。[11]

---

〔10〕《自由主义利维坦：美利坚世界秩序的起源、危机与转型》(*The Liberal Leviathan*: *The Origins*, *Crisis and Transformation of the American World Order*)，普林斯顿，2011 年，第 70、66 页。

〔11〕《自由主义利维坦》，第 276、270、360 页。讨论共和党外交政策的一章题为《非自由主义霸权的大转型与失败》（“The Great Transformation and the Failure of Iliberal Hegemony”）。三年之后，伊肯伯里又开始为民主党总统治下回归“伟大的战后全球性实践”以及在任者那“全光谱的国际主义”而无限热情地欢呼。见《奥巴马的务实国际主义》（“Obama's Pragmatic Internationalism”），载《美国利益》(*The American Interest*)，2014 年 4 月 8 日。

如果说伊肯伯里的案例表明了捍卫早已进行的一笔意识形态投资的必要性，那么另外两位历史学家对这一问题的重大干预则更加重要。两人都持有保守主义观点，但性情截然相反。在《庞然大物》（*Colossus*, 2004）一书中，尼尔·弗格森（Niall Ferguson）一方面注意到近来更多头脑清醒者正转而支持这一术语，但另一方面认为，就官方说法而言，美国依旧是个否认自己存在的帝国。最受欢迎的描述其世界地位的词汇变成了“霸权”。但这两种描述之间的差别有赖于是否将帝国定义为经正式宣布的对于外国领土的直接政治统治，但这种定义早就被对于运用帝国权力的多种形式的更为精细的理解取代了，就更不必提从奥古斯都时代的罗马到维多利
159 亚时代的英国，从纳粹德国再到如今的“自由之地”——他列举了大量例子——各类政权都能够行使这种权力了。他评论道：“如果能对帝国给出更加宽泛、更加精细的定义，那么就似乎有可能彻底摆脱‘霸权’一词。”〔12〕他并未隐瞒自己的价值判断：“从根本上来说，我更青睐‘帝国’一词。”不过尽管直率地支持自己的第二祖国对帝国之业的追求，但弗格森并非一名“拉拉队员”。自由主义帝国这一事业既符合美国的私利，对全球而言又具有利他性，这是发达世界最好的希望。此外，与批评

〔12〕《庞然大物》，纽约，2004 年，第 12 页。

者的意见相反，他认为入侵伊拉克的目的既是值得赞美的，也是可以实现的。然而，人们有充分的理由担心美国无法实现这一使命。因为与大英帝国不同，很少有美国公民愿意将自己的生命耗费在监督和管理遥远的土地之上；美国选民是草率的；士兵是受到过度保护的；最具决定意义的是，其财政的未来受制于它无法兑现的福利承诺。令人不安的是，“当下美国的全球实力——尽管依旧引人注目——建立在比通常所认为的更加薄弱的基础之上”。因为美国人“宁愿消费，也不愿征服；宁愿建设购物中心，也不愿建设国家；他们渴望自己能拥有漫长的老年时光，却甚至害怕其他自愿从军的美国人过早地战死沙场”。[13] 可悲的是，美利坚帝国面临的危险并非来自外部对手，而是在于内部“缺乏权力意志”。

研究从1763年的《巴黎条约》到1914年一战 160
爆发期间欧洲国际政治的历史学家保罗·施罗德(Paul Schroeder)出色地表达了与弗格森相反的观点。他是唯一一名在“9·11”发生仅数周之后——甚至在入侵阿富汗之前，就更不必提入侵伊拉克了——便就美国对历史上自己并不属于的这一地区进行军事干涉的危险提出警告的美国学者。他预测

[13] 《庞然大物》，第24页、28至29页。

称，起初轻而易举的胜利最终可能会导致灾难。[14]他在接下来的六年内发表了一系列文章，严厉批评这场推翻阿拉伯复兴社会党政权的战争，其强有力的分析在当时的此类作品中独树一帜。就在美军进入巴格达的几天之前，当美国媒体已经开始庆祝“伊拉克自由行动”的胜利时，施罗德撰写了一篇题为“帝国的幻影对霸权的承诺”（“The Mirage of Empire versus the Promise of Hegemony”）的论述文章，至今这依旧是最为系统地对这两个概念进行对立论述的文章。“帝国”指的是对外国实行政治控制，这种控制常常是非正式的，而不是直接的，但最终权威掌握在帝国手中。相较之下，“霸权”则是“某强权在由各单元组成的共同体内受到认可的领导地位及至高无上的影响力，而不是某种单一的权威”。帝国的功能在于统治，而霸权的功能则在于管理。前者的决定是强制性的，后者的决定则仅仅是不可或缺的。重要的是，霸权与由自主的、实力不平等但法律地位平等的各个国家构成的现代国际体系是完全相容的，帝国则并非如此。[15]

---

〔14〕《胜利的风险》（“The Risks of Victory”），载《国家利益》（*The National Interest*），2001 年至 2002 年冬季刊，第 22 至 36 页。

〔15〕《帝国的幻影对霸权的承诺》，收录于《体系、稳定与治国之道：现代欧洲国际史论文集》（*Systems, Stability and Statecraft: Essays on the International History of Modern Europe*），纽约，2004 年，第 298 至 299 页。该文回顾了施塔德尔曼的霸权概念，并称赞其为“有引导的平衡”，见第 363 页。

谋求帝国之业的努力总是会导致混乱和战争，
但霸权则常常是和平与稳定的促成者或条件，若无
霸权则会导致国际秩序的崩溃。施罗德承认，“和社
会及思想领域的大多数此类区分一样，这种区分也 161
不是无懈可击的，而只是反映了程度的差别，就如同暖、热和烫一样”。此外，霸权势力的确可能变为帝国，也常常受到这种诱惑，但这并未否定二者之间的区别。16 世纪至 20 世纪的统治者可以被分为截然相反的两类：一类是查理五世、菲利普二世、斐迪南二世、路易十四、卡尔十二世、拿破仑、希特勒和斯大林；另一类是斐迪南一世、黎塞留及马萨林、利奥波德一世、弗勒里、1815 年的胜利者、俾斯麦，以及“最为显而易见和引人注目的例子”——1945 年后的美国。灾难性的是，在征服和占领伊拉克后，美国如今走上了帝国之路，就仿佛自己能够复制英国在 19 世纪末对埃及的接管一样，但曾经使得英国能够成功的那些历史条件如今都不再具备了。在 21 世纪是无法复兴维多利亚式帝国主义的。

还未曾出现过——或者说也不太可能再出现——比这更加强有力的将霸权与帝国区分开来的论证。但就连施罗德的努力也无法摆脱困扰其他许多人的矛盾。既然在 1914 年之时，所有的欧洲大国和不少较小的欧洲国家都建立起了帝国，那么为何

还说帝国与起源于16世纪的现代国家体系是不相容的呢？维也纳和会上的两大主导强权都通过武力征服了大片领土，在复辟时代的欧洲，它们身上的帝国性和霸权性难道不是不可分割的吗？1846年至1848年的美墨战争难道发生在该国际体系外部？20世纪末、21世纪初各国实力差距的迅速扩大——比18世纪或19世纪时大得多——对后现代风格帝国
162 权威的运用难道会没有影响吗？面对难以抵抗的经济压力、政治及文化渗透、军队驻扎等情况，那些沦落到侍从地位、只有名义上的主权还受到尊重的国家，又能享有多大的自主性？“霸权”与“帝国”这对孪生兄弟绝非仇敌，它们相处得足够愉快。

（二）

“霸权”一词是作为国际政治术语从欧洲抵达美国的；在美国的通常用法中，它也仍然是个国际政治术语。在这一词汇最早出现的大洲，也就是被所有有声望的权威认为是自愿接受美国霸权——用一位心怀感激但似乎并不完全得体的挪威人的话来说就是，“应邀建立的帝国”——并从中获益的最佳地区，其用法又发生了怎样的改变？曾拥有面积最大的帝国领土、与美国保持着最密切关系的英国，

在“美国治下的和平”时代，发展出了一种最为重
大的国际关系思想传统。以最具独创性的两位思想
家马丁·怀特（Martin Wight）和赫德利·布尔（Hedley
Bull）为代表的独特的“英格兰学派”，其历史及思
想深度要远胜于美国的国际关系学。[16] 对于该学派
的第一代人物而言，无论其政治观点——这绝不是
整齐划一的——与卡尔的相距多远，他都是个躲不
开的影响来源。该学派的标志，也是其自洽性最弱
的概念，便是这样一种观念：从现代早期开始，欧 163
洲不仅涌现出了一个国家间体系，还诞生了一个由
享有共同利益及价值观、受到共同规则及程序约束
的各个国家组成的“国际社会”，该“国际社会”
成为一个将各国都囊括在内的规范性领域，有利于
它们达成妥协与和平。在卡尔看来，这种说法纯属
伪善的虚构。“国际社会”根本不存在，有的只是
“没有实质性规则的开放俱乐部”。就和大西洋对岸
同行的作品一样，英格兰学派的作品也可谓是对

---

〔16〕 该学派的元老怀特将透彻的分析力和文化广度——他的《权力政治》(*Power Politics*, 1946) 和去世后出版的《国际理论：三大传统》(*International Theory*: *The Three Traditions*, 1991) ——与宗教般的末日情结结合了起来，欢迎二战的爆发，并视其为对人类叛教行为的神圣审判，并将上到罗马皇帝朱利安、下至希特勒的各色人等都视为“反基督”，称其为“基督复临前撒旦般恶魔的最终集结”。见伊恩·霍尔（Ian Hall），《马丁·怀特的国际思想》(*The International Thought of Martin Wight*)，纽约，2006 年，第 33 至 37 页。后来，尽管仍旧认为核战争要优于世界性国家，但他逐渐平静了下来，以更加镇定的方式捍卫西方价值观。

“站在强者的立场上如何管理世界”的研究。[17] 至于英格兰学派想象出来的那个“国际社会”自命不凡的道德感，卡尔不动声色地评论道：“强权总是会创造出一种于己有利的道德。”

但卡尔低估了他对自己所蔑视之物的影响。在生涯初期展现出来卓越天赋之后，怀特最终沉沦于大西洋风格自鸣得意的老生常谈之中。但头脑清醒的澳大利亚人布尔并未如此。他不仅认为在自己所设想的“国际社会”与霍布斯设想中作为国家间体系默认态势的战争状态之间总是存在着张力，而且前者与跨越国家边界的各种政治势力之间也存在着张力；此外，“国际社会”的基础便是——用该学派不自然的用词来说就是——一系列“制度”，这其中不仅包括了由各强权主导的等级次序，还包括战争本身，另外还含有外交、国际法和势力均衡等更令人感到宽慰的标志性内容。此类国际社会可能有两种版本：最小版本与最大版本；即由相互尊重主权的各国构成的“多元主义”共同体，以及由超国家的权威或是公民社会在各个国家内部强制推行共同规范的“一元主义”共同体。主导前者的目标
164 是秩序，主导后者的目标是正义。布尔毫不怀疑，与后者相比，前者不仅更切实际，而且较不容易导

〔17〕 致斯坦利·霍夫曼的信，1977年9月30日。见哈斯兰，《诚实的罪过》，伦敦—纽约，1999年，第252至253页。

致权力的滥用。

身处《不扩散核武器条约》、“保护的责任”、“人道主义干涉”及“反恐战争”时代的英格兰学派第二代，其偏好与第一代相反。多元主义是不够的。一元主义则需要对待主权问题少一些慎重，对于“国际共同体”——这是“国际社会”如今的正式名称，这倒是一项令人耳目一新的进展——“干涉的权利”多一些重视。在这一全新的、本质上是进步主义的体系中，霸权又将占据何种地位？布尔无疑并未将其视作国际社会的一大支柱性制度。他评论道：“当强权对较弱小的国家行使霸权时，便会诉诸武力和威胁使用武力”；尽管在可以通过其他手段强加自己的意志时，这种做法是罕见的和不情愿的，而并非随心所欲的和习以为常的。霸权乃“有礼貌的帝国主义”。〔18〕

对于招兵买马而言，这种说法太过直率了。不过，在英格兰学派中还存在着由前外交官亚当·沃森（Adam Watson）提出的另一套见解。在这套见解中，霸权概念的涵盖范围更加广大：沃森对一直追溯至位于美索不达米亚平原的人类文明初期的各种国家体系进行了分类，这条概念之弧的一端是帝国，

〔18〕《无政府社会：对世界政治中秩序的研究》（*The Anarchical Society: A Study of Order in World Politics*），贝辛斯托克，1977年，第209页。

另一端是霸权与独立国家，中间则是领地及宗主国。从历史上来看，如果将这道弧线视为钟摆，那么存在着远离帝国和独立国家这两端、趋向于中部——此时，假如存在着大量形式上独立、但实际上不平等的国家，那么霸权就几乎是无所不在的——的重
165 力作用。[19] 作为一种形式，人们应当不动感情而不是带有贬义地看待霸权。尽管天然会要求动用军事力量，但霸权并不是经由专断命令发挥作用的，而是涉及对话并带有一丝互利感。另一方面，沃森起初坚持认为，霸权势力仅仅掌控从属国家的对外关系，但他最终得出了这样的结论：霸权压力很快延伸到了其内部事务之中，有可能对从经济、政治体制到宗教导向或社会结构的方方面面都产生影响。[20]

这种看法对霸权理解得更加深刻，但其回顾的范围是如此广大，以至于与英格兰学派更年轻的成

---

〔19〕《国际社会的演化》(*The Evolution of International Society*: *A Comparative Analysis*)，伦敦，1992 年，第 13 至 16 页、第 314 页。沃森曾于二战时在罗马尼亚和埃及任职，战后在莫斯科任职五年，曾参与心理战，在苏伊士危机后担任非洲办公室主任，最后在 1960 年代出任驻古巴大使。他有着英格兰学派中最为广阔的历史视野。这样一位人物在今天的英国外交部里是不可想象的。

〔20〕“我原本将霸权视为介于多个绝对独立的国家和一个单一的世界政府——它允许占支配地位的强权影响其他国家的外部政策，但不允许或只微弱地允许影响其国内政策——之间的领域。如今我意识到，西方霸权，尤其是美国霸权，还试图影响其他国家或共同体的内部行为。”见《霸权与历史》(*Hegemony and History*)，伦敦，2007 年，第 80、104 页。

员所关注的紧要问题拉开了距离。正如沃森终归注
意到的那样，“国际社会”在宪政构成上就是“反
霸权的”。美国的优势地位难道不会有碍其所依赖的
道德共识吗？如果某个国家能够习以为常地将自己
的意志强加给其他国家，那么国际社会如何还能维
护自己的合法性呢？伊恩·克拉克（Ian Clark）——
他担任着卡尔曾担任过的教职，并且是他那一代人
中最高产的一位——在2005年的作品中忧心忡忡地
表示，新的美国单边主义正威胁到“合宪性这一占
据着优势地位的概念”。问题不在于美国霸权本身，
而在于迄今为止缺乏一种“令人满意的霸权原则”；
这种原则能够使其被足够多的成员国接受，从而确 166
保“对霸权理念的道德认可”。如果能够找到这样
一种原则，那么国际社会便可与美国强权相适应。
美国霸权的合法性受到了入侵伊拉克的损害，但合
法性不同于“合乎法律性”；“合乎法律性”只是合
法性的要素之一。合法性究其性质就是“在政治上
呈动态的”，能适应不同的环境。令人看到希望的一
个信号在于，联合国决议回溯性地对占领伊拉克表
示了支持，“这件好事对于未来的结果有着至关重要
的意义”。〔21〕

就为美国霸权提供合法性这一任务而言，英格

〔21〕《国际社会中的合法性》，牛津，2005年，第216、242页，第253至254页、第256页。

兰学派肩负着一项特殊的责任。令人遗憾的是，在过去，该学派似乎“更多地致力于防止霸权，而不是探讨如何以同意的方式对其表示顺从”。然而，激励该学派、使其成为一项计划的，自始至终都是“在这个存在实力差异的世界中如何管理秩序”；如果说该学派认定存在着一个包含多个强权的国际社会，那么在国际社会只包含一个强权的情况下，放弃自己的使命难道不是与该学派的精神相悖的吗？在《国际社会中的合法性》（*Legitimacy in International Society*）一书之后，克拉克又推出了其必要的补充物，即内容始于维也纳和会、终于奥巴马的《国际社会中的霸权》（*Hegemony in International Society*）。该书的结论如何？在国际秩序的两种原则——一是几乎普遍认可需要由强权发挥管理国际秩序的领导作用；二是各强权之间需要有所制衡，从而避免其滥用权力——之间存在着张力。在做不到第二点时，如何才能保留第一点？在此，英格兰学派通过提供“其思想结构中缺失的一环”，展现出了自己与“当代状况的关联性”；若没有这一环，该结构就将“陷入死胡同”。解决方案是令国际社会通过将“霸权改造成自己设计出来的一项制度”，从而将其“社
167 会化”；于是霸权便成了“对由国际社会或其组成部分赋予具有领导资源的一国或多国的特殊权利及

责任的制度化了的践行”。[22] 美国尚不享有此种真正的霸权，尽管奥巴马展现出了对其更加出色的理解。不过，通往稳定且秩序井然的世界的关键就在于此。

“其组成部分”……为何还要在意其范围大小？自布尔以降，他开创的这一学派便在追求影响力的过程中沦为了辩护士。克拉克的早期作品要更具批判性，但他既非独一无二，也非极端的一个案例。[23] 令该学派流行开来的巴里·布赞（Barry Buzan）要更加平实，他甚至回避了这一具有褒奖意义的霸权概念，转而使用“领导地位”这一约瑟夫·奈风格的委婉用语。“毫无疑问，在过去半个世纪内，美国是获得了惊人成功及具有建设性的国际领袖；四周也并没有能够同样或是更加出色地胜任这一工作的候选人”——的确，无论偶尔会犯下何种过失，这段时间内的美国领导地位都对“国际社会的发展产生了史无前例的大体上友善的影响”。小布什导致这一领导地位陷入了险境，但法国人的批

---

〔22〕《国际社会中的霸权》，牛津，2011 年，第 4、36、49、56、241 页。

〔23〕 克拉克的全部作品清晰地呈现出一条从目光如炬到泪眼婆娑的思想曲线：从《各国的等级次序》（*The Hierarchy of States*, 1989）、《全球化与碎片化》（*Globalization and Fragmentation*, 1997）和《后冷战秩序》（*The Post-Cold War Order*, 2001），到《国际社会中的合法性》、《国际合法性与世界社会》（*International Legitimacy and World Society*, 2007）和《国际社会中的霸权》。

168 评应遭到“坚决反对”。[24] 只有英国这样的朋友，才能影响到美国对于自己在国外被如何看待的信念，并帮助其回到过去的康庄大道上来。英国这一传统曾经以著名的独立精神作为标志，后来却萎缩成了“特殊关系”这一谦卑的老生常谈。布尔用令人难忘的两句话表明了自己与后来者观点的差异，并为后来者写下了“悼词”。在其主要作品的开头，他评论道：“‘探究’这项行为有着自己的道德，势必对一切政治机构及运动，无论其是好是坏，都具有颠覆性。”在结尾处他又写道：“追求可以被当作‘解决方案’或是‘务实建议’的结论，这种做法是败坏当代世界政治研究的一大要素。”[25]

---

〔24〕《美国与各强权：21 世纪的世界政治》(*The United States and the Great Powers*: *World Politics in the Twenty-First Century*)，剑桥，2004 年，第 188 页、第 193 至 194 页。按出身来看，布赞是加拿大人。他在序言中表示，“除非某人彻底反对资本主义”，否则就得信赖美国。他又曾在别处宣称资本主义是“唯一的游戏规则”——尽管他更愿意使用“市场”一词。见《国际关系界的“英格兰学派”简介》(*Introduction to the English School of International Relations*: *The Societal Approach*)，剑桥，2014 年，第 138 页。

〔25〕《无政府社会》，第 xxxvii、308 页。

十二
志向

如果说“国际社会”这一概念近来在英国发生 169
的变形——用克拉克的话来说就是，将霸权这株植物种在显然对其并不友好的土壤上——可以被解读为昔日帝国为自己作为今日帝国副手这一角色增光添彩的尝试在思想界所表现出来的症状，那么在欧洲则出现了一场表明未来强权正在崛起的反向运动。2012年时，德国法学家克里斯托弗·舍恩贝格尔（Christoph Schönberger）在该国一份重要的思想期刊上宣布本国成为了欧盟的霸主。[1] 这并非英语世界意义上的霸权，即国家间体系中的支配地位；更不是葛兰西那种粗俗的反帝国主义用法［瓦卡（Giuseppe Vacca）对此将大吃一惊］，而是严格地遵循特里佩尔曾阐释过的那种意义，即联邦内部的领导地位，就如同雅典在提洛联盟内部、荷兰在尼德兰联邦内

〔1〕《不情愿的霸主：德国在欧盟中的地位》（“Hegemon wider Willen. Zur Stellung Deutschlands in der Europäische Union”），载《水星》（*Merkur*），2012年1月刊，第1至8页。

部以及普鲁士在德意志第二帝国内部的情况一样。欧盟是一个由20多个在面积和重要性上都差异极大的国家组成的联邦；作为欧盟成员，每个国家都享有形式上平等的权利，但布鲁塞尔那架庞杂的机器与各国公众之间没有任何透明的联系；当然，如果这架机器想要平稳运转，就务必要隔绝各国公众的
170 声音。只有某个比其他任何国家都显而易见地更加强大的国家才能赋予这架笨重的机器以条理和方向，就如同普鲁士在俾斯麦缔造的第二帝国中扮演的角色一样。

如今，德国正是这一强权。德国人必须摆脱在不远的过去形成的如同外省人一般的内向心态，接受自己已无法回避的这一角色。在德意志联邦共和国，困难源自好管闲事的议会和总是横加阻拦的宪法法院，它们均缩小了行政部门采取大胆行动的范围。困难还来自理想化了的对于民主的渴望——在近期有过一段不民主过往的人群身上，这种心态十分典型；这导致他们对于欧盟委员会及其手下错综复杂的各种技术官僚式委员会那不透明的官僚做派感到不适。哈贝马斯（Jürgen Habermas）梦想经选举产生一个对全欧洲选民负责的超国家民主政府，这就是这种渴望的表现。但此类想法都只是政治上的虚构。现实中唯一可行的方案是由理论上平等、实际上划分为不同等级的各个国家组成一个联邦，并

由德国这一霸主加以领导。经济未经改革，威望日渐衰退——只剩下核武器与联合国安理会席位——的法国必须适应类似于俾斯麦治下的巴伐利亚的角色：在实力衰退的同时，将获得安慰性的姿态及补偿性的支付作为弥补。对形势作出这样的预测，并非源自傲慢。德国成为霸权势力这一事实是与自己的意愿相悖的。与其说德国的霸权是一种特权，不如说是一种负担。但这就是德国的命运。

赫尔穆特·施密特（Helmut Schmidt）警告称，这样的讯息是草率的，可能有损德国的利益。为此，舍恩贝格尔竭尽全力消除任何误解。[2] “霸权”一
词常常被松散地应用于强权政治，但舍恩贝格尔绝 171
不是在这个意义上使用这一概念。特里佩尔曾批评过这种混淆不清的做法，将该术语的使用范围限定为联邦式权力结构（而不是国际权力结构），并明确表示，其涉及的只是“决定性的影响力”。此外，德国在欧洲并不具备压倒性的实力优势，无法与第二帝国时期的普鲁士相提并论。因此，也就没什么好担心的了。的确，霸权势力很难受到爱戴；但只要表明自己能够以公正的态度处理欧盟事务，它就将受到尊重。有些狭隘的经济观点可能会妨碍德国表现得公正无私。明智的做法是，不应过于坚持要

---

〔2〕《再论德国霸权》（“Nochmals：die Deutsche Hegemonie”），载《水星》，2013 年 1 月刊，第 25 至 33 页。

求其伙伴也采纳自己的经济文化，这种文化只是特定历史的产物；也不应暗示其他国家都可以复制其出口模式，因为这是不可能的。不过除了这些不足，德国的政治文化却十分适合于欧盟霸主这一角色，因为德国本身就是一个相当复杂的联邦，其政治精英对务实的讨价还价及相互调整有着丰富的经验，而这正是管理欧盟的精髓。

但在柏林洪堡大学政治理论教授、德国最著名的比较政治学者赫弗里德·明克勒（Herfried Münkler）于两年后发表的继续谈论德国在欧洲地位的篇幅与书相当的文章中，这一谦逊的宽慰口吻并未幸存下来。明克勒最著名的成果是对各帝国的世界—历史性研究，揭示了这些帝国在向自己周围的权力真空——过去是部落的或其他形式的无政府状态，近来则是脆弱的或失败的国家——强行施加秩序的过程中发挥的作用。他向美国干涉巴尔干及中东的行为致以了敬意——就更不必提反恐战争了——称其为这一系列事业中最新的一例。他敦促道，欧洲也应该建设可以与美国相提并论的帝国政治，忠诚地
172 模仿美国，用类似的方式管制自己的周边地带。[3]
到了 2006 年，德国已开始表现得像一个更具自信的

〔3〕《帝国》（*Imperien*），柏林，2006 年，第 245 至 254 页。对这部作品的尖锐分析，见本诺·特施克（Benno Teschke），《柏林共和国的帝国信念》（“Imperial Doxa from the Berlin Republic”），载《新左翼评论》，2006 年 7/8 月刊，总第 II/40 期，第 128 至 140 页。

“中等强权”，为了共同利益向海外派出部队。但德国对于本民族的自我肯定依旧过于依赖其经济成就，其实力构成需要进一步多样化。

十年之后，可以赋予德国更加重要的角色了。《中部强权》(*Macht in der Mitte*, 2015) 一书列出了在此前的历届政权都遭遇失败之后，联邦共和国终于得以成就欧洲霸权地位的原因。此时明克勒宣布道：“我们是霸主。”[4] 这是因为，德国不仅是欧盟中最大的经济体和人口最多的国家，它在社会凝聚力和政治能力方面也成为了标杆。与法国不同，德国通过“2010 议程”对劳动力市场及福利体制进行了彻底的改革，这使得这个一度曾与自己共同管理欧盟的伙伴在增长速度及出口表现方面都远远地落在了自己身后。与意大利不同——经过数十年徒劳的开销，该国南部依旧在拖北部的后腿——德国成功地使贫穷、缺乏竞争力的东部在效率和繁荣方面接近了西部的水平。与欧洲其他大国——法国、意大利、西班牙、英国——不同，迄今为止，其公民证明了自己能够抵御或左或右的各色民粹主义，从而得以凭借独一无二的政治责任感来安定自己的四邻。毫无疑问，德国对此不应有丝毫自满，因为德国另类选择党的崛起表明，同一种混乱的征兆已经开始

---

[4] 《我们是霸主》(“Wir sind der Hegemon”)，载《法兰克福汇报》(*Frankfurter Allgemeine Zeitung*)，2015 年 4 月 21 日。

在德国显现。但这只会促使基民盟和社会民主党继
173 续合作占据政治中间地带，这为德国给欧盟带去亟
需的合作性领导力提供了优质培训。[5]

德国人自己不曾希望，现在也仍不希望成就霸权，但历史赋予了它这一使命。政治精英唯恐避之不及，选民对其视而不见，知识分子刻意对其闭口不谈，但德国面前的任务已无法再等待下去。欧盟尚未将其（技术官僚式的）输出合法性转变为（民主的）输入合法性，也尚未变成一项公民计划。强大的离心势力正在其内部展开活动。民粹主义煽动行为在德国四周肆虐——只需要想想法国的国民阵线、意大利的五星运动、荷兰的维尔德斯（Geert Wilders）就够了；就连瑞典和丹麦这样宁静的北方堡垒都无法免受其害。在“疫情”蔓延的同时，一切理性的经济管理都遭到了拒绝，这导致德国努力在整个欧元区推行的《稳定条约》遭到了威胁。德国以南，地中海已不再是边界：随着对岸的难民涌入欧盟，它再次成为了昔日那样连接而非分开两侧海岸的海洋。北非及黎凡特地区——从突尼斯经利比亚至埃及和叙利亚——都在冲击着欧洲，这是自“黑暗时代”以来从未发生过的情况。在世界范围内，

[5] 尽管长期来看政府交替无疑仍是证明民主制度健康运转的一项指标，而且忽视这一点也将是不明智的。见《中部强权》，汉堡，2005年，第165至167页。

如果增长率低、企业家精神弱、创新力匮乏和无财政纪律的状况继续下去，那么欧盟就将面临在经济方面被排挤到边缘的危险。

只有德国才能够凭借其意志及榜样力量，为欧盟提供应对这些危险所需的领导力。如今，欧盟的未来有赖于德国：“如果德国失败了，那么欧盟也就失败了。”〔6〕其迫在眉睫的任务有两个：既成为欧
洲的“财官”，又成为其“教官”。德国已经是欧盟 174
预算的最大贡献国，上缴的总金额与《凡尔赛条约》规定的赔款额相当，欧洲央行为刺激那些挥霍成性的邻国借款而实行的负利率正令德国储蓄者和消费者付出代价。〔7〕没有人能够说德国不够慷慨。但作为交换，德国有权利坚持要求欧盟各成员国处理好自己的内部事务，并确保它们真的处理好了内部事务。

在所有这些现代的考量要素之上，存在着一个人类学常量：任何维度的文化及政治体系都需要一个中心。从历史上来看，耶路撒冷—雅典—罗马满足了欧洲对此的想象性需求。如今，由于其在地理上位于欧洲的中部，同时与北欧、东欧和南欧接壤，这一象征性的地位便落在了德国身上。为了保证欧

〔6〕“如果作为欧洲中部强权的德国失败了，那么欧洲也就失败了。”见《法兰克福汇报》，2015 年 8 月 21 日。

〔7〕《中部强权》，第 178 至 180 页、第 41 至 42 页、第 146 至 147 页。

盟的北扩和东扩能够对先前的南扩起到平衡作用，德国曾追求过这一地位，并应该警惕地保卫这一地位，防止出现一个如阿甘本（Giorgio Agamben）在纪念科耶夫（Alexandre Kojève）的文章中提出的反对自己的拉丁集团。德国应该尽最大努力将英国这支健康的制衡力量留在欧盟内，以阻止法国产生这种念头。这是地缘政治上的谨慎性起码的要求。〔8〕

这些会导致新的霸权势力遭到憎恨乃至恐惧吗？不太可能：德国人应该期待的不是被爱戴，而是被尊重，以及时而被仰慕。因为对于如今必须担任的这一角色而言，德国还有最后一项矛盾性的优势。
175 鉴于其过往，德国是个“脆弱”的霸权势力。第三帝国的罪行恰恰确保了联邦共和国成为维护战后欧洲民主可靠性的旗手，并且会给其他人造成这种印象。历史罪责较轻的国家往往会滥用自己的权力，但欧洲人能够确信德国不会这样做。〔9〕他们没有理由因其为了自己的利益而采取的一些举措就感到惊慌。在美国变得更加专注于太平洋一侧而非大西洋一侧之际，他们面临的是为欧洲带去秩序这一共同责任。美国强权正在从地中海、黑海和波罗的海撤出。为管制周边地区这一传统任务凝聚起集体决心，

〔8〕《中部强权》，第 70 至 76 页、第 28 至 29 页、第 174 至 176 页。

〔9〕《中部强权》，第 168 至 170 页。

也需要新霸主发挥作用。在这一方面，德国再不能像在利比亚问题上那样放弃自己的职责了，而是需要加强军事实力，并且为因共同事业而动用军事实力做好准备。

在上述对于德国在欧洲至高地位的后现代设想中，再度出现了陈旧的老生常谈。在韦伯看来，第一次世界大战不是德国愿意打响的，而是落到他们身上的，因为这一强权的存在成为了其他强权的障碍："因为这一事实：我们的人口不是七百万，而是七千万—— 这就是我们的命运。命运决定了这份不可改变的历史责任，即使我们希望逃避，也无从逃避。"[10] 如今德国对抗的不再是协约国，而是其弱小的后继者，但同一套说辞又重现了。德国的体量注定了它要承担起某种"责任"：从牧师出身的总统起，没有哪个词被大大小小的政客更加频繁地挂在嘴边了。即使德国希望逃避——德国也的确仍旧希望逃避——这份责任也是无从逃避的。正如吉卜林（Rudyard Kipling）所理解的那样，这份责任同时也是负担，并且是令人痛苦的负担。因此并不令人感到奇怪的是，就如同伊肯伯里美好记忆中的战后美国一样，冷战后的德国也不愿承担起这份责任：与 176
其意愿相背，德国是被迫成为霸权势力的。对于这

---

〔10〕《政论文集》（*Gesammelte politische Schriften*），蒂宾根，1971年，第 143 页。

种老生常谈，可以将卡尔的评判加以更新：通过装作自我怜悯的自我吹嘘，为了自我扩张这一目的，权力创造出了适合于自己的情怀。但这仍是富有教益的，因为正是在德国当下的这种话语中，霸权分别作为联邦中共识性的领导地位、居于其他势力之上的强制性支配地位、帝国的天然兄弟这三种概念之间的连续性，体现得再清晰不过了。

十三
结论

（一）

从这种情怀中挣脱出来的最佳方式，莫过于倾 177
听美国本土对于外交政策持有异议的主要声音。近来，两位异议者因持有不感情用事的现实主义态度、能够冷静地直指现实而脱颖而出。约翰·米尔斯海默（John Mearsheimer）在其主要作品《大国政治的悲剧》（*The Tragedy of Great Power Politics*）中，将霸权势力定义为："如此强大，以至于支配了体系中所有其他国家的那个国家。没有哪个国家的军事实力足以对其构成严肃的挑战"。他认为，由于将武装力量投射到世界各地是如此困难，以致任何国家想要获得全球性支配地位几乎都是不能的，于是这种霸权永远

都只可能是地区性的。[1] 美国过去是并曾长期是西半球的霸权势力；正如霸权势力会做的那样，它也
178 一直在抗拒任何对手在东半球——欧亚大陆的另一端——建立起类似支配地位的努力，并取得了成功。但在冷战结束后，尽管在两大洋之间享受着几乎坚不可摧的安全环境，美国却在可以为所欲为的单极世界中鲁莽地走上了追求全球支配地位之路。追求全球支配地位的方式有两种：一是小布什治下的"新保守主义"版本，二是克林顿和奥巴马治下的"新帝国主义"版本。二者都令美国在并无重大战略意义的地区陷入了一系列代价巨大的、无休无止的战争。在国内，对全球性支配地位的追求破坏了法治，引发了对监视的狂热爱好以及对正当程序的蔑视。[2] 自由主义帝国主义是条死胡同，是时候回

〔1〕《大国政治的悲剧》，纽约，2001年，第40至41页。同为现实主义者的克里斯托弗·莱恩（Christopher Layne）对"水域的阻遏能力"这一概念提出了批评，认为恰恰相反，正是因为受到了两大洋的保护，美国才能通过在欧亚大陆设置前沿军事基地来争夺全球霸权，欧亚大陆的陆上强权却不可能指望在美洲这样做。见《〈进攻型现实主义〉的招牌形象：作为全球霸权势力的美国》（"The Poster Child for 'Offensive Realism': America as A Global Hegemon"），载《安全研究》（*Security Studies*），2009年3月刊，第12至128页及其后数页。对于米尔斯海默版本现实主义理论更加完整、带有仰慕之情但也具备批判性的讨论，见彼得·戈恩（Peter Gowan），《新左翼评论》，2002年7/8月刊，总第II/16期，第47至67页。

〔2〕《设计出来的帝国》（"Imperial by Design"），载《国家利益》，2011年1/2月刊，第16至34页；以及《精神错乱的美国》（"America Unhinged"），载《国家利益》，2014年1/2月刊，第9至30页。

撤到“离岸平衡”这一更加理智的立场上来了。

麻省理工学院的巴里·波森（Barry Posen）对水域的阻遏能力并不感兴趣，反而将其视作一件全球共有之物，认为其控制权恰好会导致美国强权如米尔斯海默推荐的那种收缩。于是，波森便放弃了米尔斯海默针对霸权提出的“区域性”这一限定条件，并且用一个恰当的同义词来称呼“自由主义帝国主义”。他那严厉抨击近来美国外交政策的作品以这样一个简单、冷静的句子开场：“美国已膨胀到无法节制其在国际政治中野心的程度。”为何如此？“自从苏联崩溃以来，美国就在追求一种可以被称为‘自由主义霸权’的大战略。”[3] 这并非一项维持现状的政策，其本质上是扩张主义的。北约东扩至俄罗斯边境、科索沃战争及伊拉克战争构成了该政策的里程碑——所有这些都是出于选举考虑而做出的愚蠢之举。更令其雪上加霜的则是处理阿富汗冲突的“幼稚且放荡的方式”，这导致美国处于战争状态的时间几乎达到了冷战时期的两倍。此类冒险代价高昂。按真实价值计算，截至2010年，光是伊 179
拉克战争的成本就达到了朝鲜战争的两倍，并超过了越南战争；与此同时，按战斗伤亡的比例计算，一种无组织的伊拉克民族主义对美军造成的伤害也

〔3〕《克制：美国大战略的新基础》（*Restraint: A New Foundation for US Grand Strategy*），伊萨卡，2014年，第xi页。

超过了有着高度组织的越南民族主义。本可用于削减债务或是加强国内基础设施建设的巨额资金就这么被浪费了。[4]

结果又如何？在大中东地区打造能正常运转的多种族民主制的努力失败了。在阿富汗，强大的中央政府遥不可及；伊拉克则陷入了长期的政治暴力危机。美国忽视了本国内战的教训，其所作所为就仿佛民族的、种族的或是宗教的身份不会对其向外国民众强加自己霸权意志的行为构成障碍似的。对现代高科技武器的自信造成了这样一种幻觉："军事实力乃可以切除政治病灶的手术刀。"但事实上，"这仍然只是一根大棒，充其量能够将问题打压下去，最糟的情况下则会导致反弹"。[5] 理性的大战略将终结这种局面，将军事开支削减一半，并集中用于掌控海洋、天空与太空，并执行一种经过深思熟虑的克制政策。但只要不发生重大的经济震荡，这一前景就很难立刻实现。"美国大战略掌握在一群极为自信、具有全球野心并固执地自我复制的国家安全精英手中"，他们享有大量情报及硬件资源，无论是共和党还是民主党当政，都是如此。"'自由主义霸权'这一计划不会被轻易放弃。"[6]

---

〔4〕《克制：美国大战略的新基础》，第 25 至 26 页、第 49 至 50 页、第 58 至 59 页、第 67 页。

〔5〕《克制：美国大战略的新基础》，第 xiii 页。

〔6〕《克制：美国大战略的新基础》，第 173 页。

(二)

在两千多年时间里，“霸权”一词的用法和适 180
用范围都发生了多次变化。从地理上来看，自诞生于古希腊之后，“霸权”以不同的形态分别传入了议会制德国、沙皇俄国、法西斯意大利、协约国时期的法国、冷战时期的美国、新自由主义英格兰、君主制复辟的西班牙、后殖民时期的印度、封建时代的日本，革命年代的中国，又传回了英国底层、雄心勃勃的德国，以及作为单极的美国等等。从政治上来看，在不同时间和不同地点，它有着分别身为自由主义者、保守主义者、民粹主义者等理论家的身份：一方是反动之盾，另一方则是革命之剑。但这段历史并不是随机的，处于不同空间位置或意识形态位置上的“霸权”概念，其各种意义之间并非没有什么关联。这段历史有着清晰可见的模式。从一开始，在该概念的各种潜在含义之间便存在着张力。联盟中的领导地位：是政治上的，还是军事上的？被领导的是臣民，还是盟友？其关系是自愿的，还是被迫的？“霸权”随后披上的每一件外衣都笼罩着这样的模棱两可性，尽管其使用者常常——并非总是——试图将其消除。

如果说霸权要么是文化权威，要么是强制力，那么这一概念也就显得多余了：有许多名称能够更明确地分别指代二者。这一术语之所以能够长期存在，正是因为它兼具二者，并且可以通过诸多方式兼具二者。在经典意义上，它永远暗示着比纯粹强力更多的某物。它常常会失去更多的这一部分，就仿佛耗尽了其含义一般。原因并不神秘。每个时代的政治语言都充满了委婉用语，对权力的追求或是到手的权力总是抗拒将自己完全暴露在外。通过将
181 自己简化为某种共识，霸权便能做到这一点。但它可能含有另外一层含义的感觉却是挥之不去的，这可能导致人们对它心存疑虑。“霸权”一词在美国遭遇的摇摆及保留就表明了这一点。[7]

霸权的不同平面结合起来，这种罕见的现象是近来才出现的。不仅在传统上，而且在大体而言的实际上，这一术语的国内和国际用法都是分离的。从结构上来说，后一种用法更倾向于强调其强制而非说服的一面。原因在于，除了所谓国际法这一客客气气的虚构之物外——只有当遵守国际法符合自

---

〔7〕 正如一名“民主和平”的自由主义理论家不安的言论一样：“在当代话语中，‘霸权’一词往往意味着比‘领导地位’这一友善的术语更加强硬，即部分地通过或直接或间接的强制手段来进行支配。”“在国际政治中”，它甚至与“‘帝国’这一贬义词”都“相距不远”。见布鲁斯·拉塞特（Bruce Russett），《霸权与民主》（*Hegemony and Democracy*），纽约，2011年，第1页。

己的利益时，它才会被遵守——国家间关系中不存在任何共同权威。相较之下，霸权各平面中最具纯粹文化性的跨国平面依旧被探讨得最少，其依赖于另外两个平面并与其相连接的方式，也未得到充分的探讨。正如葛兰西所发现的那样，作为这三个平面构成的复杂体系的基础部分，国内霸权中的强制与同意往往处于最为密切的平衡状态；而在其之上的另外两个平面中，二者分别占据着支配地位。

随着资本全球化的推进，这些平面愈发紧密相连了。要想象征性地说明这一点，只需要想想上一任美国总统就职还不满一年便获颁诺贝尔和平奖一事就够了。该奖项本身——包括一百万美元现金，以及更加值钱得多的声名——纯属跨国性的消费名人文化及商业之举。在国家层面上，它则在其总统任期刚刚开始时，便打造出了一个光鲜的形象，并
在接下来的时间里反复利用该形象，直到他优雅地 182
卸任。在国际层面上，该奖项谦卑的致辞提醒世界，美国的至高地位仍在延续，就连挪威这样不显眼的盟友都会向它效忠。就在他的军队正占领伊拉克、促使阿富汗的暴力局势升级，并为巴基斯坦带去战火的同时，这位总统被授予了西方在人道领域——也就是21世纪风格的“仁”——的最高奖项。针对基辛格和贝金（Menachim Begin）等早先的诺贝尔和平奖得主，马尔克斯（Gabriel García

Márquez）曾评论道，最好直呼该奖真正的名字：诺贝尔战争奖。作为美国历史上首位在完整的两个任期内不间断地展开海外军事行动的统治者，奥巴马完全配得上这一奖项。如今在他的指挥下，共有七场或公开或隐蔽的战争正在进行中，还有更多部队将被或是正被派往那些他承诺要撤出的地区。在古代也有与之类似的事例。与恺撒同时代的希腊历史学家狄奥多罗斯·西库卢斯（Diodorus Siculus）描述这段历史的文字就如同写作于今日一样，刻画了“从带来希望的勇气”到摧毁兴都库什和西北边疆地区村庄的无人机这一演变过程。这代表了古代世界对同一种兼具说服与强制、意识形态与暴力、仁与恶之物作出的评判。他的《历史集锦》（*History Library*）一书中有一段或许是在评价罗马帝国在北非的军事行动的文字神奇地幸存到了今天。他写道：“追求霸权者凭借勇气与智慧实现霸权，凭借克制与
183 仁爱增进霸权，凭借令人惊惧的恐怖维持霸权。”〔8〕

---

〔8〕第32章，第二段（另见论述罗马在希腊、北非和西班牙推行的一系列政策的第四段；在第四段中再度出现了“恐怖”一词）。这段文字引发了大量学术讨论，部分是因为狄奥多罗斯在很大程度上（但并非全部）依赖波利比乌斯（Polybius）作为一手资料来源。近来最为详细的一项分析认为，正如波利比乌斯在一段已遗失的文字中讲述的那样，这必定反映了公元前151年至150年迦太基第一次向罗马派出使团之时希腊观察家的判断。不过这种分析对于时间的确定还存在问题。见唐纳德·巴罗诺夫斯基（Donald Baronowski），《波利比乌斯与罗马帝国主义》（*Polybius and Roman Imperialism*），伦敦，2011年，第106至113页。

“恐怖”一词足以定义（至少是）当下这一霸权。以反恐战争的名义，在视线可及的范围内，战争成为了无边界、无止境的恐怖。

索 引

（索引中出现的页码为原书页码，即本书边码）

图书在版编目(CIP)数据

原霸:霸权的演变/(英)佩里·安德森著;李岩译. —北京:当代世界出版社,2020.5
ISBN 978-7-5090-1545-2

Ⅰ.①原… Ⅱ.①佩… ②李… Ⅲ.①霸权主义-研究 Ⅳ.①D51

中国版本图书馆CIP数据核字(2019)第287947号

书　　名:原霸:霸权的演变
出版发行:当代世界出版社
地　　址:北京市东城区地安门东大街70-9号
网　　址:http://www.worldpress.org.cn
编务电话:(010)83907528
发行电话:(010)83908410
经　　销:新华书店
印　　刷:北京中科印刷有限公司
开　　本:880毫米×1230毫米　1/32
印　　张:8
字　　数:135千字
版　　次:2020年5月第1版
印　　次:2020年5月第1次
书　　号:978-7-5090-1545-2
定　　价:59.00元